装备交互式电子技术手册技术及应用丛书

图形与多媒体技术在装备 IETM 中的应用

The Technology Application of Graphic and Multimedia for IETM of Equipment

主　编　徐宗昌

副主编　王强军

U0320022

国防工业出版社

·北京·

内 容 简 介

IETM 是在电子环境下采用 Web 浏览方式运用,从产生开始就改变了传统技术出版物只善于应用文本与插图元素的状况,而融入了音频、视频、动画、3D 模型等多种新媒体元素,不仅使 IETM 具有动态、直观、生动、易于学习与理解的信息表现力,而且促使 IETM 采用超文本与超媒体的非线性信息组织结构,极大地增强了 IETM 的交互性。

本书是《装备交互式电子技术手册技术及应用丛书》的第六分册,依据 ASD/AIA/ATA S1000D《基于公共源数据库的技术出版物国际规范》(4.1 版)和我国 GB/T 24463、GJB 6666 IETM 标准,对 IETM 中应用插图及多媒体对象的规则,系统全面地介绍了文本、音频、图形、视频、动画与 3D 模型等媒体形式的技术基础与基本原理,IETM 技术标准对各种媒体的使用要求,以及在 IETM 制作中各种媒体的常用软件。

本书可作为军事部门、国防工业部门以及民用装备企业从事装备 IETM 研究、应用的工程技术人员与管理人员指导工作的参考书;也可以作为高等院校相关专业的教师、研究生、本科生使用的教材或参考书。

图书在版编目(CIP)数据

图形与多媒体技术在装备 IETM 中的应用/徐宗昌主编. —北京:国防工业出版社,2015.10
ISBN 978 - 7 - 118 - 10612 - 1

Ⅰ.①图...　Ⅱ.①徐...　Ⅲ.①多媒体技术—应用—武器装备—电子技术　Ⅳ.①TJ0 - 39

中国版本图书馆 CIP 数据核字(2015)第 258129 号

※

*国防工业出版社*出版发行

(北京市海淀区紫竹院南路23号　邮政编码100048)
北京嘉恒彩色印刷有限责任公司印刷
新华书店经售
*
开本 710×1000　1/16　插页 9　印张 16¼　字数 318 千字
2015 年 10 月第 1 版第 1 次印刷　印数 1—4000 册　定价 54.00 元

(本书如有印装错误,我社负责调换)

国防书店:(010)88540777　　发行邮购:(010)88540776
发行传真:(010)88540755　　发行业务:(010)88540717

《图形与多媒体技术在装备 IETM 中的应用》
编写组

主　编　徐宗昌

副主编　王强军

编写人员　徐宗昌　王强军　郭　建　孙寒冰

　　　　　张永强　胡春阳

序 一

当前,我们正面临一场迄今为止人类历史上最深刻、最广泛的新军事变革——信息化时代的军事体系变革。在这场新军事变革中,以信息技术为核心的高新技术飞速发展推动武器装备向数字化、智能化、精确化与一体化发展,促使传统的机械化战争向信息化战争迅速转变。信息化战争条件下,高技术装备特别是信息化装备必将成为战场的主要力量,战争和装备的复杂性使装备保障任务加重、难度增大,精确、敏捷、高效的装备保障成为提高战斗力的倍增器,是发挥装备作战效能,乃至成为影响战争胜负的关键因素。因此,如何采用最新的技术、方法与手段提高装备保障能力,成为当前世界各国军事部门和军工企业普遍关注的问题。

交互式电子技术手册(Interactive Electronic Technical Manual,IETM)是在科学技术发展的推动和信息化战争军事需求的牵引下产生与发展起来的一项重要的装备保障信息化新技术、新方法和新手段。国内外装备保障实践已经充分证明,应用 IETM 能够极大提高装备维修保障、装备人员训练和用户技术资料管理的效率与效益。因此,我军大力发展与应用 IETM,对于推进有中国特色的新军事变革,提高部队基于信息系统体系的作战能力与保障能力,实现建设信息化军队、打赢信息化战争的战略目标,具有十分重要的意义。

徐宗昌教授,是国内装备综合保障领域的知名专家,也是我在学术上非常赏识的一位挚友,长期潜心于装备保障性工程和持续采办与寿命周期保障(CALS)教学与研究工作,具有很深的学术造诣和丰富的实践经验。为满足全军 IETM 推广应用工作的需要,已年过七旬的徐宗昌教授亲自带领与组织装甲兵工程学院和海军航空工程学院青岛分院的一批年轻专业人员,经过多年的共同研究、艰苦努力,编写了这套"装备交互式电子技术手册技术及应用丛书"。徐宗昌教授及其团队的这种学术精神深深感染了我,正所谓"宝剑锋自磨砺出,梅花香自苦寒来"!本"丛书"科学借鉴了国外先进理念与技术,系统总结了我国装备 IETM 发展应用的研究成果与实践经验,理论论述系统深入、工程与管理实践基础扎实、重难点问题解决方案明晰、体系结构合理、内容丰富、可读性好、实用性强。本"丛书"作为国内第一套关于 IETM 的系列化理论专著，极大地丰富和完善了装备保障信息化理论体系，在 IETM 工程应用领域具有重要的理论先导作用，必将为促进我国 IETM 的推广应用、提高我军装备保障信息化水平做出新的重要贡献。

　　鉴于此，为徐宗昌教授严谨细致的学术精神欣然作序，为装备保障信息化的新发展、新成果欣然作序，更为我军信息化建设的方兴未艾欣然作序，衷心祝愿 IETM 这朵装备保障信息化花园之奇葩，璀璨开放，愈开愈绚丽多姿！

中国工程院院士　徐滨士

2011 年 5 月

序 二

　　20世纪70年代以来,随着现代信息技术的迅猛发展,在世界范围内掀起了一场信息化浪潮,引发了一场空前的产业革命与社会变革,使人类摆脱了长期以来对信息资源开发利用的迟缓、分散的传统方式,以数字化、自动化、网络化、集成化方式驱动着世界经济与社会的飞速发展,人类社会进入了信息时代。同时,信息技术在军事领域的广泛应用引发了世界新军事变革,并逐渐形成了以信息为主导的战争形态——信息化战争。在这场新军事变革的发展过程中,美国国防部于1985年9月率先推行以技术资料无纸化为切入点和以建立装备采办与寿命周期保障的集成数据环境为目标的"持续采办与寿命周期保障"(CALS)战略。CALS战略作为一项信息化基础工程,不仅对世界各国武器装备全寿命信息管理产生了深远的影响,而且引领全球以电子商务为中心的各产业的信息化革命。

　　交互式电子技术手册(IETM)与综合武器系统数据库、承包商集成技术信息服务等技术一起是CALS的一项重要支撑技术,它是1989年美国成立三军IETM工作组后迅速发展起来的一项数字化关键技术。由于IETM不仅在克服传统纸质技术资料费用高、体积与重量大、编制出版周期长、更新及时性差、使用不方便、易污染、防火性差及容易产生冗余数据等诸多弊端,而且在提高装备使用、维修和人员训练的效率与效益方面所表现出巨大的优越性,而受到世界信息产业和各国军事部门的青睐。目前,IETM已在许多国家军队的武器装备和民用飞机、船舶、专用车辆等大型复杂民用装备上得到了广泛的应用,并取得了巨大的经济、社会与军事效益。

　　徐宗昌教授自20世纪90年代以来就开始了CALS的研究并积极倡导在我国推行CALS工作。近年来,他主编了IETM系列国家标准,并致力于我国IETM的推广应用工作。这次编著本"装备交互式电子技术手册技术及应用丛书"是他与他的研究团队长期从事CALS和IETM研究的成果和实践经验的总结。本"丛书"系统地论述了IETM的理论、方法与技术,其结构严谨、思路新颖、内容翔实、实用性强，是一套具有很高的学术价值与应用价值并有重大创新的学术专著。我相信这套"丛书"的出版一定会受到我国从事 IETM 研制、研究的广大工程技术人员和学生们的热烈欢迎。这套"丛书"的出版，对于我国 IETM 的发展起到重要推动作用，对于推进我国、我军的信息化建设，特别是提高我军信息化条件下的战斗力具有十分重要的意义。

中国工程院院士 张建军

2011 年 5 月

序　三

　　交互式电子技术手册（Interactive Electronic Technical Manual, IETM）是 20 世纪 80 年代后期,在现代信息技术发展的推动与信息化战争的军事需求牵引下产生与发展起来的一项重要的装备保障信息化的新技术。IETM 是一种按标准的数字格式编制,采用文字、图形、表格、音频和视频等形式,以人机交互方式提供装备基本原理、使用操作和维修等内容的技术出版物。由于它成功地克服了传统纸质技术手册所存在诸多弊端和显著地提高了装备维修、人员训练及技术资料管理的效益与效率,而受到世界各国军事部门的高度重视与密切关注,并且得到了极其广泛的应用。

　　近年来,为了提高部队基于信息系统体系的作战能力与保障能力,做好打赢未来信息化战争的准备,我军各总部机关、各军兵种装备部门和各国防工业部门非常重视 IETM 的研究与应用,我军的不少类型的装备已开始研制 IETM 并投入使用,一个发展应用 IETM 的热潮正在我国掀起。为满足我国研究发展 IETM 和人才培养的需要,我们编写了这套"装备交互式电子技术手册技术及应用丛书"。为了坚持引进、消化、吸收再创新的技术路线,我国以引进欧洲 ASD/AIA/ATA S1000D"基于公共源数据库的技术出版物国际规范"的技术为主,编写并发布了 GB/T 24463 和 GJB 6600 IETM 系列标准。由于考虑到我国 IETM 应用尚处于起步阶段,上述我国 IETM 标准是在工程实践经验不足的情况下编制的,有待于今后在 IETM 应用实践中不断修订完善。因此,本系列丛书所依据的 IETM 标准是将我国的 GB/T 24463、GJB 6600 IETM 系列标准和欧洲 S1000D 国际规范的技术综合集成,并统称为"IETM 技术标准"作为编写这套"丛书"的 IETM 标准的基础。

　　这套"丛书"系统地引进、借鉴了国外先进的理论与相关技术和认真总结我国已取得的研究成果与工程实践经验的基础上,从工程技术和工程管理两个方面深入浅出地论述 IETM 的基本知识、基础理论、技术标准、技术原理、制作方法,以及 IETM 项目的研制工程与管理等诸多问题,具有系统性与实用性,能很好地帮助从事装备 IETM 的研究、推广应用的工程技术人员和工程管理人员,了解、熟悉与掌握 IETM 的理论、方法与技术。由于 IETM 是一项通用的装备保障信息化的新技术、新方法和新手段，"丛书"所阐述的 IETM 理论、方法与技术，对军事装备和民用装备均具有普遍的适用性。

"装备交互式电子技术手册技术及应用丛书"是一套理论与工程实践并重的专业技术著作，它不仅可作为从事装备 IETM 研究与推广应用的工程技术人员和工程管理人员指导工作的参考书或培训教程，亦可为相关武器装备专业的本科生、研究生提供一套实用的教材或教学参考书。我们相信这套"丛书"的出版，将对我国装备 IETM 的深入发展和广泛应用起到重要的推动作用和促进作用。

中国工程院徐滨士院士、张尧学院士对本"丛书"的编著与出版非常关心，给予了悉心的指导，分别为本"丛书"作序，在此表示衷心的感谢。

"丛书"由装甲兵工程学院和海军航空工程学院青岛分院朱兴动教授的 IETM 研究团队合作编著。朱兴动教授在 IETM 研究方面成果丰硕，具有深厚的学术造诣与丰富的实践经验，对他及他的团队参加"丛书"的编著深表感谢。

由于作者水平有限，本"丛书"错误与不妥之处在所难免，恳请读者批评指正。

徐宗昌

2011 年 5 月

前　言

　　《图形与多媒体技术在装备 IETM 中的应用》是"装备交互式电子技术及应用丛书"的第六分册。现代信息技术的发展，加速了文本、图形与图像、音频、视频、动画等多种新媒体的综合集成与交互，出现了多媒体技术。IETM 产生之时，恰逢多媒体技术的兴起与蓬勃发展，多媒体交互技术的融入，使 IETM 如虎添翼，成为集文字、图形、表格、音频、视频、动画与 3D 模型等新媒体为一体，不仅使 IETM 具有动态、直观、生动、易于学习与理解的信息表现力，而且促使 IETM 采用超文本与超媒体的非线性信息组织结构，极大地增强了 IETM 的交互性。为了帮助 IETM 研究、推广应用的工程技术人员与管理人员，更好地了解和掌握各种媒体形式的基本原理与核心技术，IETM 技术标准对各种媒体的要求和制作 IETM 的使用规则，依据 4.1 版 S1000D 并结合我国 IETM 标准，我们编写了本书，以满足 IETM 推广与应用的需要。

　　本书包括 6 章、2 个附录与 2 个附图。第 1 章绪论，主要介绍 IETM 的概念与基本功能、媒体的概念与特点、多媒体的概念与基本特性和多媒体技术及其发展趋势，论述国际两大主流 IETM 技术标准的 IETM 信息组织并对其进行综合评价，以及说明插图及多媒体在 IETM 中的运用管理。第 2 章文本媒体，主要介绍文本信息处理基础、IETM 标准对文本媒体的要求，以及 IETM 制作的常用文本处理软件。第 3 章音频媒体，主要介绍音频技术基础，语音编码与语音识别，IETM 标准对音频媒体的要求，以及 IETM 制作中常用的音频处理软件。第 4 章图形与图像媒体，主要介绍图形图像技术基础、IETM 标准对插图媒体的要求，以及在制作 IETM 时常用的图形图像处理软件。第 5 章视频媒体，主要介绍视频技术基础，数字视频和视频数字化，数字视频压缩编码标准和数字视频文件格式，IETM 标准对视频媒体的要求，以及 IETM 制作中常用的视频处理软件。第 6 章动画媒体与虚拟实现，主要介绍动画媒体基础，IETM 标准对动画及 3D 模型媒体的要求，IETM 制作中常用动画制作软件，以及虚拟实现技术。附录 A 为 IETM 标准对多媒体对象的通用要求，主要给出 IETM 标准对音频、视频、动画等各种媒体都适用的通用要求；附录 B 为动画与虚拟现实典型编程语言，主要介绍 VRML 语言、X3D 语言、SVG 语言和位图动画编程与 OpenGL 编程。附图 A

为黑白附图;附图 B 为彩色附图。

　　本书由徐宗昌主编,王强军任副主编,本书编写组成员参加编写。本书使用对象主要为从事装备 IETM 研究、应用的工程技术人员与管理人员。本书亦可作为高等院校相关专业的教师、研究生、本科生使用的教材或教学参考书。

　　本书在编写过程中得到了南京国睿信维软件有限公司的支持与帮助,在此表示感谢。

　　由于对图形与多媒体技术、IETM 技术标准的理解、掌握和 IETM 实践经验的不足,本书的缺点、错误在所难免,希望读者提出宝贵意见和改进建议。

作　者

2015 年 5 月

目　　录

第1章 绪 论

在 20 世纪 80 年代装备技术资料数字化的过程中,恰逢多媒体技术的兴起与蓬勃发展。多媒体技术便成为电子技术手册(Electronic Technical Manual, ETM)向交互式电子技术手册(Interactive Electronic Technical Manual, IETM)发展的重要推手。多媒体技术的融入与应用使 IETM 如虎添翼,成为集文字、图形、表格、音频、视频、动画与 3D 模型等多种新媒体元素为一体,不仅具有动态、直观、生动、易于学习与理解的信息表现力,而且多媒体交互技术与人机交互技术的紧密结合,大大地增强了 IETM 的交互性。因此,为了提高 IETM 的交互性,发挥其在装备辅助维修与辅助训练的效率及效益,必须在 IETM 的制作过程中广泛地应用插图及多媒体技术。

本章首先介绍 IETM 的概念与基本功能、媒体的概念与特点、多媒体的概念与基本特性、多媒体技术及其发展趋势,然后论述国际两大主流 IETM 技术标准的 IETM 信息组织并对其进行综合评价,最后进一步说明在 IETM 中插图及多媒体的运用管理。

1.1 基 本 概 念

1.1.1 IETM 的概念与基本功能

1. IETM 的概念及特点

交互式电子技术手册(IETM)是一种按标准的数字格式编制,采用文字、图形、表格、音频和视频等形式,以人机交互方式提供装备基本原理、使用操作和维修等内容的技术出版物[1]。它主要为武器装备提供使用、维修、训练所需的技术信息。现代信息技术的蓬勃发展,特别是多媒体技术的产生与发展,为 IETM 的发展,注入了新的发展动力。IETM 作为 CALS 战略的一项重要支撑技术,由美军于 1989 年率先开展研究与推广应用。1997 年后,美军的主要现役装备和全部新研装备均配备了 IETM,并在几场高技术战争装备保障中发挥了重要作用。IETM 的应用所产生的巨大军事与经济效益,引起了世界各国军事部门的高度重视,掀起了一个推广应用的热潮。近年来,我国已相继试制了某些飞机、雷达、通信、舰船、装甲车辆等 IETM 项目，并开始了推广应用。

IETM 作为装备保障信息化的一项重要新技术、新方法与新手段，克服了传统纸质技术资料存在的费用高、体积与重量大、交付与更新时效性差、使用不方便、易污染等诸多弊端，极大提高了装备维修、人员培训和技术资料管理的效率与效益。其主要特点为：

（1）集成不同的数据源。IETM 能够将来自于产品定义数据与产品保障数据等不同来源的结构化数据、后台数据或其它应用中的数据经过中间层服务器集成后，形成自我描述式的数据，允许其它应用程序直接访问和处理，并且做到"一次生成、多次使用"。

（2）良好的访问和交互功能。IETM 提供多样化的信息检索、查找途径，并能对用户的操作给出实时响应，准确、及时地帮助和引导用户进行操作。

（3）多样化的显示风格。采用文字、表格、图形、图像、视频、动画及虚拟现实技术等多种媒体形式显示技术信息，为用户提供详细、生动、易于理解的技术信息细节。

（4）信息实时可维护性。为技术人员提供信息更新的机制，使技术人员根据操作经验和故障信息，加注必要的解释，更新、充实技术数据与信息。

IETM 从产生与发展，已经历了 20 多年的历程。首先，IETM 凭借其完整、多样的数据内容，灵活的表现形式，克服了传统纸质技术手册的种种弊端，在装备技术资料数字化、电子化方面做出了巨大贡献，为装备综合保障活动提供了及时、准确的数据资源。随后，在良好的数据支持下，IETM 研究人员将装备系统结构、技术原理、故障诊断/隔离、修理过程等内容转化为文本、图形、视频和 3D 仿真模型等形式，并对这些内容加以科学、合理地计划与组织，将其融入装备 IETM 之中，使得 IETM 具备了强大的辅助维修功能，显著提高了维修活动效率，降低了维修费用。

目前，在计算机技术、网络技术飞速发展的推动下，装备保障活动也正朝着信息化的方向前进，IETM 所涵盖的内容更加广泛，表现形式更加多样，应用领域不断扩展，在装备训练、人员培训、远程技术支持等方面越来越受到重视，并且对智能化 IETM 的需求也日益强烈。

2. IETM 的基本功能

IETM 的最初功能是为用户提供电子化的装备技术资料，但随着科学技术的发展和 IETM 理论的完善，IETM 的功能发生了变化。根据目前的工程实践，IETM 的基本功能[1]包括：

1）辅助维修功能

IETM 能按装备层次结构形象地描述出各组成的系统、分系统、设备、部件等分解结构及技术原理;能按照装备维修大纲和维修规程,制定预防性维修计划、维修范围;给出故障查找程序,分析故障原因,指导故障检测、故障定位、故障隔离、分解与更换零部件、再组装、调校、检测及修复损坏件的整个维修作业过程,以及对维修过程中可能遇到的危险给予必要的警告与提醒;指导战场抢救抢修和提供远程维修支援;给出图解零部件目录、器材库存目录及零部件信息,指导器材管理和供应保障;给出保障设备、工具清单,指导其正确使用等;还可以以系统集成的方式,记录装备动用、故障、零部件更换、维护与修理的信息等。

2)辅助训练功能

IETM 能按照装备训练大纲与要求,制定课程培训计划;能将 IETM 公共源数据库中的数据模块、插图及多媒体对象自动生成装备结构原理、使用操作、维修等内容的课件,并以文字、表格、图形、多媒体及虚拟现实等形式实施交互式教学或远程教学;能利用 IETM 浏览器跟踪学员的学习,进行在线交流与在线考核,以及能实时地进行教学总结与效果评定等。

3)辅助用户技术资料管理功能

IETM 能存储和管理装备技术说明书、装备图样、维修规程、维修手册、图解零部件目录等用户技术资料,能对这些技术资料进行录入、浏览、检索、查询、更新、下载与归档和进行有效的版本管理与更改管理等。

1.1.2 媒体的概念及特点

媒体(medium)是指承载信息的载体。媒体包含两重含义:一是指存储和传输信息的实体,如磁盘、光盘、磁带、半导体存储器等,中文常译作媒质;二是指表示信息的载体,如数字、文字、声音、图形等。人们通过感觉,即视觉、听觉、触觉、味觉和嗅觉,打开了通向世界的窗户。这些感觉器官把有关环境的数据传递给大脑,由大脑来解释这些数据,同时把当前发生的情况与先前发生的情况加以对比,最终获得信息,认识自然。而媒体是这些信息的表现形式。

按照国际电信联盟(ITU – T)的建议,媒体又分为感觉媒体、表示媒体、显示媒体、存储媒体与传输媒体。这些媒体类型的主要含义为[2]:

感觉媒体(perception medium):能直接作用于人的感官,使人直接产生感觉的一类媒体。主要的感觉媒体包括视觉、听觉、嗅觉与触觉等媒体。感觉信息来源于人的主观感受。眼睛、耳朵、鼻子与人体的皮肤是典型的感觉器官,产生感觉信息。

表示媒体(representation medium),是指为了传播和表达某种感觉媒体所制定的各种信息的编码与格式。符号、文字、图形、图像、声音与视频等是典型的表示媒体。符号是人类对信息进行抽象的结果。符号可以表示数值、事物或事件,也可以表示语言。由于符号是人类创造出来表示某种含义的载体,所以它与使用者的知识有关,是比图形更高一级的抽象。人必须具备特定的知识,才能解释特定的符号(例如语言与文字)。符号是用特定值表示的,如 ASCII 码、中文国标码等。文本是具有上下文相关特性的符号流。

显示媒体(presentation medium),是指用于信息的输入或输出的工具与设备,是感觉媒体与电信号之间转换的一类媒体。它包括输入显示媒体(键盘、摄像机、话筒等)和输出显示媒体(显示器、喇叭、打字机等)。显示媒体是人机交互的主要桥梁。

存储媒体(storage medium),是指能够存储各种信息的载体,方便计算机处理与调用。存储媒体主要表现形式是计算机相关的存储设备。这些存储媒介包括光盘、USB 存储器、硬盘与磁带等。

传输媒体(transmission medium),是用来将媒体信息从一个地方传输到另一个地方的物理载体。传输媒体包括光纤、双绞线、空气与电磁波等。

多媒体技术中研究的媒体主要是表示媒体。对多媒体系统而言,处理的主要是各种各样的媒体表示与表现。嗅觉媒体和味觉媒体目前在计算机中尚不能方便实现,但在未来的虚拟现实系统中将有特殊应用与研究。日常生活中常见的媒体形式主要包括:

(1)视觉媒体。视觉类媒体包括位图(光栅)图像、矢量图形、动画、视频、文本等,是通过视觉来传递信息的。位图图像是一种对视觉信号进行直接量化的媒体形式,反映了信号的原始形式,是所有视觉表示方法的基础。根据量化的不同形式和颜色数不同,又分灰度和彩色图像两大类。矢量图形是对图像进行抽象化的结果,反映了图像中实体最重要的特征,如点、线、面等。

动态图像又称视频,是若干连续的静态图像或图形在时间轴上不断变化的结果,视频的表示与图像序列、时间关系有关。如果单帧图像是真实图像,则为动态影像视频;若单帧图像是由计算机生成的真实感图像,则为三维真实感图像;如果在过程中连续变化的是图形,则是二维或三维动画。

(2)听觉媒体。听觉媒体包括声音、话音与音乐等,是通过听觉来传递信息的。其实声音包括了所有的声音形式,是自然界中所有声音的拷贝。人的说话声称为话音,有内在的语言、语音学内涵,可以经由特殊的方法提取。音乐与语言相比形式就更为规范一些。事实上,音乐就是符号化的听觉媒体,但音乐不能对所有的声音都进行符号化。乐曲则是转变为符号媒体形式的声音,表示比单个符号更为复杂的声音内容。就计算机媒体而言,电子乐器数字接口(Musical Instrument Digital Interface, MIDI)是十分规范的一种形式。

(3)触觉媒体。触觉媒体是与环境进行交互的媒体。如皮肤可以感觉环境的温度、湿度,也可以感觉压力;身体可以感觉振动、运动、旋转等,这些是触觉在起作用。目前,多媒体技术已将触觉媒体作为一种十分重要的媒体引入到了实际系统中,特别是模拟系统的应用。通过对实际环境的模拟,使人与环境的信息交流更充分。在虚拟显示系统中,这种媒体的应用形式会更加复杂。

1.1.3　多媒体的概念与基本特性

1. 多媒体的概念

多媒体到目前为止还没有一个严格的定义。多媒体首先是多种媒体的组合,也包括媒体不同的表现形式。其次多媒体又是多种媒体设备的组合应用,是将计算、网络、通信等技术融为一体,形成计算机与用户之间可以相互交流的操作环境。

多媒体技术是以数字化为基础,能够对多种媒体信息进行采集、编码、存储、传输、处理与展现,综合处理多种媒体信息并使之建立起有机的逻辑联系,集成为一个系统并具有良好的交互性的技术。多媒体技术整合了图像、声音、视频等各种媒体信息,以数字化形式进行存储,经过加工和处理后,以图片、文字、声音、动画等多种媒体方式输出。如前所述,IETM 是采用文字、表格、图形、图像、视频、动画及虚拟现实技术等多种媒体形式来表达装备基本原理、使用操作和维修等内容的技术出版物。因此,IETM 中有以下主要的媒体形式:

(1) 文本。文本是文字、字母、数字和各种功能符号的集合。由于文字是人类用来交际的符号系统,是记录语言的书写形式,是传播文化的重要工具,是在人们现实生活中使用得最多的一种信息存储和传递方式。文本也是多媒体信息中使用最为普遍的最基本的表示形式。文本可以清楚、准确地表达思想,描述概念,叙述事实,并给人充分的想象空间。因此,它主要用于对知识的描述性表示,如阐述概念、定义、原理与问题,以及显示标题、菜单等内容。装备技术手册、训练教程等 IETM 中最大量的技术信息就是用文字描述的文本媒体形式。

文本数据可以采用键盘、鼠标或手写工具并通过文本编辑软件中获得,如WPS 或 Word 等,也可用扫描仪等输入设备获得文本文件,而且在制作图形或其它多媒体信息时也离不开文本(文字)信息的描述,即制作过程中也必须配合以文本编辑软件。文本数据是所有多媒体数据中占用存储空间最小、输入量最大的一类信息元素。

文本的多样化是由文字的变化即指文字的样式(style)、文字的定位(align)、字形(font)、字的大小(size)以及由这 4 种变化的各种组合形成。通常,文字的属性包括字体、字号、颜色与段落格式样式等,另外通过适当方式可以使文字产生特殊效果的美术字或艺术字。

（2）图形。图形是指由外部轮廓线条构成的矢量图,由计算机绘制的点、线和面组成的二维或三维的图形。矢量图形是用一组指令集合来描述图形的内容,构成一幅图形所包含的直线、矩形、圆、圆弧、曲线等的形状、位置、颜色和各种属性、参数。如一幅画的矢量图形实际上是由线段形成外框轮廓,由外框的颜色以及外框所封闭的颜色决定画面显示的颜色。由于矢量图形可通过公式计算获得,所以矢量图形文件一般较小。矢量图形最大的优点是描述对象可任意放大、缩小或旋转都不会失真,其最大的缺点是难以表现色彩层次丰富、逼真的图像效果。所以,图形常用来描述轮廓不很复杂,色彩不是很丰富的对象,如几何图形、工程图纸、CAD、3D 造型软件等。由于图形能直观、形象地描述装备技术手册、训练教程等 IETM 中的技术信息,起到文字描述所无法比拟的效果与作用,作为一项重要的媒体形式在 IETM 中大量地使用,如配合文字描述的插图和图解零部件目录等。

图形通常用 Draw 程序编辑处理,产生矢量图形,可对矢量图形及图元独立进行移动、缩放、旋转与扭曲等变换。主要参数是描述图元的位置、维数和形状的指令与参数。

（3）图像。图像是指照片、幻灯片或绘画作品等,也称位图、光栅图或点阵图,是人对视觉感知的物质再现,视觉效果佳的重要多媒体形式之一。图像一般是指由照相机、摄像机、扫描仪等输入设备捕捉实际的画面或根据其合成的画面,也可以由镜子、望远镜、显微镜等光学设备获取,还可以人为创作,如手工绘画。图像可以记录、保存在纸质媒介、胶片等对光信号敏感的介质上。随着数字采集技术和信号处理技术的发展,越来越多的图像都以数字形式存储,因而,有些情况下"图像"一词实际上是指数字图像。在多媒体计算机上使用像素（pixel）阵列来表示的图像,像素是图像数字化的基本单位,分辨率与灰度是影响图像屏幕显示的主要参数。每个像素的色彩信息由 RGB（红、绿、蓝）组合表示。根据颜色信息所需的数据位分为 2、8、16 及 32 位等,位数越高颜色越丰富。

由于人对物体的图像视觉感知效果比图形更加逼真,制作图像容易,因此,经常用于 IETM 技术信息的插图。

（4）音频。音频是指大约在 20Hz ~ 20kHz 频率范围的声音,包括音乐（如数字音频（MIDI））、语音（解说旁白）、各种音响效果（如自然声响、效果声等）,是产生人的听觉效果的重要多媒体形式之一。声音具有音调、音强与音色 3 个要素。声音数据具有很强的前后相关性,数据量大、实时性强,由于声音是连续的,所以通常将其称为连续型多媒体类型。音频信号主要有模拟音频与数字音频两种类型。数字音频是指音频信号用一系列的数字表示,其特点是保真度好、动态范围大。计算机中的音频必须是数字形式的,因此,必须把模拟音频信号转换成有限个数字表示的离散序列,即实现音频数字化。在这一序列处理技术中,要考虑采样、量化和编码等问题。多媒体计算机形成声音的方式有采样与重放、CD 唱片重放、通过 MIDI 驱动合成器。其中,采样是将声音模拟量转化成数字量,即 A/D 转换,重放时再进行数字到模拟的转换,即 D/A 转换变成声音波形。影响声音质量的因素主要包括采样频率、采样精度以及声音通道数。声音文件有多种存储格式,目前常用的主要有 3 种:波形音频文件(WAV)、数字音频文件(MIDI)、光盘数字音频文件(CD – DA)。

　　声音是由不同频率的声波组合而成,组合的波形需要进行数模转换,变换结果用采样频率和样本量化值加以描述,这通常需要很大的数据量,所以要对声音进行数据压缩。声音在数据压缩过程中包括语音和音乐的数据压缩。此外,关于声音的处理主要指编辑声音和存储声音不同格式之间的转换。

　　音频媒体在 IETM 中经常作为图形、图像、视频或动画的配音,用非语音声响或语音提示安全、危险的警告与注意事项,用语音解说或强调装备使用操作、维修的程序、故障诊断步骤及行为;特别是使用 IETM 进行人员培训的教学与学习时,生动的语言阐述将加深对文字、图形、图像、视频、动画的理解,增强教学效果。

　　(5)视频。视频是一种图像的动态形式,将实时获取自然对象的若干相联系的图像数据连续播放便形成了视频。电影与电视是最常见的视频形式。视频信号可分为模拟视频与数字视频。普通的广播电视信号是一种典型的模拟视频信号。电视摄像机通过电子扫描将时间、空间函数所描述的景物进行光电转换后,得到单一的时间函数的电信号,其电平的高低对应于景物亮度的大小,即用一个电信号来表征景物。这种电视信号称为模拟电视信号,其特点是信号在时间和幅度上都是连续变化的。数字视频信号用二进制数字表示,是计算机能够处理的数字信号。数字视频信号由模拟视频信号经过数字化处理后,变成一帧帧由数字图像组成的图像序列。虽然目前正在对两种视频进行相融地开发,但两者间仍有差距,画面并未完全兼容。

　　视频信号的获得可来自录像机、摄像机等视频信号源的影像,但由于这些视频信号的输出大多是标准的彩色全电视信号,要将其输入计算机不仅要有视频捕捉,实现由模拟向数字信号的转换,还要有压缩、快速解压缩及播放的相应的硬软件处理设备。电视同动画一样,也是采用视觉原理构造而成的,其基本原理为顺序扫描和传输图像信号,然后再由电视接收端同步再现。电视信号的标准也称为电视的制式。各国的电视制式不尽相同,制式的区分主要在于帧频、每行扫描行数的不同。

　　视频作为一种重要的多媒体形式之一,由于其制作相对动画较容易,而且能生动、真实地再现实际场景与过程，因此，在 IETM 中经常被用来表现装备复杂的使用操作与维修操作过程，以及设备的运转情况等。

（6）动画。动画是二维或三维静止图像的运动。它是利用了人眼的视觉暂留特性，快速播放一连串静态图像，在人的视觉上产生平滑流畅的动态效果的一种多媒体形式。动画和静态图像一样，是强有力的表现形式。动画在解释涉及运动的概念中特别有用，比如讲解机械如何动作的过程，只用一幅图是不行的，甚至一系列的图也不行，用文字解释就更困难了，而采用多媒体应用程序生成动画程序来解释它则轻而易举。

二维计算机动画按生成的方法可以分为以下几种类型：

- 逐帧动画，是由一幅幅内容相关的位图组成的连续画面，就像电影胶片或卡通画面一样，要分别设计每屏要显示的帧画面。
- 关键帧动画，这种动画生成方式和普通动画的制作方式相类似，所不同的是，在关键帧创作出来后，中间帧不再需要人来画，而是由计算机"计算"出来，通常所见到的 Flash 动画就是关键帧动画。
- 造型动画，是单独设计图像中的运动物体，为每个动元设计其位置、形状、大小及颜色等，然后由动元构成完整的每一张画面。每张画面中的动元可以是图像、声音、文字与色调，而控制动元表演和动作的脚本叫做制作表，动元要根据制作表中的规定在动画中扮演自己的角色。

动画作为一种重要的多媒体形式之一，在 IETM 中经常采用虚拟实现的仿真软件制作成交互式动画，由于它是通过编写脚本语言允许用户对画面进行控制，在动画与使用者之间形成一种互动，使用户可以参与到动画中来，比视频更富于表现力。类似于视频，在 IETM 中动画也经常用来表现装备使用操作与维修操作过程。视频拍摄的画面仅限于装备外表可见部分的动作，而动画可以描述装备内部不可见部分（透视）的动作，使得动画更易于表现设备内部的运行与传动的运动过程。用于虚拟实现交互式动画还可以仿真出现实中难于获得的场景与活动，如飞机、太空飞船的运动，登月与核爆的场景等。动画，特别是交互式动画的缺点是制作难度与成本相对较高，在一定程度上影响到在 IETM 中的广泛使用。

2. 多媒体的基本特性

（1）交互性。多媒体是人机交互式媒体。"机"主要是指计算机，或者由微处理器控制的其它终端设备。因为计算机的一个重要特性是"交互性"，使用它就比较容易实现人机交互功能，可以形成人与机器、人与人及机器间的互动，互相交流的操作环境及身临其境的场景，人们可以根据需要进行控制。从这个意义上说，多媒体和目前大家所熟悉的模拟电视、报纸、杂志等媒体是大不相同的。

人机交互是多媒体技术最大的特点。

（2）数字化特性。多媒体信息都是以数字的形式而不是以模拟信号的形式存储和传输的。

（3）多样性。传播信息的媒体的种类多样,如文字、声音、电视图像、图形、图像、动画等。虽然融合任何两种以上的媒体就可以称为多媒体,但通常认为多媒体中的连续媒体(声音和电视图像)是人与机器交互的最自然的媒体。

（4）集成性。多媒体将计算机、声像、通信技术集成为一体,是计算机、电视机、录像机、录音机、音响、游戏机、传真机的性能大综合。多媒体的集成性表现在它是不同设备的集成,将输入/输出设备、存储设备等集成为一个整体;其次所有的媒体信息,包括图形、动画、图像与文字等,采用统一的信息描述方式。这种信息媒体的集成包括多种形式信息的统一获取、统一组织与存储,以及多媒体信息的展现与合成等。

（5）实时性。多媒体信息之间存在必然的逻辑关系,这种逻辑关系包括同步特性与实时显示特性。

综上所述,多媒体的基本特性体现了区别于传统电视录像系统的主要内容。也就是说,多媒体技术是计算机交互式综合处理多媒体信息中的文本、图形、图像与声音,使多种信息建立逻辑连接,集成为一个系统并具有交互性。简而言之,多媒体技术就是具有集成性、数字化特性、多样性、实时性和交互性的计算机综合处理声、文、图信息的技术。

1.2　多媒体技术及发展趋势

媒体就是信息的载体,媒体的形式有多种,媒体元素就是指多媒体应用中可显示给用户的媒体组成。多媒体技术是 20 世纪 80 年代中期发展起来的一门综合技术。当前,多媒体技术已成为计算机科学的一个重要研究方向。多媒体的开发与应用使得计算机一改过去那种单一的人机界面,它集声音、文字、图形于一体,使用户置于多种媒体协同工作的环境中,让不同层次的用户感受到计算机世界的丰富多彩。

1.2.1　多媒体技术

多媒体技术(Multimedia Technology)是一种将文本、图形、图像、动画和声音等形式的信息结合在一起,并通过计算机进行综合处理与控制,能支持完成一系列交互式操作的信息技术[3]。多媒体技术是一门基于计算机技术的综合技术,它涉及数字信号处理技术、音频和视频技术、计算机硬件和软件技术、人工智能和模式识别技术、通信和图像技术等。当前多媒体技术主要是研究多媒体计算机图形与图像处理,数字音频、视频处理与多媒体网络通信等 3 方面的技术[4]。

1. 多媒体计算机图形与图像处理技术

多媒体计算机图形与图像处理技术,是研究如何借助于数学的方法和多媒体硬件技术的支持,在计算机上生成、处理和显示图形与图像的一门技术,主要包括以下几个方面内容。

(1)图形处理技术。该技术包括二维平面及三维空间的图形处理。早期的计算机图形处理技术主要集中于二维图形技术的研究,但是二维图形仅能表现图形中各个部分简单的几何关系,无法表现出空间、位置、材质、明暗等接近自然的真实感效果,现在的研究重点集中于三维真实感图形技术的研究,以及对三维图形对象赋予运动属性后生成连续画面(动画)效果的研究。因而现在图形处理的具体内容主要包括:几何变换(如平移、旋转、缩放、透视和投影等);曲线与曲面拟合;建模或造型;隐线、隐面消除;阴暗处理;纹理产生;配色等。

为了显示的需要,特别是三维动画处理的需要,计算机三维图形处理技术最终要将用计算机数据描述的三维空间信息通过计算转换成二维图像并显示到输出设备上。在实现这一转换的过程中,利用显卡中的图形加速芯片来加速处理三维图形,提供实时和动态的三维图形应用支持,加速处理的三维效果,包括混合、灯光、纹理贴图、透视矫正、过滤、抗失真等。因此,为了使三维图形处理软件更好地调用图形加速芯片的图形处理功能,三维图形处理技术中出现了使用各种图形处理接口程序 3D API(Application Programming Interface)。

(2)数字图像处理技术。图像处理是指将客观世界中实际存在的物体映射成数字化图像,然后在计算机上用数学的方法对数字化图像进行处理。图像处理的内容极为广泛,如放大、缩小、平移、坐标轴旋转、透视图制作、位置重合、几何校正、r 校正、灰度线制作、图像增强和复原、图像变换、图像编码压缩、图像重建、图像分割、图像识别、局部图像选出或去除、轮廓周长计算、面积计算以及各种正交变换等。

图形处理与图像处理的区别在于,图形处理着重研究怎样将数据和几何模型变成可视的图形,这种图形可能是自然界根本不存在的人工创造的画面,而图像处理则侧重于将客观世界中原来存在的物体映像处理成新的数字化图像,关心的是如何压缩数据、如何识别、提取特征、三维重建等内容。随着计算机技术的发展,二者的联系将越来越紧密,利用真实感图形绘制技术可以将图形数据变成图像;而利用模式识别技术也可以从图像数据中提取几何数据,把图像转换成图形,二者的区别也越来越模糊。

(3)图形、图像处理中的虚拟现实技术。虚拟现实(Virtual Reality)技术是将并不存在的事物与环境,通过各种技术虚拟出来,让用户感觉到如同真实世界一样。随着多媒体技术的发展,图形处理技术经历了文字→图形→视频→三维动画→虚拟现实的发展过程。文字、图形很难说明事物动态的过程,用三维动画的方式,制作一个沿着某一条路径浏览的动画,并且沿着这条路径反复播放这个动画,从而使观看者产生连续的动感。虚拟现实用计算机模拟的三维环境,使用户可以走进这个环境(用鼠标控制浏览方向),并且操纵场景中的对象。虚拟现实中的图形渲染是实时的,这是它与动画制作的最大区别,正是这种实时性导致了在虚拟场景中的人机可交互性。虚拟现实技术开辟了人类交流的新领域。

2. 数字音频、视频处理技术

音频、视频技术是多媒体技术中不可分割的重要组成部分。在多媒体中,音频、视频技术采用了全新的纯数字技术,这是电子成像技术的一场重大变革,甚至标志着音频、视频技术已进入一个新时期。20 世纪 80 年代,正当模拟彩色电视蓬勃发展之时,业界便已形成了一种共识:电视信号数字化将成为必然的发展趋势。随着多媒体计算机及网络的发展,进一步加速了音频、视频数字化的发展进程。它的每一个进步都将推动多媒体技术的发展,其广泛应用必将对多种学科的发展,以及多个领域的技术进步起到十分重要的影响。

概括地说,数字音频、视频处理技术主要由 3 部分组成,即模拟音频、视频信号的数字化编码(模/数转换(A/D)),数字音频、视频信息的压缩编码(信源编码)以及数字音频、视频信息的存储与传输编码(信道编码)。其中 A/D 转换是将人所能接受的模拟音频、视频信号转换为计算机能够识别的数字信息,它是数字音频、视频处理技术中的基础。信源编码则是将数字化后的音频、视频信号的数据根据不同的应用,按照不同的标准及其算法进行压缩处理,从而达到降低码率的目的,它是数字音频、视频处理技术的关键。信道编码是将压缩后的音频、视频数据根据存储与传输的不同介质进行相应的调制,使得调制后的数据格式符合该介质的要求,或者达到提高频率资源利用率的目的;与此同时信道编码还有一个十分重要的作用,就是对存储与传输的数据进行容错技术处理,以确保重放数据的准确性,因此,信道编码是数字音频、视频处理技术的保证。应该指出,以上 3 种编码的过程均是可逆的,因为数字音频、视频处理技术最终的目的是音频、视频信息的还原与重放,因此,逆过程的顺序应该是信道解码、信源解码以及数/模转换(D/A)。

3. 多媒体网络通信技术

网络通信已成为社会生活中的一个重要组成部分,从局域网到广域网,从有线到无线,从以电信为主体的网络通信到三网合一,从传输模拟信号到数字信号,所有这些体现了应用需求的推动作用和科学技术不断进步的发展趋势。

自从 20 世纪 90 年代以来,种类繁多的基于多媒体的网络服务为家庭、学校和企事业单位提供了更加丰富多彩的信息交流手段,用户能够创建自己的多媒体资料,也可以交互式地选择和接收多媒体信息。随着建立在 Internet 基础之上的信息高速公路对多媒体信息传输的支持,主要的电信、计算机厂商与广播电视公司都在争相参与能够实时传送视频和多媒体信息的网络建设,并实现各种应用或服务,例如,IP 电话、视频点播、视频会议、远程教育、协同工作、数字图书馆、交互电视等应用,极大地丰富了人们的通信方式和获取信息的方法,同样也改变了人们的生活方式。

多媒体通信的研究领域是十分广泛的,其包括一系列标准的制定、通信与网络系统基础设施建设,满足企业和家庭用户需求的各种产品的开发研制以及应用的配套服务。多媒体通信除研究传统的计算机通信网络、通信系统、协议、各种网络接入技术外,还要研究网络多媒体应用所涉及的流式传输和超文本技术,以解决传统数据通信的网络不能完全适应多媒体信息传输的要求的问题。

1.2.2　多媒体技术的发展趋势

1. 多媒体技术的网络化发展趋势

技术的创新与发展将使诸如服务器、路由器、转换器等网络设备的性能越来越高,包括用户端 CPU、内存、图形卡等在内的硬件能力空前增强,人们将受益于无限的计算和充裕的带宽,使得网络应用者改变以往被动地接受处理信息的状态,并以更加积极主动的姿态去参与眼前的网络虚拟世界。

多媒体技术的发展使多媒体计算机将形成更完善的计算机支撑的协同工作环境,消除了空间距离的障碍,也消除了时间距离的障碍,为人类提供更完善的信息服务。

交互的、动态的多媒体技术能够在网络环境创建出更加生动逼真的二维与三维场景,人们还可以借助摄像等设备,把办公室和娱乐工具集合在终端多媒体计算器上,可在世界任一角落与千里之外的同行在实时视频会议上进行市场讨论、产品设计,欣赏高质量的图像画面。新一代用户界面(UI)与智能人工(Intel-ligent Agent)等网络化、人性化、个性化的多媒体软件的应用,还可使不同国籍、不同文化背景和不同文化程度的人们通过“人机对话”,消除它们之间的隔阂,自由地沟通与了解。

多媒体交互技术的发展,使多媒体技术在模式识别、全息图像、自然语言理解(语音识别与合成)和新的传感技术(手写输入、数据手套、电子气味合成器)等基础上,利用人的多种感觉通道与动作通道(如语音、书写、表情、姿势、视线、动作与嗅觉等),通过数据手套与跟踪手语信息,提取特定人的面部特征,合成面部动作与表情,以并行和非精确方式与计算机系统进行交互。可以提高人机交互的自然性与高效性,实现以三维的逼真输出为标志的虚拟现实。

蓝牙技术的开发应用,使多媒体网络技术无线化。数字信息家电,个人区域网络,无线宽带局域网,新一代无线、互联网通信协议与标准,对等网络与新一代互联网络的多媒体软件开发,综合原有的各种多媒体业务,将会使计算机无线网络异军突起,牵起网络时代的新浪潮,使得计算无所不在,各种信息随手可得。

2. 多媒体终端的部件化、智能化与嵌入化发展趋势

目前多媒体计算机硬件体系结构,多媒体计算机的视频音频接口软件不断改进,尤其是采用了硬件体系结构设计和软件、算法相结合的方案,使多媒体计算机的性能指标进一步提高,但要满足多媒体网络化环境的要求,还需对软件作进一步的开发与研究,使多媒体终端设备具有更高的部件化与智能化,对多媒体终端增加如文字的识别与输入、汉语语音的识别与输入、自然语言理解与机器翻译、图形的识别与理解、机器人视觉与计算机视觉等智能化。

主要用于数学运算及数值处理,随着多媒体技术和网络通讯技术的发展,需要 CPU 芯片本身其具有更高的综合处理声、文、图信息及通信的功能,因此,我们可以将媒体信息实时处理和压缩编码算法作到 CPU 芯片中去。从目前的发展趋势看,可以把这种芯片分成两类。一类是以多媒体与通信功能为主。融合 CPU 芯片原有的计算功能,它的设计目标是用在多媒体专用设备,家电及宽带通信设备,可以取代这些设备中的 CPU 及大量 ASIC 和其它芯片。另一类是以通用 CPU 计算功能为主,融合多媒体与通信功能,它们的设计目标是与现有的计算机系列兼容,同时具有多媒体与通信功能,主要用在多媒体计算机中。

近年来随着多媒体技术的发展,TV 与 PC 技术的竞争与融合越来越引入注目,传统的电视主要用在娱乐,而 PC 重在获取信息。随着电视技术的发展,电视浏览收看功能、交互式节目指南、电视上网等功能应运而生。而 PC 技术在媒体节目处理方面也有了很大的突破,视频音频流功能的加强,搜索引擎,网上看电视等技术相应出现,比较来看,收发 E – Mail、聊天和视频会议终端功能更是 PC 与电视技术的融合点,而数字机顶盒技术适应了 TV 与 PC 融合的发展趋势,延伸出"信息家电平台"的概念,使多媒体终端集家庭购物、家庭办公、家庭医疗、交互教学、交互游戏、视频邮件和视频点播等全方位应用为一身,代表了当今嵌入式多媒体终端的发展方向。

嵌入式多媒体系统可应用在人们生活与工作的各个方面:在工业控制与商业管理领域,如智能工控设备、POS/ATM 机、IC 卡等;在家庭领域,如数字机顶盒、数字式电视、WebTV、网络冰箱、网络空调等消费类电子产品。此外,嵌入式多媒体系统还在医疗类电子设备、多媒体手机、掌上电脑、车载导航器、娱乐、军事方面等领域有着巨大的应用前景。

1.3　IETM 的信息组织和插图及多媒体的运用管理

为了使应用于 IETM 的文本、图形、图像、音频、视频、动画与 3D 模型等多媒体元素能产生良好的效果,在很大的程度取决于 IETM 对技术信息的组织方式和对图形及多媒体信息元素的运用管理方法。下面从解读 IETM 技术标准出发来说明这个问题。

1.3.1　IETM 技术标准

目前,国际上 IETM 技术标准有两大技术体系:一是以美国军用规范 MIL - DTL - 87268C《交互式电子技术手册通用内容、风格、格式和用户交互要求》和 MIL - DTL - 87269C《交互式电子技术手册可修改数据库》为代表的美国 IETM 标准技术体系;另一个是以 ASD/AIA/ATA S1000D《基于公共源数据库技术出版物国际规范》为代表的欧洲 IETM 标准技术体系。

1. 美国 IETM 军用规范

美国 IETM 标准技术体系主要由 MIL - DTL - 87268C、MIL - DTL - 87269C 和 MIL - HDBK - 511《交互式电子技术手册互操作性》等规范构成。最初,美国国防部于 1992 年 11 月发布了 IETM 标准 MIL - M - 87268、MIL - D - 87269 和 MIL - Q - 87270,1995 年以后进行了 3 次修订,取消了 MIL - Q - 87270,目前保留的最新版本是 2007 年 1 月颁布的 MIL - DTL - 87268C 和 MIL - DTL - 87269C。为满足 IETM 向网络化发展的需要,解决如何向 Web 发布移植的问题,2000 年 5 月颁布了 MIL - HDBK - 511,提出了 JIA(joint IETM architecture)并在用户界面上解决了互操作性问题。

(1) MIL - DTL - 87268C[5]。该规范是美国国防部于 1995 年 10 月对 MIL - M - 87268 和 MIL - Q - 87270 两个规范进行修订后发布的 MIL - PRF - 87268A 的基础上,于 2007 年 1 月发布的新版本。它是美国国防部比较完备的 IETM 规范之一,其先前版本曾对美国、欧洲及世界各国 IETM 系统的开发起到重要指导作用。该规范定义了 IETM 的内容、样式和用户交互性的通用要求,提供了通用的、标准化的 IETM 数据显示方式,从而确保用户使用各种 IETM 系统时操作方法的一致性。

(2) MIL - DTL - 87269C[6]。该规范是美国国防部在 1995 年 10 发布 MIL - PRF - 87269A 的基础上进行修订,于 2007 年 1 月发布的最新版本。它为承包商采用标准化的标记语言创建一个 IETM 的数据库(IETMDB),规定了

IETM 数据库元素结构及命名规则，以及政府和承包商信息的交换格式等有关要求，定义了一个层次化的内容数据模型（Content Data Model，CDM）来描述技术信息内的逻辑与层次关系。

（3）MIL – HDBK – 511[7]。该手册为 IETM 的互操作性定义了技术框架和联合 IETM 体系结构（JIA），推荐使用商用现货（Commercial – Off – The – Shelf，COTS）技术、Internet 和 WWW 技术，以及推荐采用通用浏览器、IETM 对象封装、电子寻址和库函数、网络和数据库服务器接口，来解决 IETM 终端用户级的互操作问题，极大地方便了武器装备系统的操作、维修与训练，是 IETM 向网络化发展的一个重要标志。

2. 欧洲 IETP 规范

欧洲 IETP 规范为 ASD／AIA／ATA S1000D《基于公共源数据库的技术出版物国际规范》[8]，目前它是由欧洲宇航与防务工业协会（ASD）、美国航空工业协会（AIA）和美国航空运输协会（ATA）共同制定与维护的交互式电子技术出版物（Interactive Electronic Technical Publication，IETP）的国际规范。欧洲有关 IETP 概念起源于 20 世纪 80 年代的航空航天领域。1984 年，欧洲航空工业协会（AECMA）成员国和用户开始制订技术出版物的国际标准，于 1989 年由欧洲航空工业协会（AECMA）和英国国防部（MoD）联合编制的欧洲 IETP 国际规范 AECMA S1000D《基于公共源数据库的技术出版物国际规范》1.0 版颁布。2003 年以后美国航空工业协会（AIA）加入 S1000D 组织，2004 年 AECMA、欧洲国防工业协会（EDIG）与欧洲航天工业协会合并为欧洲宇航与防卫工业协会（ASD），2005 年美国航空运输协会（ATA）也加入 S1000D 标准维护组（TPSMG），逐步形成目前由世界几十个国家加入的强大的标准化组织。自从 1989 年颁布 1.0 版以来，S1000D 经过多次修订完善与改版，先后有 2.0 版（2003 年）、2.1 版（2004 年）、2.2 版（2005 年）、2.3 版（2007 年）、3.0 版（2007 年）、4.0 版（2008 年）、4.0.1 版（2009 年），目前最新的版本是 2012 年 12 月的 4.1 版本。同时，S1000D 与 ASD SX0001《综合后勤保障管理手册》、ASD S2000M《综合数据处理的军事装备物资管理国际通用规范》、ASD／AIA S3000L《后勤保障分析应用国际通用规范》、ASD S4000M《定期维修分析过程国际通用手册》、ASD／AIA S5000F《使用与维修数据反馈国际通用应用手册》、ASD／AIA／ATA S9000D《综合后勤保障数据词典》一起组成欧洲综合后勤保障系列标准，如图 1 – 1 所示。

由于 S1000D 具有广泛的组织支持、完善的维护体制、坚实的技术基础和合理的发展计划，已发展为全面覆盖了军用和民用航空、航海、陆地装备的需求，成为世界各国推崇的事实上的行业标准，预计可能发展成为国际通用的 IETM 标准。

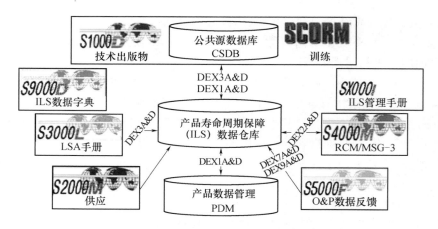

图 1-1　欧洲综合后勤保障系列规范

3. 我国 IETM 标准[1]

为了满足我国 IETM 研究与推广应用需要,在引进消化国外先进 IETM 标准的基础上,编制了 GB/T 24463 IETM 系列国家标准和 GJB 6600 IETM 系列国家军用标准。为与国际先进的 IETM 标准接轨,我国的这两项 IETM 标准的内核都是以欧洲 S1000D 国际规范为基础的,在技术上与之相兼容,属于欧洲 IETM 标准技术体系。由于我国 IETM 处于起步阶段,缺乏实践经验,两项标准引进 S1000D 的版本较低,有待于在 IETM 工程应用中修订完善。

1)GB/T 24463 IETM 系列国家标准

GB/T 24463 IETM 系列国家标准由装甲兵工程学院负责主编,于 2009 年 10 月 15 日发布,2009 年 12 月 1 日实施。

GB/T 24463.1—2009《交互式电子技术手册　第 1 部分:互操作性体系结构》主要规定了 IETM 互操作性体系结构要求,规范了互操作体系结构的概念、结构配置、通信安全、单机和网络环境下 IETM 的应用,以及 Web 浏览器及配置、IETM 对象的封装与交付、IETM 电子寻址方式等要求。

GB/T 24463.2—2009《交互式电子技术手册　第 2 部分:用户界面与功能要求》主要规定了创作 IETM 所应遵循的界面与功能要求,包括:界面基本显示元素、辅助显示元素、通用界面显示要求、信息元素的显示要求及信息的特定显示要求;以及功能性分类、功能性定义和功能性矩阵的有关内容。该标准部分适用于规范基于公共源数据库 IETM 的用户界面的显示风格和样式,以及规范 IETM 交互功能需求。

GB/T 24463.3—2009《交互式电子技术手册　第 3 部分:公共源数据库要求》主要规定了 IETM 公共源数据库中数据的描述、存储、管理和交换的要求,以及规定了各类数据模块状态及标识部分和公共部分的定义,给定了数据模块编码、插图及多媒体编码、出版物模块编码的结构和各类数据模块的 DTD 等内容。

2）GJB 6600 IETM 系列国家军用标准

GJB 6600 IETM 系列国家军用标准,由总装备部军用标准化研究中心主持编制,标准包括 4 个部分,其中第一部分于 2008 年 10 月 31 日发布,其余 3 个部分于 2009 年 12 月 22 日发布。

GJB 6600.1—2008《装备交互式电子技术手册　第 1 部分:总则》,主要规定了 IETM 的功能、内容、数据格式和管理信息等要求。

GJB 6600.2—2009《装备交互式电子技术手册　第 2 部分:数据模块编码和信息控制编码》,规定了装备交互式电子技术手册的数据模块编码和信息控制编码要求。

GJB 6600.3—2009《装备交互式电子技术手册　第 3 部分:模式》,规定了装备交互式电子技术手册模式的通用层信息和信息层信息要求。

GJB 6600.4—2009《装备交互式电子技术手册　第 4 部分:数据字典》,规定了装备交互式电子技术手册描述类数据、程序类数据、故障类数据、操作类数据、接线类数据、过程类数据等数据元素的内涵、格式、属性以及数据项之间关系等要求。

1.3.2　IETM 的信息组织

如何将文本、图形、图像、音频、视频、动画与 3D 模型等多媒体元素纳入到 IETM 之中并很好地加以运用,有赖于 IETM 的信息组织。下面分别介绍美国 IETM 军用规范和欧洲 S1000D 国际规范的信息组织,并对两种规范简要地进行综合评价。

1. 美国 IETM 军用规范的 IETM 信息组织

美国国防部 2007 年发布的军用规范 MIL – DTL – 87269C《交互式电子技术手册可修改数据库》,除保留支持 IETM 交互显示功能外,还增加了支持 ETM 线性出版功能。为了进一步了解美国 IETM 军用规范是如何对数据库支持的 IETM 进行信息组织,下面重点解读美军规范有关 IETM 信息组织。

1）构建 IETM 数据库

按照 MIL – DTL – 87269C 要求,使用标准通用可标记语言（SGML）创建一个可修改的（允许对数据单元及其属性进行添加、删除与更改）IETM 数据库（IETMDB）,并规定了 IETM 数据库元素结构以及国防部与承包商的信息交换要求。IETMDB 是由以逻辑方式联接和允许随机访问的数据单元的集合,其主要功能为：

（1）储存与管理生成 IETM 的所有技术信息；

（2）国防部或承包商可以直接访问 IETMDB，获取武器系统的综合保障数据及其它所需信息；

（3）需要时，可以标准格式在国防部与承包商之间交换数据。

2）在 IETMDB 中定义一个内容数据模型

在 IETM 数据库定义了一个层次化的内容数据模型（Content Data Model，CDM）来表达技术信息元素及其关系。CDM 由 3 个独立层次构成：顶层为通用层（Generic Layer，GL），用于定义所有公用技术信息的通用特性，包含任何 ETM或 IETM 应用的资源对象；中间层为交换层（Interchange Layer，IL），提供一个为协调及公共使用 ETM 与 IETM 数据结构的内容数据模型（即 DTD 片段）的保存区（holding area）；底层称为特定内容层（Content Specific Layer，CSL），它包含为武器系统专用技术信息定义的元素。内容数据模型的示意图如图 1 – 2 所示。

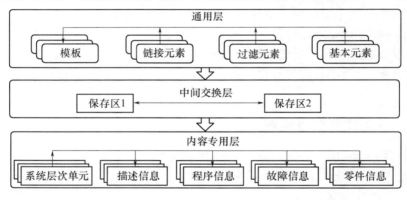

图 1 – 2　MIL – DTL – 87269C 内容数据模型示意图

3）内容数据模型的通用层

按技术手册的标准与规范提供的 DTD 定义通用层，其 DTD 提供了定义特定内容元素的模板，同时 DTD 定义了 3 种数据类型：链接元素、基本元素与内容过滤元素。通用层各单元的功能如下：

（1）模板。模板是以 DTD 方式定义了在特定内容 DTD 声明的元素和创建特定内容 DTD 与文档实例所必需的基本规则集，提供创建复合节点、上下文相关过滤、用户交互与分支的结构。通用层包含 5 种模板：节点、可选择节点、顺序节点、条件节点、循环节点。每个模板由两部分组成：一套用来管理模板活动的语义规则和一个属性列表。

（2）链接元素。链接元素也称相关链接，是应用于技术信息中各元素间的链接关系,用两个或两个以上的链接端来表示,链接元素能显现几个元素间的关联。相关链接包括 IETMDB 内部元素以及 IETMDB 外部的信息资源的特定交叉引用,如建立与保障性分析系统的链接。链接的作用是通过引用减少信息冗余。

(3)基本元素。基本元素也称基本数据元素是按 MIL – DTL – 87268C 要求在电子屏幕上显示技术信息的形式。基本元素包括:文本,表格,图形(图样、插图),音频,视频与过程,对话框等。通用层 DTD 定义的基本元素支持所有特定内容的应用,并构成 IETMDB 中的技术信息内容。

(4)内容过滤元素。内容过滤元素也称上下文过滤,是为向用户提供最适当的信息,而按前置条件定义的表达式有条件的显示或过滤某些技术信息。

4)内容数据模型的中间交换层

中间交换层有两个部分,即为内容数据模型提供了两个保存区(保存区1、保存区2),分别用来协调及公共使用 ETM 与 IETM 的数据结构。

(1)部分1是单独用于协调 ETM DTD 片段的保存区,并构成其所包含的子集,亦或具有识别转换在交换层保存区2中取得的交互式 IETM 数据结构所含的子集。

交换层保存区1包含协调定义公共基本元素与数据结构的 ETM DTD 片段。这些元素与结构引自于或附加于 ETM DTD 片段,这样在将 ETM DTD 实例数据转化为 IETM 数据库格式环境时能最大化的向上兼容性,并能保留 ETM 的电子书功能。中间交换层保存区1包含"文本"、"图形"、"音频"、"视频"、"过程"和"链接"等基本实体与基本数据元素的声明,以及基本"列表"等数据结构的声明。这些已协调的基本实体与元素、列表数据模型与表格数据模型,有利于协调实现从符合 ETM 的实例向 IETM 数据库环境的数据迁移。

(2)部分2既是协调 DTD 片段的又是 IETM 特有 DTD 片段的保存区(保存区2),这些 DTD 片段使用通用层的结构形式来实现交互技术手册的遍历。

交换层保存区2是一个为协调公用内容实体、元素与结构声明、DTD 片段而设立的保存区,它供通用层的语义与基本元素用来实现交互表示模型。在该保存区所包含的公用元素与数据结构为开发者构建特定内容用层的数据模型提供模块构件(building blocks),而且作为一种迁移 ETM 内容的协调路径,这些 ETM 内容是在交换层保存区1中利用所协调的实体、元素与结构开发的。IETM 的表格与列表功能既独立于保存区2中所协调的 IETM 交换模型区 DTD 而存在,又独立于特定内容层中 DTD 内容数据模型的通用层 DTD。

5)内容数据模型的特定内容层

内容数据模型的特定内容层是按照特定内容 DTD 组织装备全部技术信息,

它包括一个特定内容 DTD 的完整信息集,不仅是预期访问的信息。CDM 定义技术信息内容与结构,其所定义的基本元素集适用于任何特定内容 DTD。这些特定内容层 DTD 包含在通用层的实体声明和相应的实体引用之中。对于在需要使用任何基本元素的特定内容 DTD 中定义的元素,在它的内容模型中只需包括文本、表格、图形或对话框。特定内容 DTD 中的模板元素应符合于通用层中定义的模板之一。这些元素应包括列于通用层模板定义的属性。5 种模板中有两个共同属性:使用某模板的引用标识(id)和识别使用模板的 CDM。

按照 MIL – DTL – 87269C 给出了基层级维修的特定内容层 DTD,其技术信息按项目/系统层次结构分解为维护与操作的单元,分为子系统、组件与零部件等层次。每层的每一单元包含与其相关的下述 4 种类型信息中的一种或几种。4 种信息类型为:

(1)描述信息。该类信息是一个叙述性的段落,用来提供系统(子系统、组件、零件)的物理布局、功能、操作原理和其它方面的信息。

(2)程序信息。该类信息是对完成某一任务具体过程的描述。

(3)故障信息。该类信息是排除系统故障的必要数据,如故障状态、测试数据、结果数据与校正数据。

(4)零件信息。该类信息是有关系统零件的数据,包括零件使用维修信息与零件供应信息两个部分。

2. S1000D 国际规范的 IETM 信息组织

为了遵循 CALS 的数据"一次生成,多次使用"的理念,实现数据的可重用性与技术信息的可重构性和保证 IETM 具有良好的交互性,S1000D 国际规范采用了公共源数据库(Common Source DataBase,CSDB)技术来组织 IETM 信息。有关 S1000D 的信息组织在本丛书的第一分册、第二分册、第四分册以及第七分册的相关章节都有相应的阐述。为便于与美国 IETM 军用规范进行对比,简单地总结归纳 S1000D 的 IETM 信息组织,并作如下说明。

1)构建一个储存与管理 IETM 技术信息的公共源数据库

S1000D 采用可扩展标记语言(eXtensible Markup Language,XML)构建一个储存与管理 IETM 技术信息的公共源数据库(CSDB)。CSDB 集合了生成 IETM 所需的 6 种信息对象(见图 1 – 3),包括数据模块(Data Module,DM)、插图及多媒体、数据管理列表(Data Management List,DML)、评注(comments)、出版物模块(Publication Module,PM)与数据分发包(Data Dispatch Note,DDN)。其中,数据模块、插图及多媒体与出版物模块是制作 IETM 的源数据;数据管理列表、评注与数据分发包用于管理和组织 IETM 信息的生成、传输与交换、发布及更新。

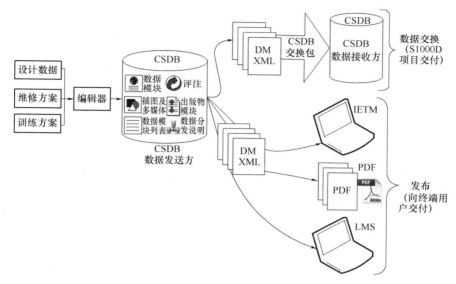

图1-3 公共源数据库储存的信息对象

2）以数据模块作为 IETM 的最小信息单元

S1000D 采用 XML 对技术信息进行结构化、模块化处理形成具有统一结构的最小的独立信息单元——数据模块（DM），它是 CSDB 中最为核心的信息对象，也是数量最多、最基础的 IETM 源数据。DM 的内容包括文本、图表及其通过引用、链接包含各种类型的插图及多媒体信息。从逻辑上说，一个数据模块是一个自我包含、自我描述、不可分割，具有原子性的数据单元；从物理上说，一个数据模块就是一个 ASCII 码文档，以特定的文档格式对装备保障的技术信息进行描述与组织。DM 的基本结构如图1-4 所示，包括标识与状态部分和内容部分。

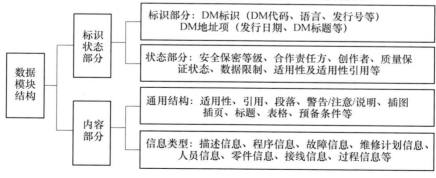

图1-4 数据模块的基本结构

（1）标识与状态部分是数据模块的元数据信息。其中,标识部分包括数据模块标识(数据模块代码、语言、发布号等)和数据模块地址项(发布日期、数据模块标题等)等,用于跟踪管理、信息检索和数据模块的引用;状态部分包括表示数据模块的安全保密等级、合作责任方、创作者、适用性及适用性引用等状态信息。

数据模块代码(DMC)由多个码段组成,最长为 41 位,最短为 17 位,其中硬件/系统标识部分可以将装备结构层次分解标识到装备型号、系统、子系统、子子系统、单元/组件等 6 个层次,并构成 DM 标题的技术名部分;信息类型标识部分的信息码用来识别 DM 所包含装备使用或维修的信息内容,并构成 DM 标题的信息名部分;DM 的技术名与信息名共同组成 DM 的标题名。DMC 作为 DM 的唯一标识成为数据的可重用性和技术信息可重构的基础。

（2）数据模块的内容部分,是数据模块表达装备技术信息的主体部分,该部分包括两个部分,即通用结构部分和特定内容部分。通用结构部分是各种 DM 结构相同的部分,主要有警告/注意/说明、引用、列表、标题、表格、插图、多媒体、插页、热点(区)等信息元素。特定内容部分包含显示给用户的文本、插图与多媒体信息,用 XML Schema 将 IETM 的技术信息分类定义了 19 种(S1000D 4. 1 版本)信息类型的数据模块。其中,定义的描述类信息、程序类信息、故障类信息、零件类信息与 MIL – DTL – 87269C 特定内容层中的描述信息、程序信息、故障信息、零件信息相类似;定义一个过程类数据模块(Process Model)可以形成类似于 MIL – DTL – 87269C 通用层的模板的节点、可选择节点、顺序节点、条件节点、循环节点的用户交互与分支结构控制功能,以及建立与外部信息系统进行信息交互的功能;此外,还定义了维修计划信息、人员信息、战场损伤评估与修理信息、接线信息、容器信息、学习信息、服务公告信息等信息类型。

3）将插图及多媒体作为 CSDB 中的一个重要信息对象

S1000D 将在 DM 中用来说明装备信息的图形、图像统称为插图,将音频、视频、动画、交互式 3D 模型统称为多媒体,又将插图与多媒体一起作为 CSDB 中一种重要信息对象,即称为插图及多媒体对象。由于插图与多媒体都是非结构化形式的数据,其内容结构上不能分解,现有的关系型数据库支持以二进制流的形式存储插图与多媒体文件成为一个独立数据单元。同样采用模块化处理方法,将插图与多媒体单元表达为两个部分:一是插图与多媒体文件的本身内容部分;二是用信息控制码(Information Control Number, ICN)作为文件名的唯一标识。经模块化处理后,虽然插图和多媒体单元不能像数据模块那样构成能自我包含、自我描述的数据单元,但从可重用功能上可以视为模块(故称"类模块"),作为 IETM 的重要源数据其中以文件形式存储在文件系统。利用其信息控制码

（ICN）可在数据模块中通过链接引用，很方便地得到重复使用。

4）构建面向用户发布 IETM 的出版物模块

S1000D 规范了一个出版物模块（PM）用来定义、制备与管理由数据模块生成的出版物，向用户发布的 IETM 不管是交互显示的或是 PDF 线性文件都是由一个或若干个 PM 组成。PM 作为 CSDB 重要的信息对象，与 DM 相类似用 XML 进行结构化、模块化处理，形成半结构化数据，也具有状态与标识部分和内容部分。标识部分主要有出版物块代码（PMC）、出版物标题、版本号与出版日期等。其中，PMC 作为 PM 的唯一标识，是 PM 可重用的基础。内容部分包括引用一个或多个 DM、PM 及现有出版物。由于 IETM 由一个或多个满足用户需求的 PM 构成，而 PM 只是按照用户需求提供一种对 DM 技术信息的组织，虽然 PM 的内容只是对 DM、插图及多媒体单元的引用链接，但从生成 IETM 的角度也看作制作 IETM 的源数据。

5）用于 CSDB 管理的其它信息对象

S1000D 定义了用于 CSDB 中信息的组织与管理、传输与交换、发布与更新所需的下列其它 3 种信息对象。

（1）数据管理列表（DRL），是用于描述独立项目 CSDB 内容的计划、管理与控制，包括数据管理需求列表（Data Management Requirement List，DMRL）与 CSDB 状态列表（CSDB Status List，CSL）。DMRL 是标识一个项目（一个完整的装备或一个部件）所需数据模块的工具，支持计划、报告、生产和配置控制，尤其在一个工作共享环境。CSL 是对一个项目 CSDB 状态进行标识的工具，是为确保所有建立的 CSDB 不发生冲突，建议每个承研单位应产生并交换一个为相互交换及发布的所有数据模块的阶段引用列表。

值得指出，在 S1000D 国际规范定义了一个信息集（Information Set，IS），它是从创作者的角度定义装备使用与保障活动某特定业务主题的数据模块（DM）的集合，其内容确定了该主题技术信息的用途、范围与深度，在 CSDB 中它是管理 DM 必要的信息组织。由于按照定义技术信息范围，一个出版物模块（PM）包含引用一个或多个 DM、PM。因此，从逻辑上讲，一个 IETM（或出版物）可以是一个信息集的子集或等同于一个信息集，而且也可以是数个信息集的扩展集或它们中的一部分。数据模块、信息集与出版物模块的关系如图 1-5 所示。在开发某个型号项目 IETM 时，信息集以数据管理需求列表形式给出。

（2）评注。评注是用于 IETM 的创作单位、责任单位及用户之间交换意见的媒介，它经常以评注表（Comment Form）的形式向创作单位反映数据模块或出版物模块的评论与报告意见，同样它被用来向评注的提出者回复反馈意见。

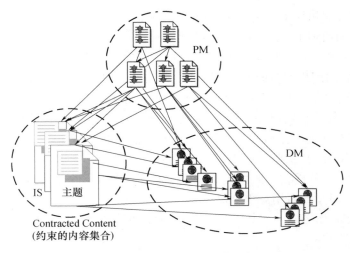

图 1 – 5　数据模块、信息集与出版物模块的关系

（3）数据分发说明（DDN），是为在发送方与接收方的 CSDB 之间进行数据交换提供标准与程序。DDN 传输包中的内容至少包含一个或多个的 DM、PM、DMRL、评注及附属信息、数据更新文件等数据类型中的一种。特别是由众多分系统单位或成品厂协同制作一个大型复杂装备系统的 IETM 时，经常在总师单位与分系统单位或成品厂单位之间发生数据交换，因此，DDN 包是 CSDB 重要的信息对象。

以上所有这些信息对象都是通过 XML Schema 及其属性定义标识成可交换的信息单元，它们都以相应的格式进行编码（DDN 是用文件命名规则进行编码）与信息分类的，通过唯一的信息代码，使得技术信息不仅可以方便、快速地从 CSDB 中检出、添加、删减或修改，既满足用户多样化的需求，又保证了数据来源的唯一性。因此，CSDB 不仅作为生成 IETM 数据的储存地，也是 IETM 数据管理中心，有力地支持了 IETM 创作过程对技术信息的交换、重用、重构与共享、以及 IETM 使用过程对技术信息的查询与检索。

6）S1000D 的信息交互机制

在 S1000D 中信息交互机制表述为 IETM 的交互性，在本丛书第三分册有详细的阐述。可以将 IETM 的交互性归纳为 3 个层次：一是通过引用的数据模块内部的数据交互；二是基于过程数据模块形成数据模块之间的数据交互；三是集成外部信息系统的信息交互。在这 3 种数据与信息交互过程中，如上所述，DMC、PMC、ICN 及各种信息对象的编码所形成唯一标识是建立信息交互机制的重要条件。

（1）通过引用的数据模块内部的数据交互。这种信息交互过程可简单地理解为通过相应的 XML Schema 元素对各种数据单元进行标识、寻址、链接与引用的过程。在创作数据模块时，若对 CSDB 中的插图及多媒体数据单元进行引用，可通过信息控制码（ICN）进行标识与引用。在数据模块之间或者是数据模块内部对某段落数据单元进行交叉引用时，则是通过 DMC 和自定义的 ID 配合，进行标识与引用。对于出版物模块之间或者外部出版物的交互，则是通过 PMC 或可以更灵活采用非 IETM 标准的编码方式对外部文档进行标识与引用。

（2）基于过程数据模块形成数据模块之间的数据交互。利用过程数据模块设置的逻辑引擎与状态表，通过相应的 XML Schema 元素可以形成对多个故障类、程序类、描述类等数据模块或步骤进行按顺序、选择（分支、条件判断）与循环控制方式的逻辑排序功能，用以表现维修过程、故障查找等程序流信息。

（3）集成外部信息系统的信息交互。借助于通信网络和过程数据模块的逻辑引擎，可以实现 IETM 与外部信息系统的信息交互。这些外部信息系统可以是故障诊断系统、器材供应系统等实体。通信网络提供 IETM 与本地系统或全局（远程）系统的链接调用。逻辑引擎与 IETM 的组合提供了 IETM 与外部信息系统接口的能力。使用相应的 XML Schema 元素过程数据模块向外部信息系统发送一个"服务"请求，外部信息系统接收了 IETM 的服务请求后，经过一个执行请求服务的等待时间，然后向 IETM 提供服务。通过调用外部信息系统，实现 IETM 系统通过与外部信息系统的链接进行数据交互，不仅可以浏览、查询检索这些系统的信息以及与之进行信息传递与交换，甚至可以操作控制外部信息系统。

3. 对美国 IETM 军用规范与 S1000D 国际规范的综合评价

上面已分别对美国 IETM 军用规范与 S1000D 国际规范的信息组织进行了较系统的解读。由于两个规范各自相对独立的构成 IETM 标准技术体系，虽然在编制和不断修改完善的发展过程中它们之间相互借鉴、取长补短，而且都能实现由数据库支持的 IETM 功能和满足 IETM 的基本需求。但是，两个规范必竟采用不同的信息结构与信息组织方法，各有优势与特点，难以一一对比。因此，下面仅归纳其主要特点并简要地加以评价。

1）对美国 IETM 军用规范的主要特点及评价

（1）美国 IETM 军用规范采用内容与样式分离的、中性的、功能强大的标准通用标记语言（SGML）构建一个可随机访问的、可修改的 IETM 数据库（IETM-DB），确保以标准格式在国防部与承包商之间交换数据和获取可创作数据库支持的 IETM 所需的技术信息。

（2）在 IETMDB 内定义了一个由通用层（GL）、中间交换层（IL）与特定内容层(CSL)3 个独立层次结构组成的内容数据模型(CDM),使用 SGML 来表达技术信息元素及其关系。

(3)由通用层(GL)定义在任务中公用的所有技术信息的通用元素,其中:以文本、表格、图形(图样、插图)、音频、视频与过程、对话框等基本元素为最小信息单元;以模板(节点、可选择节点、顺序节点、条件节点、循环节点)、链接元素、内容过滤元素构成通用信息组织模型;在特定内容层(CSL)依据装备结构层次划分和定义的描述、程序、故障与零件等 4 种应用信息类型,结合 GL 的通用信息组织模型生成创作装备 IETM 所需特定技术信息的内容与结构。

(4)利用通用模板的 4 种逻辑控制(可选择节点、顺序节点、条件节点、循环节点)、链接要素产生的内部与外部的交叉引用、对话框产生的人机交互,以及采用 id 与 cdm 属性的标识,形成信息的交互机制与交互能力。

(5)通用层能为 CDM 提供配置管理、版本控制、修改更新、基本安全分类等技术信息的管理功能。

(6)由于通用层(GL)包含了用于任何 ETM 或 IETM 应用的资源对象,以及中间交换层(IL)保存区的 IETM 与 ETM 数据结构转换的作用,因而除提供 IETM 交互显示功能外,也可以生成 ETM 输出。

评价:美国 IETM 军用规范的突出优点是采用简单的 3 层内容数据模型和简便方法就能创作出数据库支持的 IETM,而且采用跨平台性能强的 SGML 标记语言和采用"联合 IETM 体系结构(JIA)"使具有良好的互操作性,同时规范易学、易懂、易操作。其主要的不足是数据类型有限,仅关注军用装备的应用,以及没有采用完全的模块化方法致使数据的重用性与交互性受限。

2)S1000D 国际规范的主要特点及评价

(1)该规范以成熟的 ATA 100《航空技术资料编写规范》为基础,采用了 ISO、CALS 和 W3C 国际标准,特别采用可扩展性好、语法简单、支持 Web 的数据类型多的中性格式 XML Schema 语言,以其良好的互操作性与交互性基础支持在全异构的 IT 系统上实施。

(2)采用具有灵活的储存方式和强大的内容管理、版本控制、创作流程管理等管理功能的公共源数据库(CSDB),用于储存与管理生成 IETM 所需的技术信息,以及储存与管理经 XML 结构化了的全部 6 种信息对象。

(3)运用模块化的方法,以数据模块(DM)为 IETM 技术信息的最小独立的信息单元组织技术信息,由于 DM 状态信息完整、标识与编码严密、内容数据模型多样,又以信息集确定技术信息的范围与深度,使得创作出满足用户各种需求的、功能强的 IETM。

(4)运用结构化、模块化的方法,将图形、音频、视频、动画及 3D 交互模型等新媒体作为 CSDB 的插图及多媒体信息对象,并用信息控制码(ICN)标识,通过灵活的链接与引用,以多样化信息形式生动、直观、形象地表现 IETM。

(5)数据模块支持数据类型的内容与结构广泛,除常用的描述信息、程序信息、故障信息、图解零件信息外,还包括:维修计划、过程信息、乘员/操作员信息、训练信息、接线数据信息、容器信息、适用性交叉引用信息、业务规则信息、公用信息库、条件交叉引用信息等多达 19 种数据类型,能创作内容广、样式多的 IETM。

(6)以用 XML 结构化、模块化的出版物模块(PM)为技术资料的主要发布形式,支持 CSDB 中的技术信息以多种方式进行显示、发布与传输,既能以数据交换包的形成在不同的 CSDB 之间交换,又能在浏览器上交互显示和以 PDF 形式线性显示与出版,还可加载到学习管理系统(LMS),使得 IETM 系统能满足辅助维修、训练等多种任务需求。

(7)由于采用 CSDB 和结构化、模块化技术,很容易形成完善的数据可重用性与信息可重构性的共享机制,同时利用 DM 内与 DM 之间、DM 对 PM 以及 PM 之间的数据引用,过程数据模块的逻辑控制机制,以及通过逻辑引擎、IETM 与外部信息系统(过程)信息交互,形成层次多、功能强的信息交互机制与交互性。

(8)该规范适用范围广泛,不仅适用各类军用装备和各类民用装备,也适用于各类工程项目,支持多样化需求的技术资料的显示与发布,应用前景十分广阔。

评价:S1000D 国际规范的最大特点与优势是采用模块化、结构化和公共源数据库技术来创建 IETM,其理念先进、结构严谨、内容全面(包括各种不同类型输出(从面向页面到 IETM)的规划与管理、产生、交换、发布与使用)、功能完善强大、适用范围广,而且由于参加规范维护组织国家众多和发展计划合理,使得版本的修订维护更新的速度快,代表当前 IETM 技术的发展方向。其主缺点是该规范没有按 ISO 的格式编制,结构复杂、内容庞大,使得掌握与操作的难度大。

1.3.3　插图及多媒体在 IETM 中的运用管理

由于我国 IETM 标准是引进的欧洲 S1000D 国际规范,采用其 IETM 标准技术体系,因此,下面仅简单介绍 S1000D 国际规范对插图及多媒体在 IETM 中的运用管理。

1. 插图及多媒体对象的运用管理

由于图形、音频、视频、动画及 3D 交互模型等新媒体同属于非结构化数据,其内容结构上不能分解,不能像数据模块那样用元数据构成自我包含、自我描述

27

的结构化独立数据单元,而可以将这些新媒体以文件格式存储于文件系统中。因此,如上所述,在 S1000D 国际规范中将这些新媒体归为同一类信息对象,统称为"插图及多媒体对象",也由 CSDB 集中储存与管理。由于插图及多媒体具有形象、直观、生动表现效果和图文并茂与声像的表现力,在 IETM 中得到广泛应用。但是在运用插图及多媒体时,它既不能像数据模块那样独立使用,也不能直接放置于数据模块中,而是通过链接引用在 DM 和 PM 中使用。为此,在 S1000D 也需对其进行模块化处理,即插图及多媒体对象表达为插图及多媒体文件的本身内容部分和用信息控制码(ICN)来唯一标识文件名部分。这样,利用 ICN 可在数据模块或出版物模块中通过引用链接就很方便地重复使用,因此,编制 ICN 成为增强插图及多媒体对象的重用和建立共享机制的关键,并将对插图及多媒体运用管理归结为 ICN 的编码管理。

在创作数据模块时,若对 CSDB 中的插图及多媒体对象进行引用,则通过信息控制码(ICN)进行标识和引用,即只须将 ICN(作为入口地址)插入数据模块的相应位置,通过链接就可以实现对已由 ICN 标识的插图及多媒体对象的引用。例如,通过 < multimediaObject > 元素对相关多媒体信息进行标记,便可以通过元素 < internalRef > ,实现对数据模块内的多媒体信息的引用;图形链接的统一资源名(URN)则使用元素 < graphic > 的属性 infoEntityIdent。有关数据模块内部对插图及多媒体对象的引用问题,请参见本丛书第四分册《基于公共源数据库的装备 IETM 技术》第 4 章相关内容。

2. 插图及多媒体对象的编码[9]

附加在数据模块(DM)里每一个插图、多媒体对象或其它数据必须由创作者分配一个信息控制码(ICN)来标识。在 CSDB 中,ICN 是一个插图、多媒体对象或附加数据的唯一标识符,用于建立与一个或多个数据模块之间的关联。通过这种关联在 DM 或出版物模块(PM)中得到引用,并在 IETM 浏览器屏幕上以一定的方法得到显示。ICN 与插图及多媒体对象本身的文件格式无关。

ICN 有两种基本的编码方法:基于公司/机构(CAGE)码的 ICN 法和以型号识别码(项目码)的 ICN 法。在开发 IETM 时,要通过制定相应的业务规则,从两种方法中选择其中一种适用的方法。

1)基于公司/机构码的 ICN 编码方法

基于公司/机构码的 ICN 由包括前缀在内的 5 个部分组成,其结构如图 1 - 6所示。其中,唯一标识符最小为 5 个字符,最大为 10 个字符。

(1)创作单位码。给出一个插图、多媒体对象或其它数据的创作者代码。它包括 5 个字母数据标识符。该代码是创作者单位代码,由专门的标准规范,如 GB 11714《全国企业、事业和社会团体代码编制规则》。

ICN—唯一标识符最小为5个字符：

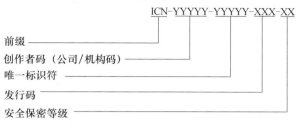

ICN—唯一标识符最大为10个字符：

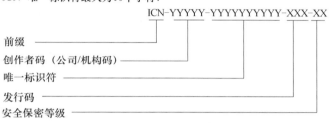

图 1-6 基于企业/机构码的 ICN 结构

（2）唯一标识符。唯一标识符由最小 5 位和最大 10 位字母数字标识符组成。该唯一标识符对于每个创作者码是唯一的。

（3）信息发布号。发布号是 3 位以"0"开头的数字数值。每个插图、多媒体对象或其它数据或它们的差异码，其基码从 001 开始，并且插图、多媒体对象或其它数据的每次更新其数值必须逐次递增。

（4）密级码。插图或多媒体对象的安全保密等级由 2 位数字编号。安全保密等级码值与数据模块安全保密等级码的设置相同，S1000D 安全保密等级的属性"securityClassification"见表 1-1。插图、多媒体对象或其它数据具有独立的安全保密等级，并不依赖于在哪里的使用。

表 1-1 安全保密等级属性"securityClassification"的赋值

允许值	S1000D 的解说（见注）
"01"	1（不受限）
"02"	2（内部）
"03"	3（秘密）
"04"	4（机密）
"05"	5（绝密）
"06"	6（另定级）

（续）

允许值	S1000D 的解说（见注）
"07"	7（另定级）
"08"	8（另定级）
"09"	9（另定级）
"51" – "99"	项目可用
注:安全保密等级应用遵循国家的规定。S1000D 上述的表达只是综合当前实践而作出的一种规定	

如果一个插图、多媒体对象或其它数据需要重定安全保密等级，那么必须给出新的出版号。插图、多媒体对象或其它数据使用的安全保密值，必须由项目或创作者根据制定的业务规则来作出相应的规定，而且一般与引用它们的数据模块具有相同的安全保密级别。

2）基于型号识别码的 ICN 编码方法

基于公司/机构码的 ICN 由包括前缀在内的 10 个部分组成，其结构如图 1－7 所示。其中，最小为 29 个字符，最大为 47 个字。ICN 的结构与编码规则由制定的业务规则决定。

（1）型号识别码。使用与数据模块相同的型号识别码，见本丛书第六分册第 2 章。

（2）系统区分码。使用与数据模块相同的系统区分码，见本丛书第六分册第 2 章。

（3）系统层次码。使用与数据模块相同的系统层次码，见本丛书第六分册第 2 章。

（4）责任合作方码。责任合作方是指对插图、多媒体对象或其它数据负责，独立于所使用数据模块的公司或组织。责任合作方码必须由项目或组织在制定基于型号识别码 ICN 业务规则时定义，并确定其赋值。

（5）创作单位码，同基于公司/机构码的 ICN 的定义。

（6）唯一标识符。唯一标识符由 5 位字母数字字符组成。对于每一型号识别码，标识符必须对于每个创作公司是唯一的。

（7）信息差别码。变型码由 1 位字母标识符组成，用来标识对基本型的插图、多媒体对象或其它数据的变化。标识基本型插图、多媒体对象或其它数据的变型码为"A"，"B"标识第 1 次变型。一种变型可能是对基本型插图、多媒体对象或其它数据的一种补充、缩放、剪裁、旋转、镜像或注释。

（8）信息发布号。基于公司/机构码的 ICN 的定义。注意:依据 S1000D 4.0 版本，在 ICN 中使用 2 位数字的发布号仍在使用。

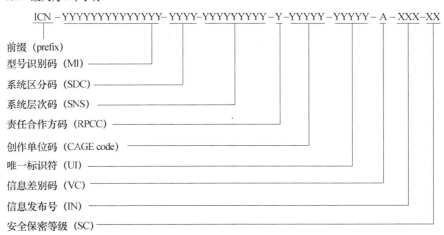

ICN–最小为29个字符：

ICN–YY–Y–YYYYYYY–Y–YYYYY–YYYYY–A–XXX–XX

前缀（prefix）
型号识别码（MI）
系统区分码（SDC）
系统层次码（SNS）
责任合作方码（RPCC）
创作单位码（CAGE code）
唯一标识符（UI）
信息差别码（VC）
信息发布号（IN）
安全保密等级（SC）

ICN–最大为47个字符：

ICN –YYYYYYYYYYYYY– YYYY–YYYYYYYYY–Y–YYYYY–YYYYY–A– XXX–XX

前缀（prefix）
型号识别码（MI）
系统区分码（SDC）
系统层次码（SNS）
责任合作方码（RPCC）
创作单位码（CAGE code）
唯一标识符（UI）
信息差别码（VC）
信息发布号（IN）
安全保密等级（SC）

图 1－7 基于型号识别码的 ICN 的结构

（9）密级码。同基于公司/机构码的 ICN 的定义。注意：依据 S1000D 4.0 版本，在 ICN 中使用 1 位数字的安全保密等级仍在使用。赋值"1"等同于安全保密等级"01"，"2"同等于"02"，依此类推。开发 IETM 时，由制定基于型号识别码的 ICN 的安全保密等级的业务规则来规范。

第 2 章　文 本 媒 体

文本是多媒体信息最基本的表示形式,也是计算机系统最早能够处理的信息形式之一。文本作为文字与字符表示信息的一种组织方式,其核心主体是文字。文字是语言的记录,可以分为拼音文字(如英文)和象形文字(如中文)两大类,各类文字都是用图形符号(如字母和汉字)来表示的。在多媒体技术出现之前,文字是人们使用计算机交流的主要手段,在多媒体技术得到广泛应用的今天,文字作为最重要的媒体元素之一也是在 IETM 中使用最多、最基本的媒体形式。

本章主要介绍文本信息处理基础,IETM 技术标准对文本媒体的要求,以及 IETM 制作的常用文本处理软件。

2.1　文本信息处理基础

在计算机系统中文本信息是通过二进制编码形成文本文件。随着计算机技术的发展,文本信息有多种方法采集,形成的文本文件的类型从最初无格式文本文件发展为目前普遍使用的格式文本文件和超文本文件文本,并使用相应方法进行文本信息处理。

2.1.1　字符集与编码

各种文本信息都是由字符集(Character Set)构成。字符集是多媒体计算机系统支持的所有抽象符号的总和。字符集中的每个符号都用一个唯一的二进制数标识,即字符编码。为满足不同地区、不同国家信息处理与信息交换的需要,一些国家和国际标准化组织(International Organization Standardization,ISO)等机构制定了相应字符集编码标准。

1. 英文字符及编码

英文是计算机最早能够处理的一种文字,字符集由美国信息交换标准码(American Standard Code for Information Interchange,ASCII)定义与编码,这是一种基于拉丁文字母表的编码系统,主要用于显示英语和其它西方语言,是现今最通用的单字节编码系统,已被 ISO 和国际电工委员会(International Electrotechnical Commmission, IEC) 定为国际标准 ISO/IEC 646。该标准适用于所有拉丁文字字母。

ASCII 码用 7 位二进制数表示一个字符，共能表示 $2^7 = 128$ 个不同字符，包括了计算机处理信息常用的 26 个英文大写字母 A ~Z、26 个小写字母 a ~z、数字 0 ~9、算术与逻辑运算符号等。ASCII 编码表如表 2 – 1 所列。

表 2 – 1　ASCII 编码表

L \ H	0000	0001	0010	0011	0100	0101	0110	0111
0000	NUL	DLE	SP	0	@	P	`	p
0001	SOH	DC1	!	1	A	Q	a	q
0010	STX	DC2	"	2	B	R	b	r
0011	ETX	DC3	#	3	C	S	c	s
0100	EOT	DC4	$	4	D	T	d	t
0101	ENQ	NAK	%	5	E	U	e	u
0110	ACK	SYN	&	6	F	V	f	v
0111	BEL	ETB	`	7	G	W	g	w
1000	BS	CAN	(	8	H	X	h	x
1001	HT	EM	)	9	I	Y	i	y
1010	LF	SUB	*	:	J	Z	j	z
1011	VT	ESC	+	;	K	[	k	{
1100	FF	FS	,	<	L	\	l		
1101	CR	GS	–	=	M	]	m	}
1110	SO	RS	.	>	N	^	n	~
1111	SI	US	/	?	O	_	o	DEL

表 2 – 1 中的每一个字符唯一对应一个 7 位二进制编码，如大写字母 "A" 的编码为 01000001，小写字母 "a" 的编码为 01100001，将它们转换为十进制数，分别是 65 和 97。计算机就是通过这些编码进行英文信息处理的。编码的特点是单字节且高位为 0。

需要说明的是，ASCII 码只是美国的国家标准，其中的一些符号无法适应其它国家文本信息的计算机处理，如货币符号只能是 " $ "，而不能使用英镑 " £ " 或人民币 " ￥ " 或欧元 "€" 符号。因此，在 ISO/IEC 646 标准中，除了英语字母和数字部分不变外，其它符号各国可根据实际需要加以修改，如中国的货币符号更换为"¥"。随着计算机文本处理技术的发展与应用的需要,ISO 和 IEC 联合制定了 ISO/IEC 8859 编码标准,将码长由 7 位增加到 8 位,字符集码位由原来的 128 个增加到 256 个。

2. 中文字符及编码

这里,中文是指汉字。经过几千年的发展,汉字的字量巨大。如《康熙字典》收字 47035 个、《汉语大字典》收字 54678 个。根据有关学者的统计,形成楷体后出现的汉字约有 9 万个。不过其中大多数汉字现在已经不再使用,主要存在于古籍之中。近代书面语言中见到的汉字仅 7 千字左右,如《新华字典》收字仅 1 万多个(包括繁体和异体字)。

为了支持计算机进行中文信息处理,同样需要对中文进行编码。由于汉字数量大,显然不能像 ASCII 那样用 7 位或单字节来进行编码,至少需要两个字节。支持中文信息处理的主要字符集有:GB 2312 字符集、GBK 字符集、BIG 字符集与 GB 18030 字符集等。

1)GB 2312 字符集

国家标准 GB 2312—1980《信息交换用汉字编码字符集·基本集》适用于计算机汉字处理、汉字通信等系统之间的信息交换。GB 2312 字符集收录了 7445 个汉字或符号。其中,汉字 6763 个(分两级存储,一级汉字 3755,二级汉字 3008 个),其它全角字符 682 个(包括一般符号、序号、数字、拉丁字母、日文假名、希腊字母、俄文字母、汉语注音字母等)。

GB 2312 字符集采用双字节(16 位二进制位)编码,每个字节仅使用低 7 位,第 8 位固定为 0,整个字符集被分配在 94 个区中,每个区存储 94 个汉字或符号,提供 8836 个码位,对 7445 个字符编码后,剩余 1391 个码位未使用(可扩展使用)。由于 GB 2312 采用了"区位"处理技术,相应的编码称为"区位码",GB 2312 编码分布如图 2 – 1 所示。例如"啊"字是 GB 2312 字符集一级汉字中的第一个汉字,其区位为 1601。

由于区位码每个字节的高位为 0,在计算机的文字处理过程中,无法与英文字符编码相区分,为此中文处理系统中,将一个汉字的区位码加上十六进制 A0A00H,得到的编码称为汉字机内码,简称汉字内码,例如,"啊"的区位码为 1601,十六进制数为 1001H,加上 A0A0H 后,"啊"的机内码为十六进制数 B0A1H。

GB 2312 字符集所收录的汉字已经覆盖了 99.75% 的使用频率,基本上满足了汉字的计算机处理的需要。在中国大陆和新加坡获得广泛使用。

2)GBK 字符集

由于 GB 2312—1980 只收录了 6763 个汉字,不少常用汉字并未收录(如前

区 ＼ 位	01	02	03	04	05	06	07	08	09	10	11	12	13	14	...	...	93	94
01	各类符号																	
02	各类数字																	
...																		
09	制表符																	
10	空闲																	
...																		
15																		
16	一级汉字(共3755个)																	
...																		
55																		
56	二级汉字(共3008个)																	
...																		
87																		
88	空闲																	
...																		
94																		

图 2 – 1　GB 2312 码表布局图

国务院总理朱镕基的"镕"字)、部分在 GB 2312—1980 推出后才简化的汉字、中国台湾及香港使用的繁体字、日语及朝鲜语的汉字等均未收录其中。1993 年国际统一码联盟(The Unicode Consortium)发布 Unicode 1.1 版,收录了中国、日本及韩国通用字符集的汉字,总共有 20902 个。我国制定了等同于 Unicode 1.1 版的国家标准 GB 13000.1—1993。中文计算机开发商利用了 GB 2312—1980 未使用的编码空间,收录了所有出现在 GB 13000.1—1993 之中的汉字,制定了 GBK(汉字内码扩展规范,Chinese Internal Code Specification)字符集,共收录 21886 个符号。分为汉字区和图形符号区,其中汉字 21003 个。GBK 字符集主要扩展了对繁体中文字的支持。

3)BIG5 字符集

BIG5 字符集又称大五码或五大码,1984 创立。BIG5 码的产生,是因为当时不同厂商各自推出不同的编码,如倚天码、IBM PS55、王安码等,彼此不能兼容;另外,台湾地区当时尚未推出正式的汉字编码,而中国大陆的 GB 2312 编码亦没有收录繁体中文字。

BIG5 字符集是最常用的计算机汉字字符集标准,共收录 13060 个中文字,普及于中国台湾、香港与澳门等繁体中文通行区。

4) GB 18030 字符集

GB 18030—2000《信息交换用汉字编码字符集基本集的扩充》是 2000 年 3 月 17 日发布的要求强制执行的新汉字编码国家标准。

GB 18030 字符集标准解决了汉字、日文假名、朝鲜语和中国少数民族文字组成的大字符集计算机编码问题。该标准的字符总编码空间超过 150 万个编码位,为解决人名、地名用字问题提供了方案,为汉字研究、古籍整理提供了统一的信息平台基础。GB 18030—2000 收录了 27533 个字符(其中汉字 27484 个),覆盖中文、日文、朝鲜语和中国少数民族文字,满足中国、日本和韩国等东南亚地区信息交换多文种、大字量、多用途、统一编码格式的要求,并且与以前的国家编码标准(GB 2312,GB 13000.1—1993)及 Unicode 3.0 版本兼容。GB 18030 目前有最新版本是 GB 18030—2005,共收录了 76556 个字符(其中汉字 70244 个),采用与 GB 18030—2000 完全相同的编码体系结构。

GB 18030 标准采用单字节、双字节和四字节 3 种字符编码方式。单字节使用十六进制 00 ~7F 码位(对应于 ASCII 码的相应码位)。双字节的首字节使用十六进制 81 ~FE 码位,尾字节使用十六进制 40 ~FE(除 7F 外)码位。四字节的首字节使用十六进制 81 ~FE 码位,第二、三、四字节使用十六进制 30 ~39、81 ~FE、30 ~39 码位。

(1) GB 18030—2000 的字汇的单字节部分收录了国家标准 GB 11383 的 00 ~7F 全部 128 个字符及单字节编码的欧元符号。双字节部分收录 GB 13000.1—1993、GB 2312、GB 12345 等标准,四字节部分收录 GB 13000.1—1993 标准及其它字符的内容的具体情况参阅文献[12]。

(2) GB 18030—2005 的字汇的单字节部分收录了国家标准 GB/T 11383 - 1989 的 00 ~7F 全部 128 个字符。双字节部分收录 GB 13000.1—1993、GB 2312、GB 12345 等标准的内容,四字节部分收录 GB 13000.1—1993 标准的内容的情况参阅文献[12]。

目前,我国大部分计算机系统仍然采用 GB 2312 编码。GB 18030 与 GB 2312 一脉相承,较好地解决了旧系统向新系统的转换问题,并且改造成本较小。从我国信息技术和信息产业发展的角度出发,考虑到解决我国用户的需要及解决现有系统的兼容性和多种操作系统的支持,采用 GB 18030 是我国目前较好的选择,而 GB 13000.1—1993 更适用于未来国际间的信息交换。为考虑到 GB 18030 和 GB 13000 的兼容问题,标准起草组编制了 18030 与 GB 13000.1 的代码映射表,以便于两个编码体系可以自由转换。同时,还开发了 GB 18030 基本点阵字型库。

3. 国际通用字符编码

主流的国际通用字符编码标准有 Unicode 与 ISO/IEC 10646，分别由"统一码联盟"和 ISO/IEC 制定。在 1991 年，Unicode 组织与 ISO 国际标准化组织决定共同制定一套适用于多种语言文本的通用编码标准，并于 1992 年 1 月正式合作发展一套通用编码标准以来，两个组织同意保持两者标准的码表兼容，并紧密地共同调整任何未来的扩展。因而，Unicode 与 ISO/IEC 10646 两项标准得以同步协调地发展，如 Unicode 标准包含了 ISO/IEC 10646 - 1 标准实现级别 3（支持所有的通用字符集字符的级别）的"基本多文种平面"（Basic Multilingual Plane，BMP），并且两个标准里所有的字符都在相同的位置有相同的名字。但是，它们又各自独立地公布标准。在发布的时候，Unicode 一般都会采用有关字码最常见的字型，而 ISO 10646 一般都采用 Century 字型。

1）Unicode 编码[13]

Unicode 编码简称统一码，是一个称为统一码联盟（The Unicode Consortium）的国际组织制定的，它可以容纳世界上所有文字和符号的字符编码方案。

（1）统一码联盟与 Unicode 标准的简况。在 Unicode 之前，不同语言文字信息通过不同字符集来编码。比如，基于拉丁字母表的英文字符集，提供了处理英文或其它西文信息的能力支持；各种版本的中文字符集，提供了处理中文信息的能力支持；其它文字（如俄文、日文、阿拉伯文等）信息处理能力也是通过制定相应的字符集编码标准来实现。一方面，这些字符集有效解决了计算机及其它信息处理系统的本土化信息处理能力和双语信息处理能力；另一方面，这种"各自为政"的字符集编码方式使计算机系统中的字符集和编码集增至上百种之多，不同字符集中存在"不同编码标识相同字符"或"相同编码标识不同字符"的问题，当需要进行多文种信息处理时很容易引起冲突。

随着信息处理和信息交流的日趋国际化，人们迫切需要一个具有统一的字符集、编码机制和能同时处理多种文本信息处理平台。从 1989 年开始，位于美国加利福尼亚州的 Unicode 组织允许任何愿意支付会费的计算机软硬件厂商，如奥多比系统、苹果公司、惠普、IBM、微软、施乐等的语言学家、信息专家、工程师及个人加入，携手合作、全力关注如何对多种文字文本和字符进行统一编码的问题，最后形成了一个统一的编码方案，即统一字符编码标准（Unicode）。目前，该组织已发展成由世界各地主要的电脑制造商、软件开发商、数据库开发商、政府部门、研究机构、国际机构、各用户组织及个人组成的"统一码联盟"，其领导者及管理人员来自各个组织及行业，代表着最广泛的编码应用。统一码联盟积极与各标准编制机构合作，包括 ISO、IEC、万维网联盟（W3C）、互联网工程工作小组(IETF)和欧洲计算机制造协会(ECMA)等。

Unicode 是一种统一的字符编码系统,它为全世界每种语言中的每个字符设定了一个统一且唯一的二进制编码,以满足跨语言、跨平台进行文本转换、处理的要求。即 Unicode 能够用于世界上各种语言的书面形式以及附加符号的表示、传输、交换、处理、存储、输入及输出,给每一个字符一个唯一特定数值。自1991 年 6 月推出 Unicode 1.0 版至今,经历一个不断修订与完善的过程,先后发布了 20 个版本,目前最新版是 2014 年 6 月 14 日发布的 Unicode 7.0 版。查阅详细情况可登录其官方网站:http://www.unicode.org。

(2) Unicode 编码方式与 UTF 编码。Unicode 字符集(Unicode Character Set,UCS),早期采用 2 字节标准 UCS - 2,目前采用 4 字节标准 UCS - 4,编码方式如图 2 -2 所示。具体编码用十六进制表示,其中,最高字节的高位规定为 0,取值在 0 ~127 之间,次高字节的高位规定为 0,仅使用 0 ~16 之间的值,可定义 17 个平面,每个平面可有 2^{16} =65536 个码位,共提供 17 ×65536 =1114112 个空码位。

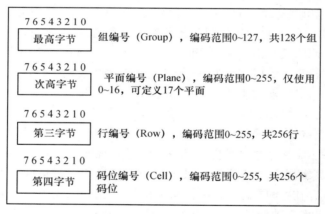

图 2 - 2　Unicode 编码方式

在表示一个 Unicode 的字符时,通常用"U + "然后紧接着一组十六进制的数字来表示这一个字符。最常用的 BMP 中的各类字符集存放在第 0 组的 0 平面。如果省去"0 组的 0 平面"字节,就得到双字节编码 UCS - 2。该 0 平面(plane 0)里的所有字符,要用 4 位十六进制数(例如 U +4AE0,共支持 6 万多个字符);在 0 平面以外的字符则需要使用 5 位或 6 位十六进制数表示。旧版的Unicode 标准使用相近的标记方法,但却有细微的差异:在 Unicode 3.0 里使用"U - "然后紧接着 8 位数,而"U + "则必须随后紧接着 4 位数。

在 Unicode 5.0 版本中,已定义(使用)的码位有 238605 个,包括 99089 个字符、6400 + 2 ×65534 个码位的自用区和 2048 个码位的代理区。其中,0 平面定

义了 52080 个字符(其中汉字 27973 个),1 平面定义了 3419 个字符,2 平面定义
了 43253 个汉字,平面 14 定义了 337 个字符。

Unicode 编码只是对所收录的字符集的顺序编码,如何在程序中应用 Unicode 编码,还需进行相应的统一码/通用字符集转换格式(Unicode/UCS Transformation Format,UTF)的转换。UTF 按照编码的单位长度,可分为 UTF - 8、UTF - 16、UTF - 32 等 3 种形式,编码的单位分别为字节(Byte)、字(Word)和双字(DWord)。

(3)Unicode 中汉字编码的 CJK 码区。Unicode 中汉字编码统称为 CJK 编码,又称中、日、韩统一汉字编码(Unihan),它包括 CJK 统一表意文字(CJK Unified Ideographs)、CJK 兼容表意文字(CJK Compatibility Ideographs)和相应的各类符号,基本汉字及符号由 Unicode 1.1 版所规定。随着版本的升级,汉字和符号数量也不断增加,所占码区也在扩展与变化,CJK 统一表意文字占用 U + 3400 ~ U + 4DB5、U + 4E00 ~ U + 9FFF、U + 20000 ~ U + 2A6D6 等 3 个码区,CJK 兼容表意文字占用 U + F900 ~ U + FAFF、U + 2F800 ~ U + 2FA1D 两个码区,一些码区是经过版本升级后多个码区合并而成的,所提供的汉字码位为 71,340 个,收录的汉字个数约 71,226 个。由于不同码区个别码位未用,导致不同资料介绍 Unicode 的汉字总个数略有差异。CJK 相关各类符号占用多个不同码区,共有 21101 个码位。完整的汉字及其符号编码分布如表 2 - 2 所列。

表 2 - 2　Unicode 中的 CJK 字符集与编码分布

编码范围	字符子集描述	版本号
1100 ~11FF	韩文字母	
2600 ~26FF	杂项符号(非 CJK 专用)	
2700 ~27BF	装饰符号(非 CJK 专用)	
2800 ~28FF	盲文符号	
2E80 ~2EFF	CJK 部首补充	
2F00 ~2FDF	康熙部首	
2FF0 ~2FFF	汉字结构描述字符	
3000 ~303F	CJK 标点符号	
3040 ~309F	日文平假名	
30A0 ~30FF	日文片假名	
3100 ~312F	注音符号	
3130 ~318F	韩文兼容字母	
31A0 ~31BF	注音符号(闽南语、客家语扩展)	

（续）

编码范围	字符子集描述	版本号
31C0 ~31EF	CJK 笔画	
31F0 ~31FF	日文片假名拼音扩展	
3200 ~32FF	CJK 字母及月份	
3300 ~33FF	CJK 特殊符号（日期合并）	
3400 ~4DB5	CJK 统一表意文字扩展区 A	3.0
4DC0 ~4DFF	易经六十四卦象	
4E00 ~9FA5	CJK 统一表意文字	1.1
9FA6 ~9FBB	CJK 统一表意文字（B）	4.1
9FBC ~9FC3	CJK 统一表意文字（C）	5.1
9FC4 ~9FFF	CJK 统一表意文字（D）	5.2
A000 ~A48F	彝文章节	
A490 ~A4CF	彝文部首	
AC00 ~D7AF	韩文拼音	
F900 ~FA2D	CJK 兼容表意文字（A）	1.1
FA30 ~FA6A	CJK 兼容表意文字（B）	3.2
FA70 ~FAD9	CJK 兼容表意文字（C）	4.1
FADA ~FAFF	CJK 兼容表意文字（D）	5.2
FE10 ~FE1F	中文竖排标点	
FE30 ~FE4F	CJK 兼容符号（竖排变体、下划线、顿号）	
FF00 ~FFEF	全角 ASCII、中英文标点；半宽片假名、韩文字母	
1D300 ~1D35F	太玄经符号	
20000 ~2A6D6	CJK 统一表意文字扩展区 B	3.1
2B740 ~2B81F	CJK 统一表意文字扩展区 D	6.0
2F800 ~2FA1D	CJK 兼容补充编	3.1

表 2 - 2 中，各码区的具体字符与编码，可登录 Unicode 官方网站查找下载，网页地址为 http://www.unicode.org/charts/unihangtidindex.html。表中未出现的码区用于定义其它语言字符。

2）ISO/IEC 10646 的 UCS 编码[14]

ISO/IEC 10646《信息技术——统一编码字符集（UCS）》是统一编码字符集的国际标准，由 ISO 和 IEC 下属的编码字符集委员会（ISO/IECJTC 1/SC 2 - Coded Character Sets）发布，用来实现全球所有文种的统一编码。该标准被广泛应用于电子化地表示、传输、交换、处理、储存、输入及显现世界上各种语言的书面形式以及附加符号。

该标准定义了一个 31 位的通用字符集(Universal Character Set, UCS),又称为通用多 8 位编码字符集(Universal Multiple – Octet Coded Character Set),它采用 4 字节编码方式。UCS 包括了其它所有字符集,而且它还保证了与其它字符集的双向兼容,即如果将任何文本字符串翻译到 UCS 格式,然后再翻译回原编码,不会丢失任何信息。UCS 字符集包含了所有已知语言的所有字符,除了包括拉丁语、希腊语、斯拉夫语、希伯来语、阿拉伯语、亚美尼亚语、格鲁吉亚语等这些拼音文字外,还包括中文、日文、韩文这样的象形文字,此外 UCS 还包括大量的图形、印刷、数学、科学符号等。UCS 给每个字符分配一个代码外,还赋予一个正式的名字。与 Unicode 相同,表示一个 UCS 的十六进制数通常在前面加上"U +",例如"U +0041"代表字符"A"。

1993 年发表 ISO/IEC 10646 国际编码标准的首个版本的第一部分 ISO/IEC 10646 – 1:1993 – Information technology – Universal Multiple – Octet Coded Character Set (UCS) – Part 1:Architecture and Basic Multilingual Plane。它收录了 20902 个汉字表意字符。扩充 ISO/IEC 10646 – 1:1993 的表意字符集工作是分阶段进行的。2000 年 10 月发表了第一部分的新版 ISO/IEC 10646 – 1:2000 新增收了 6582 个汉字表意字符在扩展区 A 里。ISO/IEC 10646 的第二部分在 2001 年发布 ISO/IEC 10646 – 2:2001 – Information technology – Universal Multiple – Octet Coded Character Set (UCS) – Part 2:Supplementary Planes ,增收了 42711 个汉字表意字符(主要来源于《康熙字典》、《汉语大字典》内的汉字)在扩展区 B 里。表意文字的扩展区 C 待发表。

Unicode 和 UCS 字符集都可看作为内码,为解决在某些场合不适宜直接传输与处理问题,同样需要转换为 UTF 编码方式。

3)计算机系统对 Unicode/UCS 标准的支持情况

现在 Unicode/UCS 已经获得了网络、操作系统、编程语言等的广泛的支持。

(1)编程语言与开发平台的支持。在 1993 年之后设计或更新的大多数现代编程语言和推出的所有操作系统及开发平台都有一个特别的数据类型,叫做 Unicode/ISO 10646 – 1 字符。例如,在 Ada95 中为 Wide_Character、Windows 95/2000/XP 中为 WCHAR、在 Java/C# 和. NET 中为 char、在 ISO C99 和 ISO C + + 中为 wchar_t 。

(2)网络浏览器的支持。HTML 4.0 和 XML 都采用 Unicode 作为标准字符集,利用特定的数字代码,就可以在各种支持 HTML 4.0 和 XML 标准的浏览器上同时显示任何地区的多种文字的网页,只要电脑本身安装有合适的字型库就行。

（3）操作系统的支持。当前的所有主流操作系统的新版本,如 Windows NT/2003/XP/7 和 Linux,都支持 Unicode 和 UCS。

2.1.2　字符处理过程与文本文件

1. 字符处理过程

在计算机系统中,任何字符都要保存两种信息,一种是该字符的内部编码,即内码;另一种是该字符的外观影像,即字模。字符处理的基本原理就是通过键盘输入得到字符内码,再用内码查找字模库输出。

1）英文字符处理过程

在计算机系统中,每一个英(西)文字符均对应一个 ASCII 码。例如,字母 A 的 ASCII 码值为十进制数 65,小写字母 a 的 ASCII 码值为十进制数 97。每一个字符的外观影像可被绘制在一个 M×N 的方格矩阵中,图 2-3(a)所示为大写字母 A 的方格矩阵。在图中笔画经过的方格黑点用 1 表示,未经过的方格无黑点用 0 表示,这样形成的 0、1 矩阵称为字符点阵(也叫字模)。若 M=N8,可依水平方向按从左到右的顺序将 0、1 代码组成字节信息,每行一个字节,从上到下共形成 8 个字节,如图 2-3(b)所示,灰色一列是对应字节的十六进制值。

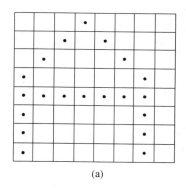
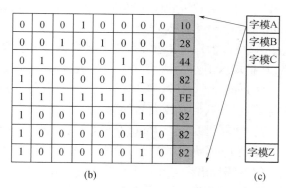

图 2-3　大写字母 A 的外形点阵和十六进制编码及字模库

(a)大写字母 A 的方格矩阵;(b)字符点阵及十六进制编码;(c)字模库。

将一个字符集中所有字符的字模按照其在 ASCII 码表中的位置顺序存放,就形成了该字符集的字型点阵库(也叫字模库),如图 2-3(c)所示。计算机处理英文字符的过程如图 2-4 所示,其中从 ASCII 码(内码)找到字符点阵(字模)的功能称为字符发生器。

图 2 - 4　字符处理过程

2）中文字符处理过程

中文字符的输入不能像英文那样直接通过键盘完成,而是要用英文键盘上不同字母的组合对每个汉字进行编码,然后通过输入一组字母编码实现对汉字的输入。因此,对于计算机系统来说,处理中文字符除了要存储汉字内码、汉字字模(库)外,还要存储用于汉字输入的输入码(汉字外码)。由于输入理念与编码思想的不同,产生了诸多不同的输入编码,常用的汉字输入编码有拼音输入法、五笔输入法、郑码输入法等。

中文字符的显示与英文字符的显示过程类似。首先,将汉字在给定的方格内绘制出点阵图像,然后按照 0、1 矩阵形成字节编码(汉字字模),再将所有汉字点阵字节编码按照其在汉字字符集中顺序存放,形成汉字点阵字库(汉字字模库)。当要显示(输出)一个汉字时,系统通过汉字内码,查找汉字库,读出汉字字模数据,再按顺序在显示器上还原出汉字外形。

对于中文信息处理来说,汉字输入编码(汉字外形)、汉字内码、汉字点阵库(字模库)是 3 个紧密相关的部分。汉字从输入到显示输出的整个过程如图 2 - 5 所示。

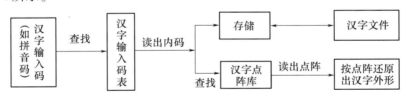

图 2 - 5　汉字处理过程

2. 文本文件

在计算机系统中,文本主要表现为数值型数据和字符型数据,并以不同格式的文本文件存储。通常,分为无格式文件、格式文件与超文本文件 3 种类型。

1）无格式文本文件

无格式的文本文件只存储文字信息本身,文字以固定的大小和风格输出,因而也称纯文本(TXT 格式),通常保存为.txt 类型的文件。一般使用简单的文件编辑软件即可进行编辑,如使用 Windows 操作系统的“记事本”程序进行编辑和存储。纯文本文件除了换行和回车外,不包括文字的任何格式信息,如字体、大小、颜色、位置等。纯文本文件的通用性很强，在大多数文字处理软件和多媒体开发软件均可直接使用（打开或导入等）该类文件。由于这些简单格式不能随文字内容一起保存，因此，在另一台计算机浏览这个文件，用户看到的将是打开程序所指定的某种字体。

2）格式文本文件

格式文本文件是文本信息的基本组织方式，其特点是按照阅读与学习文本内容的需要，通常是逐字、逐行、逐页采用线性和顺序的结构形式，它不仅包含文字信息，还包括文字的字号、字体、颜色及其它用于规定输出格式的排版（如表格、分栏等）信息。编辑这类文件，可设置文本的的字体、字号、颜色、字形（正常、加粗、斜体、下划线、上标、下标等）、字间距和段间距等。格式文本要用较强的字处理软件来编辑，如常用的 MS Word 和金山 WPS 等。通过这些软件用户可以定义和编辑文本的格式和版面信息。

3）超文本文件

超文本文件建立在非线性的超文本概念基础上，它将文本内容按其内容含义分割成不同的文本块，再按其固有的逻辑关系通过超链接组织成非线性的网状结构，从而提供了一种符合人们思维习惯的联想式阅读方式。纯粹的超文本文件是由超文本标记语言（HTML）和被分割的不同文本按照 HTML 规定的格式要求组成的。图 2-6 所示为一个超文本文件的逻辑结构定义。

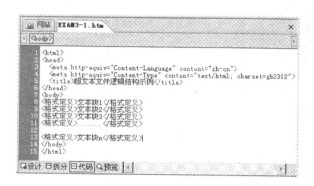

图 2-6　超文本文件的逻辑结构定义

在此结构中，< html > 和 </html > 联合定义了超文本文件的开始与结束；< head > 和 </head > 联合定义了超文本文件的"头"内容，主要指出超文本文件所使用的语言（zh - cn）、字符集（gb2312）和文本格式（text/html），该项内容由工具软件自动生成，用户一般不进行修改。< body > 和 </body > 联合定义了超文本中各文本块的格式与内容，其中的"格式定义"要转换为 html 的具体格式描述符,使用时可查阅相关的 HTML 手册。

用超文本标记语言定义的超文本文件需要用相应的浏览器才能按照其非线性组织方式阅读内容。图 2 – 7 所示为一个具体的超文本文件实例和浏览效果。

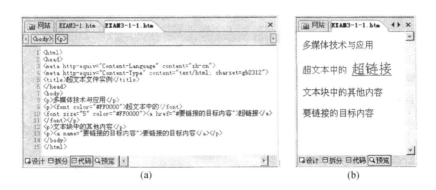

图 2 – 7 超文本文件的实例与浏览效果
(a) 超文本文件实例;(b) 浏览效果。

当超文本文件中的内容不仅包含由文字、符号等组成的格式化数据的文本块,而且还包含图片、声音、视频、动画等非格式化的多媒体数据,在通过超链接实现各种媒体信息的组合使用时,这种超文本文件又被称为超媒体或超媒体文件。超媒体文件仍具有图 2 – 6 所示的逻辑结构,目前流行于 WWW 上的网页大多数是超媒体文件。

这种超文本与超媒体文件是面向浏览的多媒体组织方式。利用超文本与超媒体技术,可以对多媒体数据进行有效地组织。IETM 系统通过浏览器的交互显示就是一个运用超文本与超媒体技术的典型应用系统。采用可扩展标记语言(XML)组织的 IETM 源文档(包含 IETM 的数据模块、插图及多媒体单元、出版物模块等)通过层叠样式表(CSS)、可扩展样式表语言(XSL)转换为 HTML 文档,在浏览器上发布(交互显示)的转换流程如图 2 – 8 所示,详细了解参阅本丛书第五分册《可扩展标记语言(XML)在装备 IETM 中的应用》[15]。

4)常用文本文件的存储类型

在计算机系统中,上述 3 种文本文件的类型均对应不同的存储类型,存储类型的差别反映了文件内容的技术差别,如静态文本、动态文本、代码分离文本等。常用文本文件的存储类型如表 2 – 3 所列。

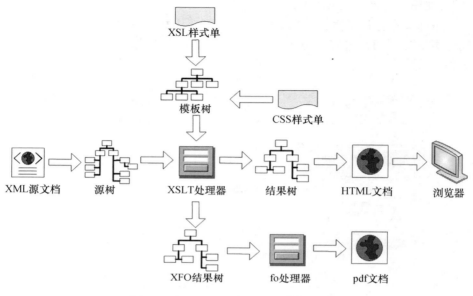

图 2 - 8　IETM 中 XML 文档的转换流程

表 2 - 3　常用文本文件存储类型及说明

文件类型	说　明	用　途
. txt	纯文本文件	用于保存简单的文字内容
. rtf	跨平台格式文件	用于在应用程序间传输带格式文字文档的文件类型,即使应用程序运行在不同的平台(如 IBM 和 Macintosh)上,也可以实现文件交换
. doc/. docx	MS Word 文件	用于保存 Windows 平台的 Word 文件
. wps	金山 WPS 文件	用于保存 Windows、Linux、Android、iOS 平台的 WPS 文件
. pdf	Adobe 文件	用于支持跨平台、集成多媒体的信息的出版与发布,包含超文本链接、声音与动态影像等的电子文档格式文件
. htm/. html	静态超文本文件	用于保存 Web 静态网页等
. asp	动态超文本文件	用于保存支持 ASP 功能的动态网页
. aspx	动态超文本文件	用于保存支持 ASP. NET 功能的动态网页
. php	动态超文本文件	用于保存支持 PHP 功能的动态网页
. js	脚本超文本文件	用于保存 JavaScript 脚本文件
. css	超文本样式文件	用于定义超文本格式保存的网页样式

2.1.3　文本信息的采集

文本文件的开发与应用过程中,首先要解决的就是文本信息的输入问题。文本信息的采集主要是指利用不同的设备和输入方法,快速、准确地将文本信息输入到计算机系统中去。将文字录入计算机的方法主要有键盘输入、手写输入、语音输入和扫描识别输入。

1. 键盘输入

键盘输入是传统的文本输入方法,也是随时可用的主要输入方法。计算机的通用键盘源自传统的打字机,本身是为英文字母的键入而设计的,通过键盘可直接输入英文字母和符号;而输入中文(汉字)信息,则需要通过不同的中文输入编码(汉字输入法)来完成。

汉字的 3 个要素是形、音、义,因此,汉字的编码输入也主要可以分为形码(如五笔字型输入法)和音码(如全拼输入法)两大类。各种形码和音码输入法,可以结合汉字的词义与语义特性,进行词汇与整句等智能化的输入(如微软拼音输入法)。

汉字输入法种类繁多,而且新的输入法还在不断地涌现,功能在不断地增强。例如搜狗拼音输入法除可以通过输入全拼、简拼方式输入汉字外,还可以结合汉字的词义与语义特性,进行词汇与整句等智能化的输入。

利用键盘输入文字的优点是方便快捷,易修改并且不需附加录入设备;缺点是需要逐字敲入,因此提高输入速度需经过专门训练。

2. 手写输入

手写输入法是一种用特制的感应书写笔,在与计算机接口相连的手写板上书写文字来完成文字输入的方法。它是近年来发展比较成熟的人性化中英文输入法,适合于不习惯键盘操作的人群和没有标准英文键盘的场合,常用的掌上电脑、平板电脑及新手机产品都配备了手写输入系统。常规的手写输入系统由一支手写笔、一块手写板和手写识别软件 3 部分组成。使用时,只要把手写板与计算机主机正确连接,并安装识别软件,即可像真正在纸上写字一样向计算机输入信息。与键盘输入相比,手写输入的优点是不用专门学习训练,即写即得;缺点是潦草的字迹会影响识别率,导致输入结果错误。

手写输入技术,涉及图像识别、模式匹配、人工智能、语言文字、书写方式与习惯等方面的知识及方法。人写字时手的抖动、书写速度的变化、图形板的量化与感应噪声等,会对识别产生干扰,因此,必须进行必要的平滑和去噪预处理。识别时还需进行字符分割,以区分哪些笔画属于同一汉字。目前的手写识别方法和技术,还有待进一步改进和完善,以提高识别率、减少对输入的限制、降低输入设备和识别软件的成本、并且加强软件的自学习功能。

3. 语音输入

语音输入法是将声音通过话筒输入计算机后直接转换成文字的一种输入方法。利用语音识别技术,计算机能迅速、自然地将读入计算机的声音信息转换成计算机中的文本。语音输入法在硬件方面要求计算机必须配备能正常录音的声卡和录音设备(如麦克风),在软件方面需要安装语音识别软件。目前较流行的语音识别软件有 IBM 公司的 ViaVoice。

目前,大多数语音识别软件构建的语音识别系统与说话者相关,还不是一个完善的非特定人识别系统。因此,在使用语音输入文本前,必须用语音识别软件提供语音训练程序反复训练,使语言识别系统熟悉讲话者的语音、语调和节奏等声音特征后再进行语音输入,从而提高输入正确率,较好地完成语音输入转换成文本的功能。

语音输入方法的优点是可以快捷、自然地完成文本的录入,减轻用户使用键盘输入的疲劳;缺点是错误率比较高,特别是一些专业名词及生僻字,因此要求录入者发音比较标准,还需要先通过语言训练使适应录入者的语音语调。

4. 扫描输入

扫描输入也称光学字符识别输入(Optical Character Recognition,OCR),采用OCR 技术的扫描仪能够从扫描的图像中识别出文字。扫描输入方法将图书、期刊、书面报告等印刷文字以图像的方式扫描到计算机中,再用 OCR 文字识别软件将图像中的文字识别出来,并自动转换为文本格式的文件,完成文本信息的输入。

计算机识别印刷汉字的核心问题是抓住汉字的字形特征,它主要体现在笔画和关键点上。另一个核心问题是版面的分析与理解,包括从图文混排版面中自动排除图形部分、自动区分横排和竖排、自动识别标题和正文、对分栏文本实现自动对接等。

扫描输入方法除了用于印刷体文字的识别和输入外,也可以用于手写体印刷文字的输入,其文字识别的方法与印刷体文字类似。也与手写实时输入的方法相关,不过失去了笔顺信息,属于整字识别类型。

使用扫描输入,一般经过以下 3 个步骤:

(1)扫描。通过扫描仪将文本资料扫描成图片输入到计算机。通常扫描仪的线数要在 300 线以上,图片为非压缩的 TIFF 格式。

(2)纠偏。由于被扫描的文本内容是手工放置在扫描仪平板上的,所以很难保证被扫描文本与扫描范围的垂直关系,因此可使用识别软件的纠偏功能,将扫描得到的图片校正,以便正确识别。

（3）识别。选择要识别的文字区域开始识别，识别完成后将识别结果以文本文件的形式保存。如果识别的某些文字有错，系统会以颜色区别可能不正确的文字并提供对照，用户可对照手工修改。

OCR 输入适合于将已经印刷出版过的印刷文字重新输入到计算机中，能够在短时间内输入大量信息，可应用于档案、资料整理和多媒体应用系统的文本输入。目前我国研制的多种类型的扫描仪及配套的 OCR 软件，如清华 TH - OCR、汉王 OCR、尚书 OCR 等，其识别率已经达到 95% 以上，不过受印刷品质量的影响比较大。

2.1.4　文本信息的处理[12]

文本信息处理包括对无格式文本、格式文本和超文本的信息处理。文本信息处理的复杂度根据文本的结构而异。对于无格式文本，只要完成文本内容的输入、编辑即可，不存在太多的处理问题。对于格式文本，除完成内容的输入，还需进行相关的处理，包括版面与风格的设计、文字属性编辑、特殊效果处理、打印输出等。对于超文本文件，由于其非线性的网络结构，又能集多媒体信息于一体，所以具有无限的想象与设计空间，其信息处理复杂且难度较高。下面着重介绍格式文本与超文本的设计及处理思路。

1. 格式文本处理

信息格式文本是由文本信息、文本属性信息及文本版面信息等 3 部分组成。文本信息是格式文本的内容，是主体部分；文本属性信息、文本版面信息用来表现和反映文本的形式。内容与形式的搭配，是格式文本处理的基本要求。格式文本处理的目的是为了出版发行（包括打印、电子发行等）。除了创意和设计风格外，格式文本处理在技术方面包括以下几个方面的内容。

1）版面格式设置

在进行格式文本处理时，一项重要内容是根据应用目的与场合，选择合适的版面格式，并通过文字处理软件进行设置。

（1）版面布局。版面布局主要指文本版面的上、下、左、右四周的边距以及页眉、页脚、页码等内容的定位，然后据此确定可排版的版心区域，如图 2 - 9（a）所示。

（2）版面风格。版面风格主要是指版心区域文字的排列方向（横向、纵向）和纸张类型等内容，如图 2 - 9（b）、（c）所示。

2）文字属性编辑

文本中的文字属性包括文字的字体（Font）、字号（Size）、风格（Style）、颜色（Color）、定位（Align）等内容，属性编辑就是通过相应的操作实现对这些属性值的设置与修改。

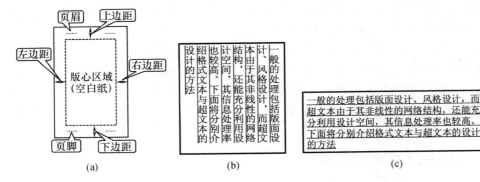

图 2 – 9　格式文本的版面格式

（a）版面布局；（b）竖排文字格式；（c）横排文字格式。

（1）字体。计算机中字体由安装的不同字库来提供，这些字库有两个来源：一是安装操作系统（Windows 2000/XP 等）时由系统自行安装的字库；二是用户自己根据需要扩充安装的各种专业字库或艺术字库。无论是哪种字库，通常都安装在 Windows 系统下的 Fonts 目录中。字体文件的扩展名多为 FON 及 TTF（True Type Fonts）。TTF 支持无级缩放，美观实用，因此一般字体都是 TTF 形式。

除了英文字体外，Windows 系统还提供了许多中文字体，主要包括宋体、仿宋、黑体、楷体、隶书、行楷、幼圆等近 20 种，如图 2 – 10 所示。在处理文本时，应根据文本的使用需要选择合适的字体。宋体字形工整，结构匀称，清晰明快，一般用于正文；仿宋体笔画清秀、纤细，多用于诗歌、散文及作者姓名；黑体笔画较粗，笔法自然，庄重严谨，一般用于文章的各类标题；楷体写法自然，柔中带刚，可作插入语及注释用。其它字体多为修饰性艺术字体，可根据文本的内容和版面风格灵活选择。

图 2 – 10　部分中文字体

除了文字字库以外，系统还提供了一些标志符号库，其中存放了许多装饰性标志或符号，需要时可以像使用文字一样使用这些标志符号。例如 Windows 系统中的 Webdings、Wingdings、Wingdings2、Wingdings3 等字体就是一些标志符号（图 2 – 11），使用时只要从字体列表中选择它们即可。

（2）字号。文本中字的大小用两种方式来描述。汉字的大小通常用规定大小的字号来描述，分为初号、小初号、一号、二号，一直到八号，初号最大，八号最

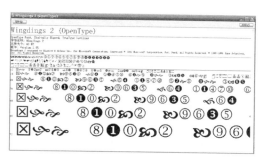

图 2 - 11　Wingdings2 字体范例

小。西文字符通常是直接给出字符的大小,以"磅"(Point)为单位,最小字为 5
磅,最大字为 72 磅。"磅"值越大,字就越大。汉字字号与"磅"及毫米(mm)值
之间的对应关系如表 2 - 4 所列。

表 2 - 4　汉字字号与"磅"及 mm 之间的对应关系

字号	"磅"值	mm 值	字号	"磅"值	mm 值
初号	42	14.82	四号	14	4.94
小初号	36	12.70	小四号	12	4.32
一号	26	9.17	五号	10.5	3.70
小一号	24	8.47	小五号	9	3.18
二号	22	7.76	六号	7.5	2.65
小二号	18	6.35	小六号	6.5	2.29
三号	16	5.64	七号	5.5	1.94
小三号	15	5.29	八号	5	1.74

　　在字号选择上,如果没有特殊要求,正文内容的文字大小一般应选择五号。

　　(3)风格。字体的风格主要指在选定的字体、字号基础上,再使文字在造型
方面有所变化,从而表现出不同的风格。具体风格选型有普通、加粗、斜体、下划
线、字符边框、字符底纹和阴影等。在具体应用中,可以通过字处理软件的风格
选项设置文字的不同风格,使整个文本显得活泼、多样。

　　(4)颜色。格式文本中的文字属性还包含了显示颜色。多媒体计算机的显
示系统均提供真彩显示,所以对文字来说也有丰富的颜色可供选择。在文字处
理过程中,可通过颜色选择与修改操作对文字指定任何显示颜色,使整个文本更
加丰富多彩。

　　(5)定位。文字的定位主要有左对齐、右对齐、居中、两端对齐、分散对齐等

设置,使用时可根据需要进行选择。

以上是格式文本处理的 3 项主要技术,具体处理过程可通过相应的文字处理软件来完成,比如 Windows 平台下的 MS Word 和 WPS 字处理软件等。

2. 超文本处理

超文本处理在格式文本处理上,充分发挥超文本的非线性网络结构的优势,集多种媒体信息于一体,设计灵活方便的交互操作,实现交互式联想阅读。所以,超文本处理具有很大的想象与设计空间,既需要一定的处理技术,也需要相关的艺术和审美基础。超文本处理主要应用于 Web 页面的设计等方面,主要的处理内容包括文本设计、文字风格和表现方式、图标符号的运用、交互操作与导航、脚本编程等。

1)文本设计

文本设计主要包括内容设计、结构设计、交互操作设计 3 个方面。

(1)内容设计。文本内容设计强调内容要精简、适当,不能繁琐。假设一个较简单的多媒体项目若根本不采用文本,而只是用图片、符号、语音和音乐来引导使用者,则不会得到好的效果,用户很快就会厌倦。因为比起用眼睛浏览文本来说,关注听到的语音要花费更多的时间与精力。另外,MPC 的屏幕只是一个非常有限的显示窗口,如果是介绍性或演讲性展示,要显示的信息应该是精简浓缩后能准确表现思想的文本,太多的文本会使屏幕过于拥挤,令人不快。而对于资料性文本,则应该详细全面,并将文本放于可滚动的文本框中,减少换页或更换屏幕的次数,以便于使用者快速、详细地阅读。

需要特别说明的是,冗长的文本在网络浏览器中最好采用滚动显示的方式,这样不易使用户感到厌倦。此外,在设计制作网页时应该尽量不要让文本页面超过屏幕的显示范围,这样会形成上下和左右滚动。特别是对于那些希望引起人们关注的文本内容,更应在位置和显示方式上做特殊处理,必要时可通过超链接在新窗口打开整个文本阅读。

(2)结构设计。文本结构设计是指根据超文本的非线性网络特点,按照文本内容的内在逻辑关系,将要表现的文本内容分成若干相对独立的文本块,并为每个文本块设置检索关键词,以便更好地反映它们之间的联想关系。在设计时,可对每个文本块进行编号或命名,并通过列对照表或画网状图的方式来表示文本结构,具体情况如图 2 – 12 所示。目前的大多数超文本设计工具都支持多层文本结构,所以文本结构设计中还要考虑层叠显示的文本内容。

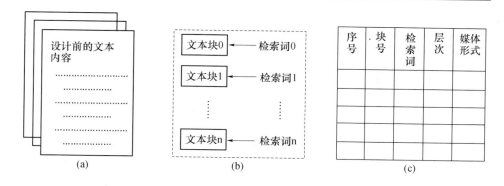

图 2 - 12　文本结构设计

（a）设计前的文本；（b）文本块与检索词；（c）对照表。

（3）交互操作设计。文本的交互操作设计是指通过超文本中的菜单、按钮、超链接等机制实现检索词与文本块的链接关系及导航功能，从而实现网状文本结构的搭建，如图 2 - 13 所示。图中上半部分为菜单、按钮或超链接等组成的检索性超文本内容，下半部分为相应的内容信息。检索内容可到达对应的内容文本块，而从内容文本块也可返回到检索文本块。使用者可通过单击鼠标、操作键盘或接触显示器等操作文本内容，以达到交互浏览的目的。需要注意的是，根据导航应在尽可能少的操作下达到目标。

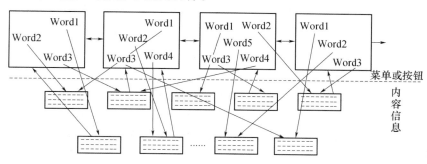

图 2 - 13　交互设计构建网状结构

2）选择合适的字体与风格

对多媒体应用中的文本处理来说，选择合适的字体非常重要，这不仅是一个技术问题，更是一个艺术创意，需要从美工设计者或广告策划人的视角，感觉用户在看到屏幕显示时的潜在反应。相关的设计建议如下：

（1）中文字体的选择要在考虑艺术性的基础上，考虑人的文字使用习惯，正式场合应用的文本要符合有关标准要求。在选择英文小字体时，应尽量选择清晰易读的字体,避免使用难以识别的装饰型字体。

(2)同一文本内容应采用尽可能少的字体,在必要时可利用斜体和粗体来调整显示效果,如果在同一页面中字体变化太多,则会影响整体的表现效果。同时,文本块的行间距要调整合适,行与行之间不要太拥挤。

(3)文本标题应设计得更显眼或更清晰,可通过改变颜色或增加背景效果等凸显标题。

(4)试着使用阴影样式。阴影是指再复制一行相同内容的文本,然后将原文本向上平移若干个像素,并将文本颜色设置为灰色(或者其他颜色)。对于网页来说,在一块纯白的背景上绘制带有阴影的文本和图片能够增强页面的立体感。

3)图形文字和动画文字

为了强调文本中的子标题、重点词语或短语,并使文本更加美观,通常可把文字当成静态图片或动画来处理,然后为文字赋予更多的效果和艺术内涵,再插入到文本中,从而达到更好的表现力和艺术效果。处理图形化文字主要有 3 种途径:一是用图像处理软件(如 Photoshop 等)将标题或短语制作成各种效果(如拉伸、缩紧、旋转或添加灯光照射效果等)的"艺术字";二是利用一些常用的动画制作工具(如 Ulead Cool 3D 等)设计制作相应的"动画字"或"3D 字",并以 Gif 动画格式保存;三是通过图符/字体设计软件(如 Fontographer、True Type 造字程序等)重新设计自己独特的专用图标或符号,然后在文本中使用或按照以上两种方法制作出对应的图标或动画。最后,将设计结果插入到文本中,不仅可突出重点内容,还可使文本整体具有一定的艺术效果。

4)符号与图标

符号是以独立的图形为形式的浓缩文本,可以传递有意义的信息,例如 Windows 系统中插入栏的"符号""特殊符号"中设置供文本文件使用的各种类型符号(如 Symbol 符号、单位符号、数学符号、标点符号等)。图标是可视地表示实体信息的简洁、抽象的符号,是计算机 Web 浏览器交互显示的图形用户界面中一个重要的显示要素,如 Windows 系统中用一个形象的打印机图形表示打印功能,用一个磁盘图形表示存盘功能。在处理超文本时,适当地选择一些常见通用的符号或图标来代替文字内容,会产生比文字本身更简洁、直观的作用。

5)导航与路径

一个交互式的多媒体应用项目(如 IETM 的 Web 浏览器交互显示方式等),通常包含大量的内容信息,每部分文本信息都存在交互操作设计问题。所有的信息组合在一起即可成为一个超文本系统,此时更应强调整体的交互操作——导航。

导航可由整个系统中多层菜单组成,用户通过操作本层菜单可进入下层菜单,也可浏览文本内容或返回上层菜单。为了便于用户在各层菜单中找到感兴趣的内容。还需要在屏幕的特定位置记录并显示浏览路径,使得用户随时知道自己所处的位置,以便确定下一步如何操作。

2.2 IETM 标准对文本媒体的要求

为便于信息的重用,IETM 技术标准对其所有的媒体形式及使用格式都作了非常严格的规定,基本上覆盖到各类媒体从创作、修改、更新等不同的工程环节。这里所说的 IETM 技术标准主要包括 S1000D、GB − 24463[9]、GJB − 6600[10] 标准,但后两者基本上都是来源于 S1000D 3.0 以前的版本。因此,除了中文文本与显示等的本土化要求之外,其它基本上还是以 S1000D[8] 最新的标准要求为准。

IETM 中生成技术信息的最小信息单元是数据模块(DM),也是文本最主要的使用场合,特别是描述类 DM。而在插图及多媒体信息对象中,文字主要用于标题、介释与补充说明。文本媒体主要有汉字、西文字符、数字、符号等几种形式。其中,中文字符(包括缩写)的要求主要参考 GB − 24463、GJB − 6600 的要求,西文字符(包括缩写)、数字、符号等主要考虑以 S1000D 及 Unicode 统一码为主。

2.2.1 语言选择及一般书写要求

除军援军贸装备的需要外,IETM 使用的语言采用简体中文。对于军援军贸装备的 IETM 一般使用出口目标国的语言或英语。语言选择及一般书写要求如下。

(1) 采用简体中文,汉字编码符合 GB 2312、GB 18030 的规定。

(2) 如果语种是英语,推荐使用欧洲航空航天与防务工业协会(ASD)的简明技术英语(ASD − STE100)的书写规则及词表(原称欧洲航空工业协会(AEC-MA)简明英语(PSC − 85 − 16598))。

(3) 如果是其它国家的语言文字,应按该国家标准执行,并写入合同。

(4) 标准字(词)典的要求应由 IETM 项目或组织单位确定,中文推荐使用《汉语大字典》,并配合《中国人民解放军军语》使用,如果要求用英语,推荐使用韦氏英语词典(Merriam − Webster's Dictionary)为标准词典,其它要求按具体用户的需求来执行。

(5) 使用用户熟悉的词语。

（6）语句应简明扼要、无歧义，单个语句长度不宜超过 40 个汉字字符。

（7）结论性的并列句应按逻辑顺序单独成段。

（8）每个段落应只有一个明确的中心主题，段落长度不宜超过 6 个语句。

（9）当文本与图形组合使用时，在便于理解的前提下，文本应简洁。

（10）其它要求应写入 IETM 研制要求的业务规则的有关部分。

2.2.2　术语与缩略语要求

IETM 由于其应用范围非常广泛，因此在专业术语以及缩略语方面，应遵从其应用领域的通用规范，并应在 IETM 研制要求的业务规则的有关部分给予详细的规定。其具体要求如下：

1. 专业术语要求

（1）为保证整个工程项目文档（包括数据模块）的一致性，推荐在所有项目文档中使用能涵盖项目所有学科专业的标准术语（如产品、装备、部件、配装、零件等）。通常工程图纸是术语的源数据，使用的图纸应已为生产审核过的源数据（如图解零部件数据模块）。

（2）对于控制标记应按记号引用。当存在控制选择而没有实际标记时，应充分地描述标记。

（3）应在数据模块中的文本与插图之间始终保持名称的一致性。而不能使用与用途、功能或程序要求有关的产品自然属性的术语。例如，扰流器中心翼插入限象仪不要在程序步骤里称为插入一个探针。当仅有一个限象仪和一个探针时，有了显示"限象仪"位置的插图，则使得书写的步骤变得简单化（如"在限象仪内插入探针"，或"插入探针"）。只有当多个相同名称的产品按照同样的程序去做时，才需要修改。

（4）使用的专业术语应与相关装备术语标准保持一致。

（5）有关专业术语的要求应写入 IETM 研制要求的业务规则的有关部分。

2. 缩略语要求

缩略语是单词、表述或短语的简写格式，用来节省空间和时间。为确保所有工程文档内的一致，推荐在工程的开始就生成标准的缩略语，或者使用已有的缩略语标准。这两种情况应包含在工程项目的术语库里。下面给出缩略语的一些常用的惯用规则。

（1）仅当缩略语的含意对读者很明了时使用，当有疑惑时要写出全词。

（2）只要有可能，使用缩略语应遵从由用户使用的或用户可用的公认标准。

（3）对不在常用词里或公认标准里而需要反复使用的缩略语，应在第一次使用时，将其放在单词、表达式或短语的后面用括号括起来，此后缩略语就可以使用了。

（4）单数或复数应都使用同样的缩略语。

（5）在缩略语中一般不使用句号,除非因其省略可能产生歧义(如"NO."表示数,"in."表示英寸,以避免与单词"no"与"in"相混淆)。对于缩略语(如"Mk"表示特定标志)或短标识词、首字母缩略语(如"NATO"表示北大西洋公约组织,"STN"表示专用技术通告)也不要求使用句号。

（6）只要有可能,应避免在目录、标题里使用缩略语(如"HLWSCU 的操作"是无意义,除非你知道 HLWSCU 是表示高升机翼清除控制单元)。然而,对于S1000D 规范的航空系统的 SNS 码中 24 - 20 使用"AC 发电机"表示交流发电机,该缩略语应必须使用。

（7）在公告、标签与标牌上使用的缩略语必须在数据模块里进行复制,虽然他们可能不遵从公认的标准和这些建议规则。如果文本在公告、标签与标牌上给出,则必须在相关的文本、数据模块里以大写字母书写(如关于起落架操纵的警告语"不得操作起落架(DO NOT OPERATE THE LANDING GEAR)"、关于"泄漏测试装置连接地面电连接器至电源插座"(OUTLET SUPPLY)。

（8）用户需要的而又不在公认标准内的所有非常用缩略语清单应包括在数据模块里(信息码 005 用于缩略语清单)。

（9）如有缩略语标准列表的要求应写入 IETM 研制要求的业务规则的有关部分。

2.2.3 数学用语要求

1. 数字值要求

（1）在任何可能的情况下,数值数学用语应符合 GJB 0.1—2001 中 7.7 的要求;英文文本参照 ISO 6093《信息处理过程——用于信息交换的字符串数字值的表示法》。

（2）除非另有规定,所有引用的数字值(如速度、马赫数、加速度、湿度与纬度等)应与在装备上所指示的一样。

（3）当一个数值的范围带有单位时,单位符号应在每个数字后面进行重复,如 2、3mm 至 7、8mm。当数值后面跟着公差,两者必须是同一单位,单位只需要放在完整表达式的后面。数学表示方式(如 12 ±1mm)是首选。如果需要,也可以使用完整的表述(12 加减 1mm)。

（4）当数字 1~9 在文本中使用时通常应如同单词一样表示,除非使用在空间意义上或用于参考用途时。大于 10 的数字应用阿拉伯数字表示,除非可能产生歧义(如二百五十发 27mm 子弹("two hundred and fifty 27 mm cartridges"))。

（5）应避免使用分数，可使用十进制记数法或单词表示，除非指示器或控制面板上原来是用分数标记的。代分数使用斜线字符在文本里显示，用一个空格分开整数与分数（如 1 1/2）。当使用上下标时，在整数与分数之间不应有空格（如 1½）。

（6）遵从 ISO 80000 – 2《单位与数量——用于自然科学和技术的数学符号》，数字分隔符通常用逗号。该分隔符应与国际制（International System, IS）计量单位一起使用。点号［.］应用做英制或美制单位的分隔符。

（7）所有小于 1 个单位的数字，在十进制分隔符后加零（如 0,012 或 0.012）。

（8）对非常大或非常小的数字可表示为有效数字的小数，手写时可方便地设置为乘以 10 的倍数来简化其表达。

示例：

2998000000 变为 2.998×10^9 或 $2,998 \times 10^9$

0.000000000006624 变成 6.624×10^{-12}

或者

0,000000000006624 变为 $6,624 \times 10^{-12}$

（9）由数据库生成的数字其表示方式，因使用的系统而异，则应统一为上述表示方法。

2. 计量单位要求

（1）IETM 中的计量单位应保持一致。若无特殊说明，量值及单位的表示应符合 GJB 0.1—2001 中 7.8 的要求。

（2）工程项目必须确定使用标准的计量制（如国际制（IS）单位、英制单位或美国常用单位）。对于一个给定的工程项目，选择的标准计量的单位（主要单位）必须贯穿于所有数据模块。如果要换算为装备、仪器或者工具等中的计量单位，这些计量单位必须表示为主要计量单位。

（3）如果工程项目选择了一个附加的计量单位，主要计量单位必须随后给出次要计量单位的换算，并在方括号［（ ）］中标出，除非在装备、仪器或工具等中是以次要计量单位校准的。在这种情况下，装备的特殊计量单位必须首先标出，随后主要计量单位在方括号中给出。

（4）任何必要的换算都要以相应的有效数字向上或向下取整数。该规则唯一的例外是海里的表示。

（5）使用主要计量单位和次要计量单位的要求应写入 IETM 研制要求的业务规则的有关部分。

（6）计量单位的一般表示规则为：

● 当不清楚时,要书写出计量单位的名称:

在量纲符号后不使用点号（如 A ＝ 安培,mm ＝ 毫米）;

不使用"S"表示复数。

● 在单位数量与计量单位之间设一个空格字符。

● 使用计量表、指示器等给出的计量单位为主要计量单位。

2.2.4　文本的显示要求

1. 文本显示一般要求

（1）文本信息应显示在主显示区域的文本内容区内。

（2）文本与数据窗格的边界应至少空出 2 个字符。

（3）文本宜采用黑色,背景采用白色。

（4）对文本显示应提供控制功能。

（5）IETM 中使用的图形符号应与 GB/T 4728、GB/T 5465 等相关图形符号标准保持一致。

2. 中文文本显示要求

（1）字体与字号。文本中所有标题、标注和特殊强调的字体宜使用粗体。叙述性文字宜采用正常宋体。文字的最小字号不应小于五号。不同参考观看距离的最小推荐字符高度,应选择合适的字体大小。

（2）字符间距与行间距。文本中的字符间距、行间距应便于用户阅读。

（3）页边空白。所有文本框边缘均应留有一定页边空白,避免显示文本信息被文本边框或相邻边框的信息所遮盖。

（4）文字编排。文字内容区中的文字编排应符合 GJB 0.1—2001 的要求。

（5）自动换行。文本每行文字应能自动换行,保证每一行文字都不超过文本框或文本内容区的边界或右侧的页边空白。如果重新调整的字符超过文本内容区大小时应自动换行,并能自动显示滚动条。数字、英文单词等换行时应保持意义的完整。

（6）滚动条控制。当显示文本信息超过文本框的高度,显示窗口应能自动显示滚动条,并具有通过滚动条滚动屏幕显示所有文本信息内容的功能。使用滚动条向上滚动和向下滚动功能可以一次一行的移动文本。

（7）文本选择。屏幕上应有突出可选文本信息的功能（例如,通过颜色改变、亮度差异、文体改变与图形翻转）。通过在文本上定位光标,可以选择突出的文本（即指示为选择的）,激活选择的功能。

（8）图形符号。IETM 使用的图形符号应与 GB/T 4728、GB/T 5465 等相关图形符号标准保持一致。

3. 英文文本显示要求

（1）基本标点符号的使用规则。推荐 ASD – STE100（简明技术英语）作为在维修数据里标点符号的指南。ASD – STE100 规定不允许使用分号[；]。对于列表与标题的特殊规定分别见参考文献[8]第 3.9.5.2.1.3 节和第 3.9.5.2.1.5 节。

（2）大写字母的使用规则。包括标题的所有文本应写在句子中（在句子中只有首字母使用大写）。句子中所有大写字母应用于专用的缩写词、首字母缩略语或在标题与句子中的表达式。专门表达式的示例如下：

- 章、段、图、表和警告、注意与说明是专用表达式。
- 带有连接符的标题在破折号后使用首字母大写（如"Corrosion control-Rudder"）。
- 带有斜杠[/]的标题在斜杠后如果是句子的第一个单词的首字母应使用大写（如 Module/Publication shall...）。
- 信息集或出版物的标题应使用首字母大写（如 Weapon Loading，Description and Operation），见参考文献[8]第 5 章。
- 当一个数据模块中第一次解释首字母缩略语时，对应的首字母应大写（如 CPF（更改建议表））。
- 当引用一个数据模块时，公告、标签与标志包含的大写字母应当复制。

（3）高亮文本的显示要求。为突出显示一个单词、表达式或句子，加粗文本是首选的方法。另外，也可使用带颜色的字体。大字字母，斜体或下划线不允许用于显示高亮文本，除非是已有数据。强调与加粗的 WARNING（警告）和加粗的 CAUTION（注意）是高亮文本使用的特例。有关高亮文本的显示要求应写入 IETM 研制要求的业务规则的有关部分。

2.2.5 线性出版物的文本要求

按照 S1000D 国际规范，IETM 系统的显示发布主要有两种方式：通过浏览器的交互显示（IETM）和输出面向页面线性出版物。后者是格式化的文本文件，可以在显示屏上逐页浏览阅读，也可以打印装订为纸质出版物。由于我国发布的 GB/T 24463[9] 和 GJB 6600[10] IETM 技术标准并没有将面向页面线性出版物作为重点内容编入标准，再加上本书重点是介绍公共源数据库（CSDB）中的插图及多媒体信息对象。因此，下面仅简单介绍线性出版物文本要求的有关情况。

1. S1000D 国际规范对线性出版物的文本要求

S1000D 国际规范[8] 给出了对线性出版物的文本要求，由于该规范的技术信息是基于 CSDB 生成，而且以数据模块（DM）为最小信息单元，因此，由 CSDB 中的数据发布成的线性出版物时,必然保留了以 DM 为基础的出版物模块(PM)的某些特征。为便于读者学习 S1000D 了解对线性出版物的文本要求,简要说明如下:

1)出版物的一般要求

S1000D 第 5 章"信息集与出版物"的第 5.3 节给出了出版物的一般要求。

(1)出版物通用要求。第 5 章第 5.3.1 小节给出了出版物(包括交互显示发布与线性出版)的通用要求,包括前页(扉页)、技术内容、图解零件数据、部件维修 4 个方面的通用要求。

(2)航空专用出版物要求。第 5 章第 5.3.2 小节给出了航空系统出版物制备的通用的与专用的规则,内容主要包括航空乘员操作信息和交叉维护指南等。

(3)陆地/海上专用出版物要求。第 5 章第 5.3.3 小节给出了陆地/海上装备出版物制备的规则,内容主要包括乘员/操作员各项检查清单和用户参考指南等。

2)面向页面的出版物的具体要求

S1000D 第 6 章"信息显示/使用"的第 6.2 节阐述了利用储存 CSDB 中的所有数据模块构建面向页面的出版物的前页及各种文档的具体要求。

(1)页面布局、纸质出版及页眉与页脚要求。第 6 章第 6.2.1 小节给出了标准页面与超大页面布局的详细规则和与纸质出版物基本规则一起的页眉、页脚详细规则。

(2)排版格式与布局要素。第 6 章第 6.2.2 小节给出了以 S1000D 标准组织面向页面出版物技术内容规则相关的排版格式与布局要素。对字体与前导、存版、主题、文本段落、步骤、列表、注脚、格式、图形、警告与注意及说明、数字表达式、突出显示的文本、改变标记、引用、交叉引用、适用性等排版格式与布局要素作出了具体的规定。

(3)相关数据模块布局的示例。第 6 章第 6.2.3 小节给出相关数据模块布局的示例,如扉页数据模块、描述性据模块等。目前的 S1000D 4.1 版本尚空缺某些示例,有待于后续版本增补。

2. 我国线性出版物标准的情况

目前已发布的装备用户技术资料基础标准有 GJB 5432—2005《装备技术资料规范与编写要求》[16]。此外,某些类型的装备如航空装备、地面雷达、导弹等也发布了相关的技术资料标准。例如,航空装备的 GJB 3968—2000《军用飞机用户技术资料通用要求》[17]和 GJB 5360—2005《飞机用户技术资料电子版本编制要求》[18]。这些技术资料标准不管从技术上或是内容都比较落后,不能满足我军装备发展的需要,必须重新规划与制定相应的标准。

2.3　在 IETM 制作中常用文本处理软件

数据模块(DM)是生成 IETM 的最小信息单元,出版物模块(PM)则是由 DM 或已有的出版物组合而成的。一个复杂装备的 IETM 多达几千个 DM,其制作 DM 的文字输入工作量十分巨大。IETM 技术标准[8]明确生成数据模块有 3 种方法:一是使用传统的编辑方法或所见即所得(WYSIWYG)系统;二是使用 XML 文本编辑器生成;三是数据库驱动生成。前两种方法主要用于生成文本格式的数据模块,第三种方法可以生成如图解零部件目录(IPD)、接线数据、维修计划数据、故障数据、通用信息库(CIR)数据等非文本数据模块。常见的中文文字处理软件都属于 WYSIWYG 系统,在创作文本格式数据模块和准备 IETM 的原始数据时经常使用。下面简要介绍金山 WPS、永中 Office、MS WORD 等主要办公软件。

2.3.1　金山 WPS Office 软件[19]

金山 WPS Office 是我国金山软件股份有限公司自主研发的一款跨平台的办公软件,WPS Office 2013 版可以实现办公软件最常用的文字、表格、演示等多种功能。具有内存占用低、运行速度快、体积小巧、强大插件平台支持、免费提供海量在线存储空间及文档模板、支持阅读和输出 PDF 文件、全面兼容 Microsoft Office 97 ~2010 文件格式(doc/docx/xls/xlsx/ppt/pptx 等)独特优势。该软件覆盖 Windows、Linux、Android、iOS 等多个平台,支持桌面和移动办公,其 WPS Office Android 版通过 Google Play 平台,已覆盖了 50 多个国家和地区,在应用排行榜上领先于微软及其它竞争对手,居同类应用之首。

WPS Office 软件有以下主要特点:

1)与 Microsoft Office 高度兼容且免费使用

WPS Office 包含 WPS 文字、WPS 表格、WPS 演示 3 大功能模块,与 MS Word、MS Excel、MS PowerPoint 一一对应,应用 XML 数据交换技术,无障碍兼容.doc/.xls/.ppt 等文件格式。使用时,可以直接保存和打开 Microsoft Word、Excel 和 PowerPoint 文件,也可以用 Microsoft Office 轻松编辑 WPS 系列文档。WPS Office 个人版对个人用户永久免费使用。

2)体积小与速度快

WPS Office 软件体积仅为 Microsoft Office 的 1/12,在不断优化的同时,体积依然保持小于同类软件,且下载安装速度与启动速度快。

3)具有多种界面切换的人性化设计

遵循 Windows 7 主流设计风格的 2012 新界面和 metro 风格的 2013 界面,并且有两种色彩风格(清新蓝、素雅黑),加之传统的 2012 和 2003 风格,赋予焕然一新的视觉享受。WPS 2013 充分尊重用户的选择与喜好,提供 4 种界面切换,用户可以无障碍的在新界面与经典界面之间转换,呈现熟悉的界面与操作习惯,无需再学习。

　　4)实现"云"办公

　　使用快盘、Android 平台的移动 WPS Office,可随时随地的阅读、编辑与保存文档,还可将文档共享给工作伙伴,是跟随你各处行走的办公软件。

　　5)提供更强大的二次开发功能

　　WPS 2013 不仅提供与 VBA、VB、JAVA、DELPHI、VC 等多种开发语言的开发接口,而且在开发版中还提供 VBA 开发环境。开发接口采用标准 COM 接口,数量多达 256 类,使得办公自动化用户可以快速平滑迁移应用,极大限度降低二次开发成本。

　　6)新增了多种便于用户使用的功能

　　新增的功能主要有:

　　(1)无隔阂兼容 MS – Office 的加密信息、宏文档内容互联。

　　(2)自动在线升级。

　　(3)文件授权范围随需指定、随需无限扩展的 KRM 版权保护。

　　(4)可扩展的插件机制。

　　(5)支持 126 种语言的跨国、跨地区应用。

　　(6)无缝链接电子政务。

　　(7)支持直接输出 PDF 文件。

　　(8)具有本土化的文本框间文字绕排、稿纸格式、斜线表格、文字工具、中文项目符号、电子表格支持中文纸张规格等中文特色。

　　(9)电子表格的智能收缩、表格操作的即时效果预览与智能提示、全新的度量单位控件、批注框可显示作者等人性化的易用设计。

　　(10)WPS 文字提供带圈字符、合并字符、艺术字及立体效果,以及用户娱乐中处理文字。

　　(11)WPS 表格支持手动顺序双面打印、手动逆序双面打印、拼页打印、反片打印应用。

　　(12)WPS 演示添加 34 种动画方案选择、30 种自定义动画效果。

　　(13)杀毒软件采用互联网在线升级等。

2.3.2　永中 Office 软件[20]

　　永中 office 软件是我国永中软件有限公司在国家核高基与 863 计划支持下,

自主研发的一套在标准的用户界面下集成了文字处理、电子表格、简报制作 3 大应用功能的跨平台专业办公软件。该软件基于创新的数据对象储藏库专利技术,有效解决了 Office 各应用之间的数据集成共享问题,可以在 Windows、Linux 和 MacOS 等多个不同操作系统上运行,功能覆盖了桌面专业办公、网络办公、移动办公、安全办公、教育软件等诸多领域。历经多个主要版本的演进后,其功能丰富,稳定可靠,可高度替代进口的同类软件。目前永中 Office 软件远销海外,在日本、南非及北美市场设有分支和代理机构。

1. 永中桌面 Office 软件特点

(1)构成集成办公解决方案。该软件将文字处理、电子表格、演示文稿集成于一体,通过数据对象储藏库专利技术,有效解决了 Office 各应用之间的数据集成、应用集成、文档集成等问题。

(2)支持跨平台运行。该软件支持在 Windows 系列、Linux 系列、通用 Unix 等操作系统上运行和在 WindowsVista 操作系统中直接安装与运行,以及支持在最新 MID 设备及 U 盘上直接运行。

(3)软件兼容性好。该软件可双向精确兼容 Microsoft Office 97、2000、2003、2007、2010 等各版本的文档,可准确打开与保存. doc/. xlx/. ppt/. dot/. xlt/. pot 等格式文件,还可打开 Microsoft Office 产生的碎片文件及加密文档。

(4)支持"标文通(UOF)"国家标准。该软件全面兼容拥有自主知识产权的文档格式的国家标准《中文办公软件文档格式规范》(简称标文通)。

(5)中文特色明显。该软件具有符合国人使用习惯的特性,提供中文特色功能,如文本竖排、稿纸信笺、自加注拼音、简繁体转换、中文项目编号、中文信封模板、中文斜线表格、信封打印工具、中文版式、文字工具、中文数字分节、内码转换、首字下沉、带圈字符等。

(6)具有多语言功能。该软件遵循国际化标准支持双向文本编辑,提供简体中文、繁体中文、英文、维文、日文、法文、西班牙文、蒙文、俄罗斯文等多种语言版本。

(7)具有二次开发功能。该软件参照 Microsoft Office 提供宏编辑器和可用于二次开发的 API 接口,支持 Office 内部开发与外部调用。

(8)提供了科教应用素材库。该软件提供涵盖数学、物理、化学、生物、地理、语言等多个领域的 2000 多种常用素材与多种管理工具,同时用户还可以将所需的素材信息添加到自定义素材库中。

2. 永中网络 Office 软件特点

永中网络 Office 软件除具有永中桌面 Office 软件特点外,还有如下特点:

(1)实现云办公。该软件提供在线办公与离线办公相结合的云办公模式,无需本地办公软件的支持,用户使用 IE 或 FireFox 等主流浏览器连接到企业部署的永中网络 Office 服务器即可实现全部 Office 功能。

（2）资源共享,协同办公。通过该软件企业各用户的资源可共享给不同的用户,系统管理员可为每个用户分配不同的文档操作与管理权限,同时支持多个用户对同一篇文档的在线操作,在线交流文档的修改内容,实现在线协同办公。

（3）办公安全。该软件的核心网络管理功能可实现对文档进行集中存储、集中管理、集中控制、集中授权、文档安全控制以及共享协作;采用管理员、安全员与审计员三权分立的安全模式,降低人为的不安全因素,同时提供了自动备份功能,可以实现文件的备份与恢复。

（4）存储安全。该软件采用不落地的存储方式,为文档的安全性提供了保障;文档加密为文档在流转过程中的安全性提供了保障;文档的碎片存储为文档的机密性提供保障。

（5）历史文档的管理。该软件可以对企业遗留的大量历史文档进行管理,批量上传到服务器,根据不同的权限分配给不用的用户,便于对文档的操作、流转、存档。

2.3.3　Microsoft Office 软件[21]

Microsoft Office 是一套由微软公司为 Microsoft Windows 和 Apple Macintosh 操作系统而开发的办公软件。最近版本称为"Office system",包括联合的服务器和基于互联网的服务。目前 Office 被认为是一个开发文档的事实标准。

由于该软件最初出现于 20 世纪 90 年代早期,是在国内用户数量最多、影响力最大和最为熟悉的软件,因此,下面只对其进行简单地介绍。

1. Microsoft Office 的组件

Microsoft Office 组件主要包括以下软件:

（1）Microsoft Word,是 Office 应用程序中的文字处理程序,也是应用最广泛的办公组件。主要是用来进行文本的输入、编辑、排版、打印等工作。它支持基于 XML 的格式。

（2）Microsoft Excel,是 Office 应用程序中的电子表格处理程序,主要是用来进行有繁重计算任务的预算、财务、数据汇总、图表制作、透视图的制作等工作。它适宜于 Windows 与 Macintosh 平台。

（3）Microsoft Outlook,是 Office 应用程序中的个人信息管理程序与电子邮件通信软件。它主要用来收发电子邮件、管理联系人信息、记日记、安排日程、分配任务,仅适宜于 Windows 平台。

（4）Microsoft Office Access,是 Office 应用程序中的关联式数据库管理系统

程序,其结合了 Microsoft Jet Database Engine 和图形用户界面两项特点,可进行逻辑与流程处理,能够存取 Access/Jet、Microsoft SQL Server、Oracle,或者任何 ODBC 兼容数据库内的资料。

(5)Microsoft PowerPoint,是 Office 应用程序中的演示文稿程序,可用于单独或者联机创建演示文稿,主要用来制作演示文稿和幻灯片及投影等,还可以在互联网上召开面对面会议、远程会议或在网上给观众展示演示文稿。2010 版及以上版本中可保存为视频格式。

(6)Microsoft Outlook Express,是 Office 应用程序中的电子邮件客户端,也是一个基于 NNTP 协议的 Usenet 客户端。该软件与操作系统以及 Internet Explorer 网页浏览器捆绑起来使用。

(7)Microsoft Infopath,是 Office 应用程序中的基于 XML 的用户表格应用程序,也是企业级搜集信息和制作表单的工具。它提供与数据库和 Web 服务之间的连接,可以利用搜索的信息离线设计表格并进行 XML 检验,然后通过 Web Services 连接到外部系统提交表格并进入审批程序。

(8)Microsoft Visio,是 Office 应用程序中的图形绘图软件,在 Windows 操作系统下运行,主要用于绘制业务流程图、软件界面、网络图、数据库模型及矢量图表。

(9)其它组件,包括 Project、Publisher、OneNote、SharePoint Designer 2007 等组件。

2. Microsoft Office 的功能

微软公司接连不断地推出 Microsoft Office 新版本,其功能与智能化的程度不断增强。下面简单地介绍 Microsoft Word 常用的文本编辑功能和 Microsoft Office 2013 软件的新功能。

1)Microsoft Word 常用的文本编辑功能

(1)文档的输入。在进行文字处理时,文档的输入方法主要有键盘输入、联机手写体输入、扫描仪输入与语音输入。

(2)文档的编辑。文档的编辑是对输入的内容进行删、改、插,以确保输入的内容正确。Word 提供文档的快速编辑功能,主要有:文本的选定与编辑(选定文档,复制、剪切与粘贴,剪贴板,撤销与重复);文本的拼写检查、查找与替换。

(3)文档的排版。文档的排版是将编辑好文本内容,按用户需要的文本格式进行编排。对文本文件的排版有 3 种基本操作对象,即字符、段落和页面。对应的排版功能有:

● 字符排版,包括选定与设置字体、字号、字形、文字的修饰、字间距、字符宽度、字符位置(如垂直方向上的位置)、特殊字符(上标、下标、删除线、下划线、空心字、动态效果)等和简体与繁体字的转换、加拼音、加圈、纵横混排等中文版式处理；

- 段落排版,指对整个段落的外观,包括对齐方式、段缩进、行间距与段间距、边框与底纹、项目符号与编号、分栏等编辑处理；
- 页面排版,页面排版反映了文档的整体外观和输出效果,页面排版包括页眉与页脚、脚注与尾注、页面设置(纸张、页边距、版式、文档网络)等。

2)Microsoft Office 2013 软件介绍

2012 年末微软公司发布的 Microsoft Office 2013(又称为 office 2013 和 Office 15),是继 Microsoft Office 2010 后运用于 Microsoft Windows 视窗系统的新一代办公室套装软件。Office 2013 支持打开. pdf 文档,其设计尽量减少功能区 Ribbon,为内容编辑区域让出更大空间,以便用户更加专注于内容；配合 Windows 8 操作系统触控使用；能实现云端服务、服务器、流动设备和 PC 客户端、Office 365、Exchange、SharePoint、Lync、Project 以及 Visio 同步更新。

Office 2013 拥有以下新的特点：

1)在 Windows 8 操作系统上 Office 达到最佳性能

(1)处处皆支持触控。Office 2013 对触控操作的响应如同键盘和鼠标一样灵敏,用户可以在整个屏幕上滑动手指,或是使用两指来进行缩放以阅读文件。通过一根手指的触摸动作,用户就可以获取新内容和使用新特性。

(2)手写输入。用户可以使用笔来创建内容、做笔记和访问各个功能。用户可以手写电子邮件回复,然后将其自动转换为文本。用户可将笔用作画棒,能给自己的内容上色,可轻松抹去错误。

(3)新的 Windows 8 应用。OneNote 和 Lync 代表着第一批最新的 Windows 8 风格 Office 应用,这些应用的设计目的是在平板机上提供针对触摸优化的用户体验。OneNote 的新型菜单能让用户通过手指触摸很容易地使用新特性。

(4)集成于 Windows RT 中。Office 2013 RT 家庭与学生版包含新版 Word、Excel、PowerPoint 和 OneNote 应用,将预装在基于 ARM 处理器的 Windows 8 设备中,其中包括微软 Surface 平板机。

2)Office 云服务

(1)OneDrive。Office 将文件默认存储至 OneDrive,这样一来用户就可通过平板机、PC 和手机等各种设备来获取文件。用户文件还可在离线使用,并在重新上线时同步。

(2)漫游功能。一旦注册 Office 以后,用户的个性化设置都可在各种设备之间漫游,如曾使用的文件、模板甚至是自定义字典等。Office 甚至还能记住用户上一次停下的地方,只需点击一下就能回到那个位置。

（3）按需使用的 Office。使用 Office 之后，你可以在远离自己 PC 的任何地方获取 Office 服务，只要有一台联网的 Windows 计算机即可。

（4）新的订阅服务。新版 Office 将作为一种基于云的订阅服务提供给用户。在订阅以后，消费者可自动获得未来的更新，以及获得 Skype 等令人激动的云服务和额外的 SkyDrive 存储空间。用户可以为家中的所有成员及其各种设备多次安装。

3）Office 的社交性

（1）Yammer。Yammer 能为企业交付一个安全的、私人的社交网络。用户可以免费注册，并可立即开始使用这项社交网络服务。Yammer 能与 SharePoint 和 Microsoft Dynamics 进行整合。

（2）用户能在 SharePoint 上关注其他用户、团队、文件和网站，可观看和嵌入图片、视频和 Office 内容来与同事保持联系。

（3）People Card。新版 Office 软件中到处都可以看到整合后的联系人信息。People Card 包括带有图片、状态更新、联系人信息，以及来自于 Facebook 和职业社交网站 LinkedIn 账号的活动源在内的完整信息。新的 Office 与 Skype 进行了整合，用户在订阅后就可获得每个月使用 Skype 打给全球用户 60 分钟的权利。新版 Office 将 Skype 联系人整合到 Lync 中，用户可与 Skype 上的任何人打电话或是发送即时信息。

4）Office 全新应用领域

（1）数字笔记。用户可通过 OneNote 在云服务中在各种设备中随时获取笔记。用户可以通过自己感觉最自然的方法来使用笔记功能，如触摸、铁笔或键盘等，也可组合使用，在多种方法之间可轻松地来回切换。

（2）阅读和标记。Word 中的阅读模式（Read Mode）能提供现代化的、易于导航的阅读体验，能自动调整显示屏的大小。用户可以缩放内容、在文件内部流播放视频、以及通过触摸方式来翻页等。

（3）会议。PowerPoint 拥有新的 Presenter View 特性，能向用户显示当前和即将播出的幻灯片，用户能在展示时通过触摸或铁笔的方式来缩放、标记和导航。Lync 则支持多方高清视频、OneNote 笔记共享和用于"头脑风暴"的虚拟白板等特性。

（4）82 英寸的可触摸显示屏。通过来自于 Perceptive Pixel 的支持多触控及铁笔的显示屏，用户能召开更具吸引力的会议。

第 3 章 音 频 媒 体

音频是多媒体信息基本的表示形式之一,也是计算机系统最早能够处理的信息形式之一。音频(audio)指人能听到的声音,包括语音、音乐和其它声音(声响、环境声、音效声、自然声)。音频作为人能够直接接受的媒体形式,在人机交互中得到广泛应用,也是 IETM 中广泛使用的最基本的媒体形式。

本章主要介绍音频技术基础,语音编码与语音识别,IETM 标准对音频媒体的要求,以及 IETM 制作中的常用的音频处理软件。

3.1　音频技术基础

3.1.1　声音

声音是一种纵向压力波,主要用振幅和频率来刻画,具有响度、音调和音色等特征。人的听觉和发声都有一定的频率范围。下面介绍声音的物理属性和感知特性,以及振幅、频率和波长等概念。

1. 声波

声音(sound)是一种由机械振动引起可在物理媒介(气体、液体或固体)中传播的纵向压力波,并在传播中能被人或动物听觉器官所感知。噪声的无规律性表现在它的无周期性上,而有规律的声音可用一条连续的曲线来表示,因此也可将声音称为声波。

声波在空气中传播的速度几乎不受气压大小的影响,但是受气温的影响很大。在气温为 t℃时的声速:

$$c = 331.5 \times (1 + t/273)^{1/2} \approx 331.5 + 0.6t \, (\text{m/s})$$

例如,在室温(15℃)下,声速 $c \approx 340\text{m/s}$。

2. 声音的振幅与频率

声音的强弱体现在声波压力的大小(振动的幅度)上,音调的高低体现在声波的频率上。因此,声波可用振幅和频率这两个基本物理量来描述:

1)振幅

声波的振幅(amplitude)A 定义为振动过程中振动的物质偏离平衡位置的最

大绝对值。

振幅表示了声音的大小,也体现了声波能量的大小。同一发声物体(如乐器),敲打、弹拨、拉擦它所使得劲越大,则所产生振动的能量就越大,发出声音的音量就越大,对应声波的振幅也就越大。

2)频率

声波的频率(frequency)f 定义为单位时间内振动的次数,单位为赫兹(Hz,指每秒振动的次数),人耳能听到的声音的频率范围为 20Hz ~ 20kHz。

声音频率的高低,与声源物体的共振频率有关。一般情况下,发声的物体(如乐器)越粗大松软,则所发声音的频率就越低;反之,物体越细小紧硬,则所发声音的频率就越高。例如大编钟发出的声音比小编钟的频率低、大提琴的声音比小提琴的低;同是一把提琴,粗弦发出的声音比细弦的低;同是一根弦,放松时的声音比绷紧时的低。

具有单一频率的声音称为纯音(pure tone),具有多种频率成分的声音称为复音(complex tone)。普通的声音(如人讲话和乐器演奏)一般都是复音。

和谐的复音由基音(fundamental tone)和谐音(harmonic tone)所组成。基音的频率是和谐复音中的最低频(通常具有最大振幅),称为基频(fundamental frequency);谐音(也叫泛音)的频率是基频的整数倍,称为谐频(harmonic frequency)。基音决定声音的高低(音调),谐音则决定声音的音品(音色)。

3. 声音波长与频率

波长(wave length)λ 定义为声音每振动一次所走过的距离,单位为米(m)。声波的波长与频率的关系为:$\lambda = c/f(\text{m})$,其中 c 为声速。表 3 - 1 列出了一些频率的声波所对应的波长。可以用波长代替频率来刻画声音的物理特性。

表 3 - 1　声音的频率与波长($c = 340\text{m/s}$)

f	20Hz	50Hz	100Hz	250Hz	500Hz	1kHz	2kHz	5kHz	10kHz	15kHz	20kHz
λ	17m	6.8m	3.4m	1.36m	68cm	34cm	17cm	6.8cm	3.4cm	2.3cm	1.7cm

4. 声音媒体的性质

声音媒体的性质如下。

1)声音的连续性

声音是一种随时间变化的连续媒体,所以又称之为连续性时基类媒体。因此,对声音媒体的处理要求有比较强的时序性,即较小的时延和时延抖动。

2)声音的三要素

除声波有振幅和频率这两个物理属性外,声音作为人对音频信号的主观反

应,声音有音调、响度、音色与频率有关的感知特性,称之为声音的三要素:

(1) 音调又称音高,是人耳对声音高低的感觉。音调主要与声音的频率有关,但不是简单的线性关系,而是成对数关系。除了频率外,影响音调的因素还有声音的声压级和声音的持续时间。

(2) 响度又称音强,是人对声音强弱的主观感知,反应声音的大小或强弱,由声波的振幅和声源的距离共同决定。声音的响度一般用声级(Soundlevel)表示,其单位为 dB(分贝)。

(3) 音色又称音质,是人们区别具有相同的响度和音调的两个不同声音的主观感觉,取决于构成声波的频率成分及各成分,即基频与谐频的振幅(强度)比例,反应声波的形状。音色是人们分辨出每个人讲话的声音,区分每种乐器演奏出不同音色乐曲的基础。影响音色的因素还有声音的时间过程,即通过播放速度的快慢,改变声波的频率而影响音色。因此,用频谱分析仪可以确定各种声源基频和谐频的频率成分及振幅;同样用声音产生器生成各种不同振幅的基频与谐频的频率成分后,可合成不同音色的声音。

3) 声音的连续谱特性

声音是一种弹性波,在一定时间内,声音信号可以分成周期信号和非周期信号两类。周期信号可以用傅氏级数表示,即一系列单频信号的加权和,其频谱是线性谱;而非周期信号可用傅里叶积分表示,即包含一定频带内的所有分量,其频谱是连续谱。具有线性谱的周期声音信号在听觉上具有明显的音高,被称为"有调声",但真正的线性谱声音听起来十分单调。而其他的声音信号或者属于完全的连续谱,或者属于线性谱中混有一段段的连续谱成分,只不过这一段段的连续谱成分比那些线性谱成分弱,以至于整个声音还是表现出线性谱的有调特性,也正是这些连续谱成分使声音听起来饱和、生动。

4) 声音的方向感

声音是以声波形式进行传播的。由于人能够判别出声音到达左右耳的时差和强度,进而判断出声音的来源方向,同时也由于空间作用使声音来回反射,从而造成声音的特殊立体感和空间感效果。

5) 音色与失真特性

不同的人与不同的乐器在发生相同的基频和音高的声音时,它听者对它的感觉并不完全相同,即"音色"不同。其原因是组成这些声音的其他频率分量大小不同。从时间特性上看,它们的波形虽具有相同的周期,但波形的形状不同。于是,为了保留声音原有的音色,传输和显现设备应保持信号的幅频特性不产生失真,同时不产生多余的频率分量,以避免产生线性和非线性失真。

3.1.2　音频信号的数字化

声音用电信号表示时,声音在时间和幅度上都是连续的模拟信号。为了便于计算机处理,同时也为了信号在复制、存储和传输过程中少受损失,需要将模拟信号数字化。

1. 模拟信号与数字信号

音频信号是典型的连续信号,不仅在时间上是连续的,而且在幅度上也是连续的。在时间上"连续"是指在任何一个指定的时间范围里声音信号都有无穷多个幅值;在幅度上"连续"是指幅度的数值为实数。我们把在时间(或空间)和幅度上都是连续的信号称为模拟信号(analog signal)。

在某些特定的时刻对这种模拟信号进行测量叫做采样(sampling),在有限个特定时刻采样得到的信号称为离散时间信号。当采样间隔无穷小时,采样可得到无穷多个实数幅值,其幅度可还原为连续变化。如把采样幅度取值的数目限定为有限个信号就成为离散幅度信号。我们把时间和幅度都用离散的数字表示的信号称为数字信号(digital signal),即

$$数字信号 = 离散时间信号 \cap 离散幅度信号$$

数字信号处理与模拟信号处理相比主要的优点是:首先,数字信号计算是一种精确的运算方法,它不受时间与环境变化的影响;其次,表示部件功能的数字运算不是物理上实现的功能部件,而是仅用数学运算去模拟,其中的数学运算也相对容易实现;最后,可以对数字运算部件进行编程,如欲改变算法或改变某些功能,还可以对数字部件进行再编程。

我们称从模拟信号到数字信号的转换为模数转换,记为 A/D(Analog - to - Digital);称从数字信号到模拟信号的转换为数模转换,记为 D/A(Digital - to - Analog)。

2. 音频的采样量化及主要技术参数

1)音频信号的采样与量化方法[22]

如上所述,声音是一种具有一定的振幅和频率且随时间变化的声波,通过话筒等转化装置可将其变成相应的电信号,但这种电信号是一种模拟信号,即连续变化的信号,不能由计算机直接处理,必须先对其进行数字化,即先将模拟的声音信号经过 A/D,变成计算机所能处理的数字声音信号,然后再交给计算机去进行存储、编辑或其他处理。处理后的数据再经过 D/A,变回到模拟信号,经放大输出到音箱或耳机,变成波形声波。

把模拟声音信号转变为数字声音信号的过程称为声音的数字化。它是通过对声音信号进行采样、量化和编码来实现的。图 3-1 给出了声音信号数字化的过程。

图 3-1　声音信号数字化过程

采样是对模拟声音信号按照固定的时间间隔截取该信号的振幅值,每个波形周期内至少截取两次,以取得若干正、负向的振幅值,从而把时间上连续的声波信号 $x(t)$ 变成时间上离散的信号序列 $\{x_1, x_2, \cdots, x_n\}$,这个序列便称为采样序列,如图 3-2 所示。这样,通过采样将振幅波连续变化的模拟声音信号变成振幅值阶跃变化的离散声音信号。

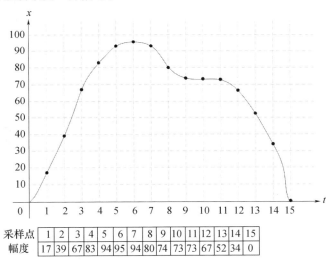

采样点	1	2	3	4	5	6	7	8	9	10	11	12	13	14	15
幅度	17	39	67	83	94	95	94	80	74	73	73	67	52	34	0

图 3-2　采样量化图

量化是将采样得到的在时间离散的声音信号的振幅值转换为二进制表示的数字值,是声音信号在幅度(通常是反映某一瞬间的声波幅度的电压值)上离散化、数字化的过程。量化时把信号的幅度划分成一小段一小段,在每一段中只取一个幅度的等级值(一般用二进制整数表示),量化分为均匀量化和非均匀量化。均匀量化是把采样后的信号按整个声波的幅度等间隔分成有限个区段,把落入某个区段内的采样值归为一类,并赋予相同的量化值。非均匀量化是根据信号的不同区间来确定量化间隔的。对于信号值小的区间,其量化间隔也小;反之,量化间隔就大。这样就可以在满足精度要求的情况下用较少的位数来表示。

2)与采样量化相关的主要技术参数

音频信号数字化主要包括采集和量化两个方面,相应地,数字化音频的质量取决于采样率和量化位数这两个重要参数。声音数字化的两个步骤是采样和量化。采样就是每间隔一段时间就读一次声音信号的幅度,量化就是把采样得到的声音信号幅度装换为数字值。时间上的离散叫采样,幅度上的离散称为量化。

(1) 采样频率[26]。

采样频率即每秒采样的次数。采样频率越高,抽取的声波幅度值数量就越多,因而声音的质量就越接近原声,但数据量也越大,所需的存储空间也越大,所以应根据需要权衡,选择合适的采样频率。

采样频率的高低是根据奈奎斯特理论(Nyquist theory)和声音信号本身的最高频率决定的。奈奎斯特理论指出:采样频率不低于声音信号最高频率的两倍,这样就能把以数字表达的声音还原成原来的声音,这叫做无损数字化。奈奎斯特采样定律用公式表示为

$$f_s \geqslant 2f \text{ 或者 } T_s \leqslant T/2$$

式中:f 为采样信号的最高频率。

根据奈奎斯特采样定律,若将声音信号自身的最高频率称为样本频率,只要采样频率高于样本频率两倍,就能正确恢复原始信号波形。这就是说,如果一段样本频率为 10kHz 的声音,要求采样后能不失真重放,则采样频率必须大于20kHz。在实际应用中,为了满足不同的需要,提供了三种采样频率标准,即44.1kHz(高保真效果)、22.05kHz(音乐效果)和 11.025kHz(语音效果)。采样频率最高标准之所以定义为 44.1kHz,是因为音频的最高频率为 20kHz。

(2) 量化精度。

量化精度用量化位数即量化级表示,又称量化级。量化位数是每个采样点能够表示的数据范围,量化位数越多,所得到的量化值越接近原始波形的采样值,则精度越高。若量化位数为 8 位,则有 $2^8 = 256$ 个量化级(意味着将采样幅度划分为 256 等分);若量化位数为 16 为,则有 $2^{16} = 65536$ 个量化级。常用的采样精度有 8 位、16 位和 32 位。对于音频,一般可采用 16 位量化位数;对于语音,一般可采用 8 位量化位数。量化的过程就是先将整个幅度划分为有限个阶距,把落入某个阶距内的样值量化为同一值。若令 Δ 表示阶距,e 表示量化误差,则有 e 为 $\pm\Delta/2$。显然,采样数据越多,量化阶距就越小,误差也就越小,精度也就越高,还原出来的声音质量也就越好。由采样定理可知,理想的数字系统的信噪比约为量化精度乘以 6dB。这样,量化精度取 8 位数,信噪比为 48dB,若量化精度取 16 位数,信噪比可达 96dB。但增加量化精度同样也要增加数据量。

量化时,每个采样数据均被四舍五入到最接近的整数,如果波形幅度超过了可用的最大位,波形顶部和底部将会被削去,这就是削峰。在量化过程中可能会出现噪声,削峰有可能会造成声音的严重失真。

量化级作为数字声音质量的重要指标。量化级的大小取决于声音的动态范围,即被记录和重放的声音最高与最低之间的差值。16 位的量化级足以表示极细微的声音到巨大噪声的声音范围。

（3）声道数。

记录声音时,若一次只产生一个声波即为单声道,若一次产生两个声波则为双声道（立体声）。人通常通过左右耳听声音,从而可以判断生源的方向和位置。因此,立体声更能反映人的这种听觉特性,但它的数据量是单声道的两倍。

（4）数据量。

数字化音频信号的数据量是非常大的,数据量计算公式为

$$数据量 = （（采样频率×采样精度×声道数）/8）×时间$$

表 3 - 2 列出了 1min 的双声道声音分别采用不同的采样频率和精度时的数据量。

表 3 - 2 几种不同的数字化声音的数据量

采样精度/kHz	采样精度/bit	数据量/MB	数据速率/（kB/s）
44.1	16	10.094	88.13
22.05	8	2.523	21.53
	16	5.047	43.07
11.025	8	1.262	10.77
	16	2.523	21.53

3. 声音质量

根据声音的频带宽度,通常把声音的质量分成 5 个等级,由低到高分别是电话（telephone）、调幅（amplitude modulation, AM）广播、调频（frequency modulation, FM）广播、激光唱盘（CD - Audio）和数字录音带（digital audio tape, DAT）的声音。在这 5 个等级中,使用的采样频率、样本精度、通道数和数据率列于表 3 - 3 中。

表 3 - 3 声音质量和数据率

质量	采样频率/kHz	样本精度/（b/s）	声道数	数据率/（kb/s）	频率范围/Hz	频宽/kHz
电话	8	8	单声道	64	200 ~ 3,400	3.2
AM	11.025	8	单声道	88.2	20 ~ 15,000	7
FM	22.050	16	立体声	705.6	50 ~ 7,000	15
CD	44.1	16	立体声	1411.2	20 ~ 20,000	20
DAT	48	16	立体声	1536.0	20 ~ 20,000	20

声音质量的评价涉及心理学,是一个很困难的问题,是目前还在继续研究的课题。除了上面介绍的用声音信号的带宽来衡量声音的质量外,声音质量的度量还有两种基本的方法:一种是主要采用信噪比的客观质量度量;另一种是相对的主观质量度量。评价语音质量时,有时同时采取两种方法评估,有时以主观质量度量为主。

主观平均判分法:主观度量声音质量的方法,召集若干实验者,由他们对声音质量的好坏进行评分,求出平均值作为对声音质量的评价。这种方法称为主观平均判分法,所得的分数称为主观平均分(Mean Opinion Score,MOS)。

现在,对声音主观质量度量比较通用的标准是 5 分制,各档次的评分标准见表 3-4。

表 3-4　声音质量评分标准

分数	质量级别	失真级别
5	优(Excellent)	无察觉
4	良(Good)	(刚)察觉但不讨厌
3	中(Fair)	(察觉)有点讨厌
2	差(Poor)	讨厌但不反感
1	劣(Bad)	极讨厌(令人反感)

3.1.3　音频文件格式[23]

音频格式大体分为两类:一类为音乐指令文件(如 MIDI),一般由音乐创作软件制作而成,它实质上是一种音乐演奏的命令,不包括具体的声音数据,故文件很小;另一类为声音文件,是通过录音设备录制的原始声音,实质上是一种二进制的采样数据,故文件较大,例如人们最熟悉的 MP3、WMA 等均属于此类文件。

1. MIDI 文件(MID/CMF/RMI)

MID 是 windows 的 MIDI 文件存储格式。相对于保存真实采样数据的声音文件,MIDI 文件显得更加紧凑,其文件的大小要比 WAV 文件小得多——1min 的 WAV 文件约占用 10MB 的硬盘空间,而 10min 的 MIDI 却只有 3.4KB。但是 MIDI 音乐只能包含音乐而不能包含语音,且播放效果随软硬件设备的不同而产生差异。

MIDI 文件有几个变通的格式,其中 CMF 文件是随声卡一起使用的音乐文件,与 MIDI 文件非常相似,只有文件头略有差别;另一种 MIDI 文件是 Windows 使用的 RIFF 文件的一种子格式,称为 RMID,扩展名为 RMI。

2. 声音波形文件(WAV)

由 Microsoft 公司开发的一种 WAV 声音文件格式,是如今计算机最为常见的声音文件格式,它符合 RIFF(Resource Interchange File Format)文件规范,用于保存 Windows 平台的音频信息资源,被 Windows 平台以及所有的音频播放、编辑软件广泛支持。WAV 格式常用于自然声音的保存与重放,声音层次丰富、还原性好、表现力强,如果采样率高,其音质极佳。但其缺点是文件体积较大(1min 的 44.1kHz、16 位立体声的 WAV 文件约占用 10MB 的硬盘空间),所以不适合长时间记录。

3. MPEG 音频文件(MP1/MP2/MP3)

活动图像专家组(Moving Picture Experts Group,MPEG)代表的是 MPEG 活动影音压缩标准,MPEG 音频文件指的是 MPEG - 1 标准中的声音部分,即 MPEG 音频层(MPEG Audio Layer)。MPEG 音频文件根据压缩质量和编码复杂程度的不同可分为三层(MPEG Audio Layer1/2/3),分别与 MP1、MP2 和 MP3 这 3 种声音文件相对应。MPEG 音频编码具有很高的压缩率,MP1 和 MP2 的压缩率分别为 4:1 和 6:1 ~ 8:1,而 MP3 的压缩率则高达 10:1 ~ 12:1,也就是说一分钟 CD 音质的音乐,未经压缩需要 10MB 存储空间,而经过 MP3 压缩编码后只有 1MB 左右,同时 MP3 利用了人耳对声音的感知特性,去掉人耳不敏感的部分,所以其音质仍然很好,接近 CD 音质。目前 Internet 上的音乐格式以 MP3 最为常见。

4. Windows Media Audio 文件(WMA)

WMA 是 Microsoft 公司开发的流式音频文件格式,与 MP3 压缩格式相比,WMA 无论从技术性能(支持音频流)还是压缩率(18:1 以上)都出色许多,而且同时兼顾了保真度和网络传输需求。据微软报告,用它来制作接近 CD 品质的音频文件,其体积仅相当于 MP3 的 1/3。在 48kb/s 的传送速率下即可得到接近 CD 品质(Near - CD Quality)的音频数据流,在 64kb/s 的传送速率下可以得到与 CD 相同品质的音乐,而当连接速率超过 96Kbps 后则可以得到超过 CD 的品质。

5. RealMedia 文件(RA/RM/RAM)

RealMedia 采用的是 RaelNetworks 公司自己开发的 Real G2 Codec,它具有很多先进的设计。例如,SVT(Scalable Video Technology),该技术可以让速度较慢的计算机不需要解开所有的原始图像数据也能流畅观看节目;双向编码(Two - Encoding)技术类似于 VBR,也就是常说的动态码率,它可通过预先扫描整个影片,根据带宽的限制选择最优化压缩码率。RealMedia 音频部分采样的是 RealAudio,它具有 21 种编码方式,可实现声音在单声道、立体声音乐不同速率下的压缩。

6. AAC

AAC(Advanced Audio Coding)是高级音频编码的缩写,是由 Fraunhofer IIS – A、杜比和 AT&T 共同开发的一种音频格式,它属于 MPEG – 2 规范的一部分。AAC 的音频算法在压缩能力上远胜于 MP3 等压缩算法,增加了诸如对立体声的完美再现、多媒体控制、降噪等新特性,可同时支持多达 48 个音轨、15 个低频音轨、更多种采样率和比特率、更高的解码效率,因此被手机界称为 "21 世纪数据压缩方式"。MPEG – 4 标准出台后,AAC 更新整合了其特性,故现又称 MPEG – 4 AAC,即 m4a。AAC 通过特殊的技术实现数字版权保护,这是 MP3 所无法比拟的,但正因为不像 MP3 那么开放,网上来源较少,计算机中不太常用。

7. AIFF(AIF/AIFF)

AIFF 是音频交换文件格式(Audio Interchang File Format)的英文缩写,是 Apple 公司开发的一种声音文件格式,被 Macintosh 平台及其应用程序所支持,Netscape Navigation 浏览器中的 LiveAudio 也支持 AIFF 格式,SGI 及其它专业音频软件包也同样支持 AIFF 格式。AIFF 支持 ACE2、ACE8、MAC6 压缩,支持 16 位 44.1kHz 立体声。

8. Audio(AU)

Audio 文件是 Sun 微系统公司推出的一种经过压缩的数字声音格式。AU 文件原先是 UNIX 操作系统下的数字声音文件。由于早期 Internet 上的 Web 服务器主要是基于 UNIX 的,所以. AU 格式的文件在如今的 Internet 中也是常用的声音文件格式,Netscape Navigation 浏览器中的 LiveAudio 也支持 Audio 格式的声音文件。

9. Voice(VOC)

Voice 文件是新加坡著名的多媒体公司 Creative Labs 开发的声音文件格式,多用于保存 Creative Sound Blaster 系列声卡所采集的声音数据,被 Windows 平台和 DOS 平台所支持,支持 CCITTA Law 和 CCITTµLaw 等压缩算法。在 DOS 程序和游戏中常会遇到这种文件,它是随声卡一起产生的数字声音文件,与 WAV 文件的结构相似,可以通过一些工具软件方便地互相转换。

3.2 语音编码与语音识别

3.2.1 语音编码

音频信号包括窄带(3.4kHz)的语音信号和宽带(20kHz)的音频信号(传统

音乐 7kHz,电子音乐/自然声/环境声/效果声 20kHz),而音频数据又分为波形数据和指令数据,它们的编码方法各不相同。MIDI 就是一种指令音乐数据的编码标准。由于语音信号和非语音信号的波形数据的压缩/编码方法差别较大,下面只介绍语音编码。

1. 语音编码简介

单声道、8 位/样本、采样频率为 8kHz 的语音数据流的码率是 $1 \times 8bit/$样 $\times$ 8k 样/s $= 64kb/s$。而现在调制解调器的速率一般为 28.8kb/s 或 56kb/s。为了提高通信效率和带宽利用率,必须对语音数据进行编码压缩。国际电信联盟(International Telecommunication Union, ITU)制定了一系列的语音编码标准 G.7××,如表 3-5 所列。

表 3-5 音频编码算法与标准

编码	算法	名称	数据率	标准	时间	质量
波形编码	PCM	均匀量化	64kb/s			
	μ/A	μ/A 律压扩	64kb/s	G.711	1972	
	ADPCM	自适应差值量化	32kb/s	G.721	1984	4.0~4.5
			24/40kb/s	G.723	1986	
			16/24/40kb/s	G.726	1988	
			16/24/40kb/s	G.727	1990	
	SB-ADPCM	子带-自适应差值量化	48/56/64kb/s	G.722	1988	
音源编码	LPC	线性预测编码	2.4kb/s			2.5~3.5
混合编码	LD-CELP	低延时码激励 LPC	16kb/s	G.728/G.729	1992	3.7~4.0
	MPEG-1	多子带感知编码	128kb/s		1992	5.0

通常把已有的语音编译码器分成以下 3 种类型:波形编译码器(waveform codecs),音源编译码器(source codecs,又叫参数编译码器,parameter codec)和混合编译码器(hybrid codecs),如图 3-2 所示。

一般来说,波形编译码器的语音质量高,但数据率也很高;音源编译码器的数据率很低,产生的合成语音的音质有待提高;混合编译码器综合使用音源编译码技术和波形编译码技术,数据率和音质介于它们之间。图 3-3 给出了目前这三种编译码器的语音质量和数据率的关系。

2. 波形编译码

波形编译码的思路是,不利用生成语音信号的任何知识而产生一种重构信

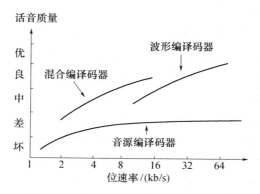

图 3-3　普通编译码器的音质与数据率

号,它的波形与原始语音波形尽可能地一致。一般来说,这种编译码器的复杂程度比较低,数据速率高(一般在 16 kb/s 以上),质量相当高。低于这个数据速率时,音质急剧下降。

1)脉冲编码调制(PCM)

脉冲编码调制(Pulse Code Modulation,PCM)是最简单的波形编码,它仅仅是对输入信号进行采样与量化。

典型的窄带语音带宽限制在 4 kHz,采样频率是 8 kHz。如果要获得高一点的音质,样本精度要用 12 位,它的数据率就等于 96 kb/s,这个数据率可以使用非线性量化来降低。例如,可以使用近似于对数的对数量化器(logarithmic quantizer),使用它产生的样本精度为 8 位,它的数据率为 64 kb/s 时,重构的语音信号几乎与原始的语音信号没有什么差别。这种量化器在 20 世纪 80 年代就已经标准化,而且直到今天还在广泛使用。在北美的压扩标准是 μ 律,在欧洲的压扩标准是 A 律。它们的优点是编译码器简单,延迟时间短,音质高。但不足之处是数据速率比较高,对传输通道的错误比较敏感。

脉冲编码调制是概念上最简单、理论上最完善的编码系统,是最早研制成功、使用最为广泛的编码系统,也是数据量最大的编码系统。PCM 的编码原理比较直观与简单,其原理框图如图 3-4 所示。

在这个编码框图中,输入是模拟声音信号,输出是 PCM 样本。图中的"防失真滤波器"是一个低通滤波器,用来滤除声音频带以外的信号;"波形编码器"可暂时理解为"采样器","量化器"可理解为"量化阶大小(step-size)"生成器或者称为"量化间隔"生成器。

量化有好几种方法,但可归纳成为均匀量化与非均匀量化。采用的量化方法不同,量化后的数据量也就不同。因此,可以说量化也是一种压缩数据的

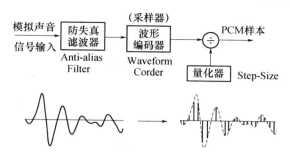

图 3－4　PCM 编码框图

方法。

　　如果采用相等的量化间隔对采样得到的信号作量化,那么这种量化称为均匀量化,也称为线性量化,如图 3－5 所示。量化后的样本值 Y 和原始值 X 的差 $E = Y - X$,称为量化误差或量化噪声。

　　用这种方法量化输入信号时,无论对大的输入信号还是小的输入信号一律都采用相同的量化间隔。为了适应幅度大的输入信号,同时又要满足精度要求,就需要增加样本的位数。但是,对语音信号来说,大信号出现的机会并不多,增加的样本位数就没有充分利用。为了克服这个不足,就出现了非均匀/非线性量化的方法。

　　非线性量化的基本思路是:对输入信号进行量化时,大的输入信号采用大的量化间隔,小的输入信号采用小的量化间隔,如图 3－6 所示。这样就可以在满足精度要求的情况下用较少的位数来表示。声音数据还原时,采用相同的规则。

　　在非线性量化中,采样输入信号幅度和量化输出数据之间定义了两种对应关系,一种称为 μ 律压扩算法,另一种称为 A 律压扩算法。

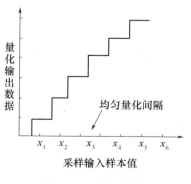

图 3－5　均匀量化

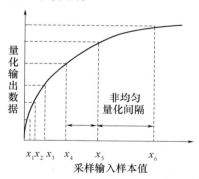

图 3－6　非均匀量化

  μ 律压扩(μ-Law Companding)主要用在北美和日本等地区的数字电话通信中,按下面的式子确定量化输入与输出的关系,即

$$F_\mu(x) \ = \ \text{sgn}(x) \ \frac{\ln(1 + \mu|x|)}{\ln(1 + \mu)}$$

式中:x 为输入信号幅度,规格化成 $-1 \leqslant x \leqslant 1$;$\text{sgn}(x)$ 为 x 的极性;μ 为确定压缩量的参数,它反映最大量化间隔和最小量化间隔之比,取 $100 \leqslant \mu \leqslant 500$。

  由于 μ 律压扩的输入与输出关系是对数关系,所以这种编码又称为对数 PCM。具体计算时,用 $\mu = 255$,把对数曲线变成 8 条折线以简化计算过程,如图 3 - 7 所示。

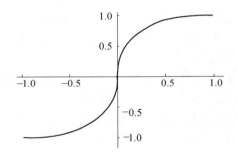

图 3 - 7 μ 律曲线图($\mu = 255$)

  A 律压扩(A-Law Companding)主要用在欧洲和中国大陆等地区的数字电话通信中,按下面的式子确定量化输入和输出的关系:

$$F_A(x) \ = \ \text{sgn}(x) \ \frac{A|x|}{1 + \ln A}, 0 \leqslant |x| \leqslant \frac{1}{A}$$

$$F_A(x) \ = \ \text{sgn}(x) \ \frac{1 + \ln(A|x|)}{1 + \ln A}, \frac{1}{A} \leqslant |x| \leqslant 1$$

式中:x 为输入信号幅度,规格化成 $-1 \leqslant x \leqslant 1$;$\text{sgn}(x)$ 为 x 的极性;A 为确定压缩量的参数,它反映最大量化间隔与最小量化间隔之比。

  A 律压扩的前一部分是线性的,其余部分与 μ 律压扩相似为对数的。具体计算时,$A = 87.56$,为简化计算,同样把对数曲线部分变成折线,如图 3 - 8 所示。图 3 - 9 是这两种算法的比较。

  对于采样频率为 8kHz,样本精度为 13 位、14 位或者 16 位的输入信号,使用 μ 率压扩编码或者使用 A 率压扩编码,经过 PCM 编码器之后每个样本的精度为 8 位,输出的数据率为 64kb/s。这个数据就是 CCITT 推荐的 G.711 标准:语音频率脉冲编码调制(PCM of Voice Frequencies)。

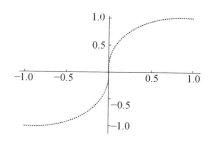 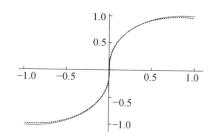

图 3 - 8　A 律曲线图(A = 87.56,1/A = 0.0114207)　　图 3 - 9　μ 律曲线与 A 律曲线比较图

PCM 编码早期主要用于语音通信中的多路复用。一般来说,在电信网中传输媒体费用约占总成本的 65%,设备费用约占成本的 35%,因此提高线路利用率是一个重要课题。提高线路利用率通常用下面两种方法:

(1) 频分多路复用(Frequency - Division Multiplexing,FDM)是把传输信道的频带分成好几个窄带,每个窄带传送一路信号。例如,一个信道的频带为 1400Hz,把这个信道分成 4 个子信道(Subchannels):820 ~ 990Hz, 1230 ~ 1400 Hz, 1640 ~ 1810Hz 和 2050 ~ 2220Hz,相邻子信道间相距 240Hz,用于确保子信道之间不相互干扰。每对用户仅占用其中的一个子信道。这是模拟载波通信的主要手段。

(2) 时分多路复用(Time - Division Multiplexing,TDM)是把传输信道按时间来分割,为每个用户指定一个时间间隔,每个间隔里传输信号的一部分,这样就可以使许多用户同时使用一条传输线路。这是数字通信的主要手段。如语音信号的采样频率 f = 8000Hz,它的采样周期 = 125μs,这个时间称为 1 帧(frame)。在这个时间里可容纳的话路数有两种规格:24 路制和 30 路制。图 3 - 10 给出了 24 路制的结构。

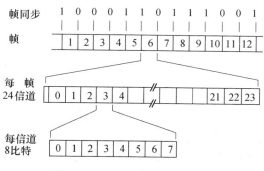

图 3 - 10　24 路 PCM 的帧结构

24 路制的重要参数:每秒钟传送 8000 帧,每帧 125μs;12 帧组成 1 复帧(用于同步);每帧由 24 个时间片(信道)和 1 位同步位组成;每个信道每次传送 8 位代码,1 帧有 $24 \times 8 + 1 = 193$ 位(位);数据传输率 $R = 8000 \times 193 = 1544 \text{kb/s}$;每一个话路的数据传输率 $= 8000 \times 8 = 64 \text{kb/s}$。

30 路制的重要参数:每秒传送 8000 帧,每帧 125μs;16 帧组成 1 复帧(用于同步);每帧由 32 个时间片(信道)组成;每个信道每次传送 8 位代码;数据传输率:$R = 8000 \times 32 \times 8 = 2048 \text{kb/s}$;每一个话路的数据传输率 $= 8000 \times 8 = 64 \text{kb/s}$。

时分多路复用(TDM)技术已广泛用在数字电话网中,为反映 PCM 信号复用的复杂程度,通常用"群(group)"这个术语来表示,也称为数字网络的等级。PCM 通信方式发展很快,传输容量已由一次群(基群)的 30 路(或 24 路),增加到二次群的 120 路(或 96 路),三次群的 480 路(或 384 路)……图 3-11 为表示二次复用的示意图。

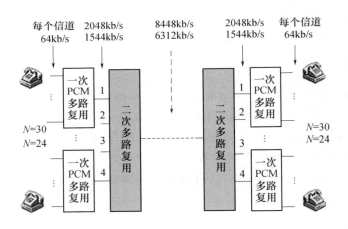

图 3-11　二次复用示意图

图中的 N 表示话路数,无论 $N = 30$ 还是 $N = 24$,每个信道的数据率都是 64kb/s,经过一次复用后的数据率就变成 2048kb/s($N = 30$)或者 1544kb/s($N = 24$)。在数字通信中,具有这种数据率的线路在北美叫做 T1 远距离数字通信线,提供这种数据率服务的级别称为 T1 等级,在欧洲叫做 E1 远距离数字通信线和 E1 等级。T1/E1、T2/E2、T3/E3、T4/E4 和 T5/E5 的数据率如表 3-6 所列。值得注意的是,上述基本概念都是在多媒体通信中经常用到的。

表 3 - 6　T1/E1、T2/E2、T3/E3、T4/E4 和 T5/E5 的数据率

地区	数字网络等级	T1/E1	T2/E2	T3/E3	T4/E4	T5/E5
美国	64 kb/s 话路数	24	96	672	4032	
	总传输率/(Mb/s)	1.544	6.312	44.736	274.176	
欧洲	64 kb/s 话路数	30	120	480	1920	7680
	总传输率/(Mb/s)	2.048	8.448	34.368	139.264	560.000
日本	64 kb/s 话路数	24	96	480	1440	
	总传输率/(Mb/s)	1.544	6.312	32.064	97.728	

2）差分脉冲编码调制（ADPCM）

在语音编码中，一种普遍使用的技术叫做预测技术，这种技术是企图从过去的样本来预测下一个样本的值。这样做的根据是认为在语音样本之间存在相关性。如果样本的预测值与样本的实际值比较接近，它们之间的差值幅度的变化就比原始语音样本幅度值的变化小，因此量化这种差值信号时就可以用比较少的位数来表示差值。这就是差分脉冲编码调制（DPCM = differential PCM）的基础——对预测的样本值与原始的样本值之差进行编码，如图 3 - 12 所示。

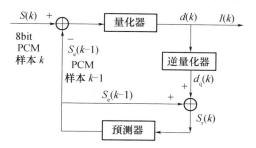

图 3 - 12　DPCM 方块图

DPCM 编译码器对幅度急剧变化的输入信号会产生比较大的噪声，改进的方法之一就是使用自适应的预测器与量化器，这就产生了一种叫做自适应差分脉冲编码调制（ADPCM = adaptive DPCM）。20 世纪 80 年代，国际电话与电报顾问委员会（International Telephone and Telegraph Consultative Committee,CCITT），现改为国际电信联盟 - 远程通信标准部（International Telecommunications Union - Telecommunications Standards Section,ITU - TSS），就制定了数据率为 32 kb/s 的 ADPCM 标准，它的音质非常接近 64 kb/s 的 PCM 编译码器，随后又制定了数据率为 16kb/s、24kb/s 与 40kb/s 的 ADPCM 标准。

ADPCM（Adaptive Difference Pulse Code Modulation,自适应差分编码调制）

综合了 APCM 的自适应特性和 DPCM 系统的差分特性,是一种性能比较好的波形编码。它的核心原理是:①利用自适应的思想改变量化阶的大小,即使用小的量化阶(step – size)去编码小的差值,使用大的量化阶去编码大的差值;②使用过去的样本值估算下一个输入样本的预测值,使实际样本值与预测值之间的差值总是最小。它的编码简化框图如图 3 – 13 所示。

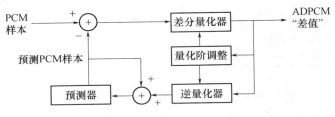

图 3 – 13   ADPCM 方块图

ADPCM 是利用样本与样本之间的高度相关性和量化阶自适应来压缩数据的一种波形编码技术,CCITT 为此制定了 G.721 推荐标准,这个标准叫做32kb/s自适应差分脉冲编码调制(32 kb/s Adaptive Differential Pulse Code Modulation)。在此基础上还制定了 G.721 的扩充推荐标准,使用该标准的编码器的数据率可降低到 40 kb/s 和 24 kb/s。

CCITT 推荐的 G.721 ADPCM 标准是一个代码转换系统。它使用 ADPCM 转换技术,实现 64 kb/s A 律或 μ 律 PCM 速率和 32 kb/s 速率之间的相互转换。G.721 ADPCM 的简化框图如图 3 – 14 所示。

3)子带 – 自适应差分脉冲编码(SB – ADPCM)

上述的所有波形编译码器完全是在时间域里开发的,在时域里的编译码方法称为时域法(time domain approach)。在开发波形编译码器中,人们还使用了另一种方法,叫做频域法(frequency domain approach)。

例如,在子带编码中,输入的语音信号被分成好几个频带(即子带),变换到每个子带中的语音信号都进行独立编码,例如使用 ADPCM 编码器编码,在接收端,每个子带中的信号单独解码之后重新组合,然后产生重构语音信号。

子带编码的优点是每个子带中的噪声信号仅仅与该子带使用的编码方法有关。对听觉感知比较重要的子带信号,编码器可分配较多位数来表示它们,于是在这些频率范围里噪声就比较低。对于其它的子带,由于对听觉感知的重要性比较低,允许比较高的噪声,于是编码器就可以分配比较少的位数来表示这些信号。自适应位分配的方案也可以考虑用来进一步提高音质。子带编码需要用滤波器把信号分成若干个子带,这比使用简单的 ADPCM 编译码器复杂,而且还增加了更多的编码时延。即使如此,与大多数混合编译码器相比,子带编译码的

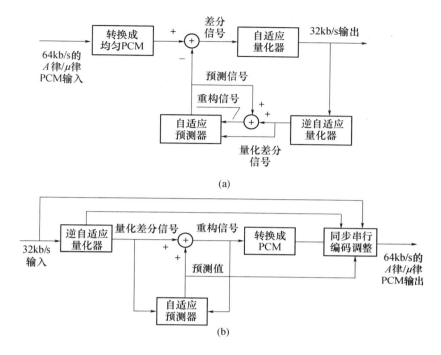

图 3-14 G.721 ADPCM 简化框图

(a) ADPCM 编码器;(b) ADPCM 译码器。

复杂性和时延相对来说还是比较低的。

为了适应可视电话会议日益增长的迫切需要,1988 年 CCITT 为此制定了 G.722 推荐标准,叫做"数据率为 64kb/s 的 7kHz 声音信号编码(7kHz Audio - coding with 64 kb/s)"。这个标准把语音信号的质量由电话质量提高到 AM 无线电广播质量,而其数据传输率仍保持为 64kb/s。

宽带语音是指带宽在 50~7000Hz 的语音,这种语音在可懂度和自然度方面都比带宽为 300~3400Hz 的窄带语音有明显的提高,也更容易识别对方的说话人。

另一种频域波形编码技术叫做自适应变换编码(Adaptive Transform Coding, ATC)。这种方法使用快速变换(例如离散余弦变换)把语音信号分成许许多多的频带,用来表示每个变换系数的位数取决于语音谱的性质,获得的数据率可低到 16 kb/s。

子带编码(Sub - Band Coding,SBC)的基本思想是:使用一组带通滤波器(Band - Pass Filter,BPF)把输入音频信号的频带分成若干个连续的频段,每个频段称为子带。对每个子带中的音频信号采用单独的编码方案去编码。在信道上传送时,将每个子带的代码复合起来。在接收端译码时,将每个子带的代码单独译码,然后把它们组合起来,还原成原来的音频信号。子带编码的方框图如图 3 – 15所示,图中的编码/译码器,可以采用 ADPCM,APCM,PCM 等。

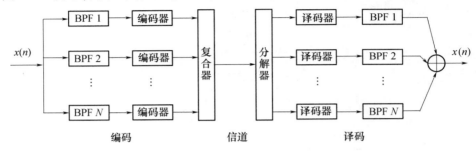

图 3 – 15　子带编码方块图

采用对每个子带分别编码的好处有两个。第一,对每个子带信号分别进行自适应控制,量化阶(quantization step)的大小可以按照每个子带的能量电平加以调节。具有较高能量电平的子带用大的量化阶去量化,以减少总的量化噪声。第二,可根据每个子带信号在感觉上的重要性,对每个子带分配不同的位数,用来表示每个样本值。例如,在低频子带中,为了保护音调和共振峰的结构,就要求用较小的量化阶、较多的量化级数,即分配较多的位数来表示样本值。而语音中的摩擦音和类似噪声的声音,通常出现在高频子带中,对它分配较少的位数。

音频频带的分割可以用树型结构的式样进行划分。首先把整个音频信号带宽分成两个相等带宽的子带——高频子带和低频子带。然后对这两个子带用同样的方法划分,形成 4 个子带。这个过程可按需要重复下去,以产生 2^K 个子带,K 为分割的次数。用这种办法可以产生等带宽的子带,也可以生成不等带宽的子带。例如,对带宽为 4000Hz 的音频信号,当 $K = 3$ 时,可分为 8 个相等带宽的子带,每个子带的带宽为 500Hz。也可生成 5 个不等带宽的子带,分别为 [0,500],[500,1000],[1000,2000],[2000,3000] 和 [3000,4000]。

把音频信号分割成相邻的子带分量之后,用 2 倍于子带带宽的采样频率对子带信号进行采样,就可以用它的样本值重构出原来的子带信号。例如,把 4000Hz 带宽分成 4 个等带宽子带时,子带带宽为 1000Hz,采样频率可用 2000Hz,它的总采样率仍然是 8000Hz。

采样率为 8kHz、8 位/样本、数据率为 64kb/s 的 G.711 标准是 CCITT 为语音信号频率为 300 ~ 3400Hz 制定的编译码标准,这属于窄带音频信号编码。现代的语音编码技术已经可以减少数据率,而又不致于显著降低音质。CCITT 推荐的 8kHz 采样率、4 位/样本、32kb/s 的 G.721 标准,以及 G.721 的扩充标准

G.723,都说明了语音压缩编码技术的进展。

G.722 是 CCITT 推荐的音频信号(audio)编码译码标准。该标准是描述音频信号带宽为 7kHz、数据率为 64kb/s 的编译码原理、算法和计算细节。G.722 的主要目标是保持 64kb/s 的数据率,而音频信号的质量要明显高于 G.711 的质量。G.722 标准把音频信号采样频率由 8kHz 提高到 16kHz,是 G.711PCM 采样率的 2 倍,因而要被编码的信号频率由原来的 3.4kHz 扩展到 7kHz。这就使音频信号的质量有很大改善,由数字电话的语音质量提高到调幅(AM)无线电广播的质量。对语音信号质量来说,提高采样率并无多大改善,但对音乐一类信号来说,其质量却有很大提高。图 3-16 对窄带语音和宽带音频信道作了比较。G.722 编码标准在音频信号的低频端把截止频率扩展到 50Hz,其目的是为进一步改善音频信号的自然度。

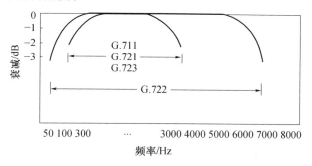

图 3-16 窄带和宽带音频信道频率特性

G.722 编译码系统采用子带自适应差分脉冲编码调制(Sub-band Adaptive Differential Pulse Code Modulation,SB-ADPCM)技术。在这个系统中,用正交镜像滤波器(QMF)把频带分割成两个等带宽的子带,分别是高频子带和低频子带。在每个子带中的信号都用 ADPCM 进行编码。

图 3-17 为 G.722 的简化框图。低频带宽略大于常规的电话语音带宽。对高子带分配 2 位表示每个样本值,而低子带分配 6 位。因为 64 kb/s 的 G.722 标准主要还是针对宽带语音,其次才是音乐。

4)GSM 编译码器简介

除了 ADPCM 算法已经得到普遍应用之外,还有一种使用较普遍的波形声音压缩算法叫做 GSM 算法。GSM 是 Global System for Mobile communications 的缩写,可译成全球数字移动通信系统。GSM 算法是 1992 年柏林技术大学(Technical University of Berlin)根据 GSM 协议开发的,这个协议是欧洲最流行的数字蜂窝电话通信协议。

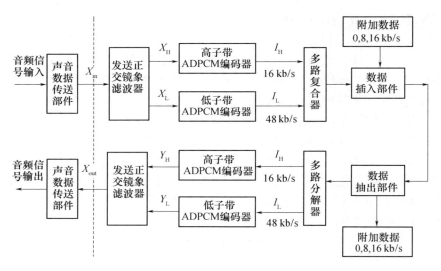

图 3 - 17　7kHz 音频信号 64kb/s 数据率的编译码方块图

GSM 的输入是帧(frame)数据,一帧(20ms)由采样频率为 8kHz 的带符号的 160 个样本组成,每个样本为 13 位或者 16 位的线性 PCM(linear PCM)码。GSM 编码器可把一帧(160×16 位)的数据压缩成 260 位的 GSM 帧,压缩后的数据率 为 1625 字节,相当于 13 kb/s。由于 260 位不是 8 位的整数倍,因此编码器输出 的 GSM 帧为 264 位的线性 PCM 码。采样频率为 8kHz、每个样本为 16 位的未压 缩的语音数据率为 128kb/s,使用 GSM 压缩后的数据率为:(264 位 ×8000 样本/ s)/160 样本 =13.2 千位/s。GSM 的压缩比为 128∶13.2 =9.7,近似于 10∶1。

3. 音源编译码

音源编译码的思路是企图从语音波形信号中提取生成语音的参数,使用这 些参数通过语音生成模型重构出语音。针对语音的音源编译码器叫做声码器 (vocoder)。在语音生成模型中,声道被等效成一个随时间变化的滤波器,叫做 时变滤波器(time - varying filter),它由白噪声——无声语音段激励,或者由脉冲 串——有声语音段激励。因此需要传送给解码器的信息就是滤波器的规格、发 声或者不发声的标志和有声语音的音节周期,并且每隔 10~20ms 更新一次。 声码器的模型参数确定既可使用时域的方法也可以使用频域的方法,这项任务 由编码器完成。

这种声码器的数据率在 2.4 kb/s 左右,产生的语音虽然可以听懂,但其质 量远远低于自然语音。增加数据率对提高合成语音的质量无济于事,这是因为 受到语音生成模型的限制。尽管它的音质比较低,但它的保密性能好,因此这种编译码器一直用在军事上。下面只介绍音源编码中最简单的线性预测编码（Linear Predictive Coding，LPC）。

　　LPC 是一种非常重要的编码方法。从原理上讲，LPC 是通过分析语音波形来产生声道激励和转移函数的参数，对声音波形的编码实际就转化为对这些参数的编码，这就使声音的数据量大大减少。在接收端使用 LPC 分析得到的参数，通过语音合成器重构语音。合成器实际上是一个离散的随时间变化的时变线性滤波器，它代表人的语音生成系统模型。时变线性滤波器既当作预测器使用，又当作合成器使用。分析语音波形时，主要是当作预测器使用，合成语音时当作语音生成模型使用。随着语音波形的变化，周期性地使模型的参数和激励条件适合新的要求。

　　线性预测器是使用过去的 P 个样本值来预测现时刻的采样值 $x(n)$，如图 3-18 所示。

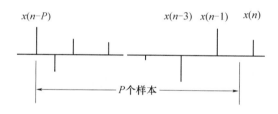

图 3-18　预测概念

　　预测值可以用过去 P 个样本值的线性组合来表示：

$$x_{pre}(n) = -[a_1 x(n-1) + a_2 x(n-2) + \cdots + a_p x(n-p)] = -\sum_{i=1}^{p} a_i x(n-i)$$

为方便起见，式中采用了负号。残差误差（residual error）即线性预测误差为

$$e(n) = x(n) - x_{pre}(n) = \sum_{i=0}^{p} a_i x(n-i)$$

这是一个线性差分方程，其中 $a_0 = 1$。

　　在给定的时间范围里，如 $[n_0, n_1]$，使 $e(n)$ 的平方和即 $\beta = \sum_{n=n_0}^{n_1} [e(n)]^2$ 为最小，这样可使预测得到的样本值更精确。通过求解偏微分方程，可找到系数 a_i 的值。如果把发音器官等效成滤波器，这些系数值就可以理解成滤波器的系数。这些参数不再是声音波形本身的值，而是发音器官的激励参数。在接收端重构的语音也不再具体复现真实语音的波形，而是合成的声音。

4. 混合编译码

　　混合编译码的思路是企图填补波形编译码和音源编译码之间的间隔。波形

编译码器虽然可提供高语音的质量,但数据率低于 16 kb/s 的情况下,在技术上还没有解决音质的问题;声码器的数据率虽然可降到 2.4kb/s 甚至更低,但它的音质根本不能与自然语音相提并论。为了得到音质高而数据率又低的编译码器,历史上出现过很多形式的混合编译码器,但最成功并且普遍使用的编译码器是时域合成 – 分析(Analysis – by – Synthesis,AbS)编译码器。

AbS 编译码器使用的声道线性预测滤波器模型与线性预测编码(LPC)使用的模型相同,不使用两个状态(有声/无声)的模型来寻找滤波器的输入激励信号,而是企图寻找这样一种激励信号,使用这种信号激励产生的波形尽可能接近于原始语音的波形。AbS 编译码器由 Atal 和 Remde 在 1982 年首次提出,并命名为多脉冲激励(Multi – Pulse Excited,MPE)编译码器,在此基础上随后出现的是等间隔脉冲激励(Regular – Pulse Excited,RPE)编译码器、码激励线性预测CELP(Code Excited Linear Predictive)编译码器和混合激励线性预测(Mixed Excitation Linear Prediction,MELP)编译码器。

AbS 编译码器的一般结构如图 3 – 19 所示。

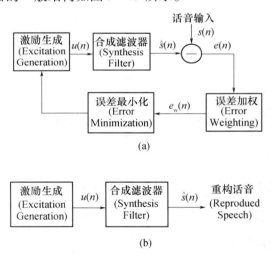

图 3 – 19　AbS 编译码器的结构
(a)编码器;(b)译码器。

AbS 编译码器把输入语音信号分成许多帧(frames),一般来说,每帧的长度为20ms。合成滤波器的参数按帧计算,然后确定滤波器的激励参数。从图 3 – 19 (a)可以看到,AbS 编码器是一个负反馈系统,通过调节激励信号$u(n)$可使语音输入信号 $s(n)$ 与重构的语音信号之差为最小,也就是重构的语音与实际的语音最接近。这就是说,编码器通过"合成"许多不同的近似值来"分析"输入语音信号,这也是"合成 – 分析编码器"名称的来由。在表示每帧的合成滤波器的参数和激励信号确定之后,编码器就把它们存储起来或者传送到译码器。在译码器端,激励信号馈送给合成滤波器,合成滤波器产生重构的语音信号,如图 3 – 19(b) 所示。

合成滤波器通常使用全极点(all pole)的短期(short – term)线性滤波器,它的函数为

$$H(z) = \frac{1}{A(z)}$$

其中

$$A(z) = 1 - \sum_{i=1}^{p} a_i z^{-i}$$

是预测误差滤波器,这个滤波器是按照这样的原则确定的:当原始语音段通过该滤波器时,产生的残留信号的能量最小。滤波器的极点数的典型值等于 10。这个滤波器企图去模拟由于声道作用而引入的语音相关性。

3.2.2　语音识别

随着计算机科学技术的发展,人们已经不能满足仅仅通过键盘和显示器同计算机交互信息,而是迫切需要一种更自然的、更能为多数人所接受的方式与计算机沟通,让计算机能够听懂人的话,或是用语音来控制各种自动化系统,一直是人类的梦想,从而也诞生了一门新的学科——计算机语言学(computer phonetice)。

语音识别的目标长久以来一直是人们的美好梦想,让计算机能够听懂人说话是发展人机语音通信和新一代智能计算机的主要组成部分。尤其是当今的信息时代,随着计算机处理和存储能力的不断增强,如何把大量信息输入计算机成为日益突出的问题,而语音识别就提供了一种最自然、最方便的方法。

在维修保障人员使用 IETM 辅助维修的过程中,若 IETM 能够实现语音识别,不仅可以增加维修保障人员与 IETM 交互的方式,更重要的是,可以解放出维修保障人员的双手,实现在与 IETM 交互的过程中不影响对装备的操作,而不仅仅依靠键盘来进行输入。这样可以很大程度上增加维修保障人员的工作效率,进而减少装备维修、检查所需要的时间,提高装备战备完好性。

1. 语言识别系统的分类[27]

语言识别的研究领域比较广泛,归纳起来讲,主要有以下 4 个方面。

1)按照可识别的词汇量多少划分

(1)小词表语音识别:能识别的词汇量小于 100;

(2)中词表语音识别:能识别的词汇量大于 100;

（3）大词表语音识别：能识别的词汇量大于 1000。

2）按照语言的输入方式划分

（1）孤立词语音识别：要求输入每个词后要停顿；

（2）连续词语音识别：要求对每个词都清楚发音，一些连音现象开始出现；

（3）连续语音识别：连续语音输入是指进行自然流利的连续语音输入时，大量连音和变音就会出现。

3）按照发声人划分

（1）特定人语音识别：仅考虑对于专人的语音进行识别；

（2）非特定人语音识别：识别的语音与人无关，通常要用大量不同人的语音数据库对识别系统进行学习；

（3）多人语音识别：通常能识别一组人的语音，或者称为特定组语音识别系统，该系统仅要求对要识别的那组人的语音进行训练。

4）说话人识别

对说话人的声纹进行识别。这是研究如何根据语言来辨认说话者并确认说话者。

2. 语言识别的基本方法[28]

一般来说，语音识别的方法有 3 种：基于语音学和声学的方法、模板匹配的方法，以及利用人工神经网络的方法。

1）基于语音学和声学的方法

这种方法经常使用语言中有限不同的语音基元，而且可以通过其语音信号的频率域或时域特性来区分。该方法就是根据此特殊性来实现的，具体过程如下：

（1）分段与标点。把语音信号按照时间分成离散的段，每段对应一个或几个语音基元的声学特性，然后根据相应声学特性对每个分段给出相近的语音标号。

（2）建立词序列。根据第一步所得语音标号序列得到一个语音基元网络，从词典得到有效的词序列，也可结合句子的文法与语义同时进行。

该方法起步较早，但由于其模型及语音知识过于复杂，现阶段还没有达到实用的阶段。

2）模板匹配的方法

模型匹配的方法发展比较成熟，目前已达到了实用阶段。在模板匹配方法中，要经过 4 个步骤：特征提取、模板训练、模板分类、判决。常用的技术有 3 种：动态时间规整、隐马尔可夫法、矢量量化技术。

（1）动态时间规整。语音信号的端点检测是语音识别中一个非常重要的步骤,所谓端点检测就是正确地标注出语音信号中的各种段落(如音素、音节、词素)的始点和终点的位置,从语音信号中排除无声段。在早期,进行端点检测的主要依据是能量、振幅与过零率,但效果往往不明显。20 世纪 60 年代 Itakura 提出了动态时间规整(Dynamic Time Warping,DTW)算法,该算法的思想就是把未知量均匀地伸长或缩短,直到与参考模式的长度一致。在这一过程中,未知单词的时间轴要不均匀地扭曲或弯折,以使其特征与模型特征对正。

(2) 隐马尔可夫法。隐马尔可夫法(HMM)是 20 世纪 70 年代引入语音识别理论领域的,它的出现使得自然语音识别系统取得了实质性的突破。HMM 方法现已成为语音识别的主流技术,目前大多数词汇量、连续语音的非特定人语音识别系统都是基于 HMM 模型的。HMM 是对语音信号的时间序列结构建立统计模型,将其看作一个数学上的双重随机过程;一个是用具有有限状态数的 Markov 链的每一个状态相关联的观测序列的随机过程。前者通过后者表现出来,但前者的具体参数是不可测的。人的言语过程实际上就是一个双重随机过程,语音信号本身是一个可观测的时变序列,是由大脑根据语法知识和言语需要(不可观测的状态)而发出的音素的参数流。可见 HMM 合理地模仿了这一过程,很好地描述了语音信号的整体非平稳性和局部平稳性,是较为理想的一种语音模型。

(3) 矢量量化。矢量量化(Vector Quantization,VQ)是一种重要的信号压缩方法。与 HMM 相比,矢量量化主要适用于小词汇量、孤立词的语音识别中。其过程是将语音信号波形的 K 个样点的每一帧,或有 K 个参数的每一参数帧,构成 K 维空间的一个矢量,然后对矢量进行量化。量化时,将 K 维无限空间划分为 M 个区域边界,然后将输入矢量与这些边界进行比较,并被量化为"距离"最小的区域边界的中心矢量值。矢量量化器的设计就是从大量信号样本中训练出好的码书,从实际效果出发寻找到好的失真测度定义公式,设计出最佳的矢量量化系统,用最少的搜索和计算失真的运算量,实现最大可能的平均信噪比。

3) 人工神经网络的方法

利用人工神经网络的方法是 20 世纪 80 年代末期提出的一种新的语音识别方法。人工神经网络(ANN)本质上是一个自适应非线性动力系统,模拟了人类神经活动的原理,具有自适应性、并行性、鲁棒性、容错性和学习特性,其强大的分类能力和输入/输出映射能力在语音识别中都很有吸引力。但由于存在训练、识别时间太长的缺点,目前仍处于实验探索阶段。

3. 语音识别系统的流程[28]

语音识别系统的流程就是将输入的语音,经过处理后,将其与语音模型库进行比较,从而得到识别结果,如图 3 - 20 所示。其中,语音采集设备指话筒、电话等将语音输入的设备;数字化预处理则包括 A/D 变换与过滤、预处理等过程;参数分析是指提取语音特征参数,利用这些参数与模型库中的参数进行匹配,从而产生识别结果的过程;语音识别是最终将识别结果输出到应用程序中的过程;而模型库是提高语音识别率的关键。

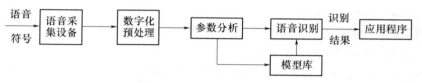

图 3 – 20　语音识别原理

不同的语音识别系统,虽然具体实现细节有所不同,但所采用的基本技术相似,一个典型语音识别系统的实现过程如图 3 – 21 所示。

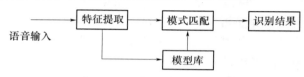

图 3 – 21　语音识别系统的实现过程

完整的基于统计的语音识别系统可大致分为 3 部分。

1）语音信号预处理与特征提取

选择识别单元是语音识别研究的第一步。语音识别单元有单词(句)、音节和音素 3 种,具体选择哪一种,由具体的研究任务决定。

语音识别的一个根本问题是合理地选用特征。特征参数提取的目的是对语音信号进行分析处理,去掉与语音识别无关的冗余信息,获得影响语音识别的重要信息,同时对语音信号进行压缩。在实际应用中,语音信号的压缩率为 10 ~ 100。语音信号包含了大量各种不同的信息,提取哪些信息,用哪种方式提取,需要综合考虑各种方面的因素,如成本、性能、响应时间以及计算量等。非特定人语音识别系统一般侧重提取反映语义的特征参数,尽量去除说话人的个人信息;而特定人语音识别系统则希望在提取反映语义的特征参数的同时,尽量包含说话人的个人信息。

2）声学模型与模式匹配

声学模型通常是将获取的语音特征使用训练算法进行训练后产生。在识别时输入的语音特征同声学模型(模式)进行匹配与比较,得到最佳的识别结果。声学模型是识别系统的底层模型,并且是语音识别系统中最关键的一部分,其目的是提供一种有效的方法计算语音的特征矢量序列和每个发音模板之间的距离。声学模型的设计和语音发声特点密切相关,模型单元大小(字发音模型、半音节模型或音素模型)对语音训练数据量大小、系统识别率,以及灵活性有较大的影响。必须根据不同语言的特点,识别系统词汇量的大小决定识别单元的大小。

3)语言模型与语言处理

语音模型包括由识别语音命令构成的语法网络或由统计方法构成的语言模型,语言处理可以进行语法、语义分析。

语言模型对中、大词汇量的语音识别系统特别重要。当分类发生错误时,可以根据语言学模型、语法结构、语义学进行判断纠正,特别是一些同音字则必须通过上下文结构才能确定词义。语言学理论包括语义结构、语法规则、语言的数学描述模型等有关方面。目前比较成功的语言模型通常是采用语法的语言模型与基于规则语法结构命令语言模型。语法结构可以限定不同词之间的相互连接关系,这样可以减少识别系统的搜索空间,进而有利于提高系统的识别。

4. 语音识别技术的主要应用[27]

语音识别技术应用于需要以语音作为人机交互手段的场合,主要是实现听写命令控制功能。

从技术成熟程度、实际需要以及应用面大小等多方面因素考虑,办公自动化成为优先应用的领域。在办公业务处理中,起草和形成各种书面文件是一个重要内容,但录入是一个很麻烦的事。在有些场合,如移动工作中,人的手和眼都很忙,设备和键盘也变得越来越小,使用语音将使计算机的操作简单方便,而对于不能做键入动作的残疾人以及医学、法律和其他领域的工作人员,他们不能或不便用手将信息输入计算机,这些场合下,使用语音操作计算机就越发显得重要。

电话商业服务是语音识别技术应用的又一个重要领域,基于电话输入的语音信号系统将得到广泛应用。语音技术的推广一直由于缺乏直接和吸引用户的应用而受阻,而计算机和电话的结合以及远程计算平均通话的发展则可能促进语音技术应用的普及。语音拨号电话机、具有语音识别能力的电话订票服务和自动话务转换系统,在国外已经有一定程度的应用。当然对于现代通信来说,最重要的莫过于具有多种语言的口语识别、理解和翻译功能的电话自动翻译系统,唯此才能实现不限地点、不限时间、不限语言的全球性自由通信。

目前,计算机领域多媒体技术发展很快,使多媒体产品具有语音识别能力,将成为商业竞争中优先考虑的问题,现在越来越多的功能处理器与先进的软件已经实现把声音和语音功能集成到计算机系统中,借助于具有命令识别能力的多媒体操作系统和具有语音识别能力的数据库系统,语音可以命令和控制计算机像代理一样为用户处理各种事务,从而极大地提高用户的工作效率。

3.3 IETM 标准对音频媒体的要求

3.3.1 音频的应用场合

在 IETM 中音频是指用声音来支持、提醒或阐明一个程序、故障诊断步骤及活动的一个音轨、音响效果或一段语音解说。所有 3 种音频对象可以被嵌入或者与显示媒体外部链接。

音频一般应用于以下场合：

（1）用自然声音来表明动作的结果；

（2）在执行显示活动时，需要用附加声音信息来增强视频效果；

（3）用户用已经验证的技术文件控制语音解说来增强用户的理解力；

（4）在操作现场或操作程序中对一个动作发出语音警告和声响警报。

3.3.2 音频制作要求

音轨、音效和语音解说的制作应遵循以下的规则与技术：

以下系列的基本规则普遍应用于音轨、音效和语音解说 3 种情况，但也适用于一些特殊的规则。

（1）音轨或音效不得侵犯国际版权和知识产权法，或者尽可能使用免费版权。

（2）用户必须有意识地使音响警告包含在媒体对象中。

（3）单声道或多声道必须以原始状态保存，并保持独立于视频媒体。

（4）主记录应按后续制作管理。

（5）媒体项目必须决定其最终发布的声音是内置还是链接。频繁循环使用的声音小文件推荐为内置处理，例如蜂鸣声或点击声；较大的音轨或简短的声音指令可以采取链接或外置的方式。每种方法都针对不同条件具备各自优势，但是都需要在最终制成和交付之前经过测试。

（6）所有旁白和模拟警告在加载与流转时，必须保持准确用语和自然识别，应避免语音处理过程。

（7）推荐在所有英语解说和适当的技术语言中使用《简明技术英语（ASD - STE 100）》。

（8）语音解说应清晰、准确、语速适中，不得使用俚语，要避免出现严重的方言和不规范的口语。

（9）对于使用背景声音和非语音伴音等非语音声响，应是低强度和连续的，应避免对用户产生干扰。

（10）与视频媒体同步的音频要与嵌入的文本的提示点或被展示的动作自动同步。

（11）应注明并记录音频制作与技术采集装置。

（12）采样频率越高,音质越好,音频数据噪音越低。音频对象应按多媒体范例设备制作。

1. 双声道或立体声的音频采集

录制设备应将所有的记录范围（0dB 至满刻度）尽可能调制到接近工作电平。避免声音过大而限幅和过低而失真。音量峰值表（PPM）可以设置一个特定范围,但是必须反映完全调制记录,即调制至该声音设备的完全工作电平。

（1）音频母带声音必须在一个听觉惰性环境内录制,此环境对解说者声音产生极少或者无听觉上的声染色,并且隔绝外来噪音。

（2）使用适合解说者的麦克来保持声音的纯度。保持这些常数的重要性在于能在以后重新记录时与主盘录音（MR）相匹配。

（3）音频母带处理的最低标准值（起始）与视频标准或音频 CD 盘相一致。在视频制作中,该值必须记录在相应系统（采集）上,其在 16bit（双声道）时采样频率为 48kHz。

（4）CD 音乐光盘数据只能以 44kHz、16bit 的音频编码文件的格式记录。

（5）在同一项目内使用音频和视频时,后期制作时需要特别小心。防止在同一个应用内嵌入不同的采样率,而产生不兼容现象。

（6）要避免采样率的改变,此改变需要经过一个声音抗混叠过程,文件格式的改变会引起细微的失真。

（7）建议所有电子设备链和媒体不得采用整体上超过 0.1 % 的总谐波失真。

2. 音频的后续制作

（1）所有后续音频的编辑或制作过程应在同一个系统上实现,以保持标准的主盘质量定势,来获取和主盘同样品质的音频产品。

（2）对于简短声音指令的音频主盘编辑对象,应按照规则和多媒体实例集来制备。

（3）应保存主盘与出版物模块的存档,并建议根据项目要求对出版物模块的拷贝采用压缩存档。

（4）为简短声音指令而录制的简短音频压缩文件,需要根据规则和多媒体实例集来制备。

（5）为窄频带和宽频带音频资料进行的编辑,适当的编码解码器的最小压缩率必须保持精确的发音和自然声音识别。建议使用免费或开源的编码解码器。

3. 低带宽网络

对于网络上音频文件的最小和最大数据流比特率,推荐以下限制(kB/s = 千字节/秒):

(1)低带宽网络上的点播文件(56~28kB/s);

(2)比特率最大推荐值为 44kB/s;

(3)比特率最小推荐值为 8.5kB/s。

4. 宽带宽网络

对于网络上音频文件的最小数据流比特率,推荐以下限制:

(1)宽带宽网络上的点播文件(512~256kB/s 持续率);

(2)最小编码率推荐值为 64kB/s;

(3)应与项目硬件一起测试出所需的最高限制。

5. 声音对象的控制

应根据每个应用项目的内容与特点,对音频媒体引用导航方式。导航面板设置在 IETM 显示界面的内框内,有关子标题栏、菜单的设置参见本丛书第三分册《装备 IETM 的互操作性与交互性》第 3 章的相关部分。对声音对象的控制至少应有:

(1)与音频媒体相关的主页有音频标准图标,有离开或退出与可选菜单;

(2)音频播放的开始/停止和暂停按钮;

(3)音量控制开关和调节按钮;

(4)如使用语音配合图像与视频播放,最好辅之以文本信息,文字的字体、字号及色彩应符合本书第 2 章的相关要求。

6. 对噪音幅度的要求

(1)以不超过记录的最大(限幅)电平记录(采集)音频幅度。当录制有多人讲话的会议时,要推荐控制设置电平来阻止单个声音的过载峰值对其他声音录制的影响。

(2)在一个主盘内最大系统噪音应 ≤ −65dB,后期制作主盘噪音最小值应 ≤ −60dB,以减少"嘶嘶"声。

(3)降噪系统(杜比系统)编码信息不包含在主盘、标准拷贝或其他媒体中。

(4)至关重要的是,应采取降低"嘶嘶"声音和瞬间噪音(如关门声音)的措施,尽可能平滑此类量化噪音至后期压缩时不发生,避免导致失真。

(5)当不使用隔音室时,用"关闭拾音"技术来保证录音时室内声场最小化也是很重要的,但是运用此技术时所有"风声"必须清除。应控制"关闭邻近低音效果",典型的做法是将麦克风 12dB/高八度音降至 80Hz 或由录音链输入。

（6）采取所有"关闭噪音"措施，使录制地的背景声音最小化，以免需要矫正编辑。

（7）通常，应控制音染，比如，不能有类似"下水道上来的声音"。唇式传声器只允许在高环境条件下和部分制作时使用。

3.3.3　推荐的音频采样频率

IETM 技术标准推荐使用的音频采样频率如表 3 - 7 所列。

表 3 - 7　推荐的音频采样频率

类型	最小采样值	低带宽输出最大值	低带宽输出最小值	宽带宽最小值	最小输出值
控制器	48kHz,16bit	—	—	—	44kHz,16bit
效果	48kHz,16bit	—	16kb/s	64kb/s	96kb/s
声音	48kHz,16bit	44kb/s	8.5kb/s	64kb/s	96kb/s
音轨	48kHz,16bit	—	32kb/s	96kb/s	128kb/s

IETM 技术标准推荐使用的常用音频文件格式类型如表 3 - 8 所列。

表 3 - 8　常用音频文件格式类型

编码方式	文件扩展名
AIFF Fomal sound	AIF、AIFC 和 CDDA
AudiioMIDI	MID、MIDI 和 RMI
Audiio Playlist	PLS
CD Audiio	CDA
MicrosoftRIFF chunk for Waveform Data	WAV
MIDI	KAR 和 SMF
MP3 Fomal sound	M3U、M3URL、MP3 和 SWA
Sun Audio	AU 和 SND
ULAW	ULW
Windows Media Audio	WMA

3.4　IETM 制作中常用的音频处理软件

IETM 中的音频制作在 S1000D 系列标准中没有过多的强调，但是随着信息技术的发展，用户对视听环境的需求不断增加，IETM 中将会越来越多的应用到音频信息,比如插入警告音、语音介绍、视频配音等。除了相应的硬件设备外,还需要专业的录音及处理软件的支持。

3.4.1　Sound Forge 软件

Sound Forge 是 Sonic Foundry 公司开发的一款功能极其强大的专业化数字音频处理软件。它能够非常方便、直观地实现对音频文件(wav 文件)以及视频文件(avi 文件)中的声音部分进行各种处理,满足从最普通用户到最专业的录音师的所有用户的各种要求,所以一直是多媒体开发人员首选的音频处理软件之一。

Sound Forge 是个非常出色的音频编辑软件。它最多同时只可以处理一条立体声音轨(相当于 2 根单声道声轨)。虽然 Sound Forge 可以通过一些使用上的技巧,把几条声轨的内容混合在一起,但是和多轨音频工作站软件不同。多轨音频工作站软件可以保留原有的所有声轨内容,并且将它们混合出一条新的单声道或立体声音轨。但是对于多媒体音频编辑、电台和电视台音频节目处理、录音等,Sound Forge 是合适的,它不需要非常好的硬件系统,大多数功能名称都非常口语化,最重要的是它的可操作性在同类软件里是最出类拔萃的。和其它一些与音乐软件不同,像 Sound Forge 这样的音频编辑软件不仅仅只用于音乐,它更擅长的是多媒体音频编辑。但 Sound Forge 对视频文件的支持,仅仅是用于根据视频文件来编辑音频文件,比如,根据一段视频编辑和处理音频,令得到的音频可以和视频内容同步播放,就像电影配音、视频广告同步配乐等。

Sound Forge 包括全套的音频处理,工具与效果制作等功能。这是整合性的程序用来处理音频的编辑、录制、效果处理以及完成编码。联合 Sound Forge 需要 Windows 兼容的声卡设备进行音频格式的建立、录制和编辑文档。简单而又熟悉的 Windows 界面使音频编辑变得轻而易举,它内置支持视频及 CD 的刻录并且可以保存至一系列的声音及视频的格式,包括 WAV、WMA、RM、AVI 和 MP3 等。除了音效编辑软件有的功能外,它也可以处理大量的音效转换的工作,且具备了与 Real Player G2 结合的功能,能编辑 Real Player G2 的格式文档,当然也可以把其它的音效档也转换成 Real Player G2 使用的格式,能够轻松的完成看似复杂的音效编辑。

Sound Forge7.0 是该数字音频软件的新版本,是自索尼影视娱乐有限公司在 2003 年 5 月收购 Sonic Foundry 所有桌面软件后,发布的第一款专业软件。Sound Forge 7.0 的新特性有以时间为基准自动录制、音频触发录制、VU meters 录制回放、实时频谱分析、White、Pink 及 Brown 噪音阀、directx 插件效果自动化、项目文件的创建、支持 24 帧每秒的 DV 视频文件等。

3.4.2　Cool edit pro 软件

Cool edit pro 是美国 Syntrillium Software Corporation 公司开发的一款功能强大、效果出色的多轨录音和音频处理软件。它可以在普通声卡上同时处理多达64 轨的音频信号,具有极其丰富的音频处理效果,并能进行实时预览和多轨音频的混缩合成,是个人音乐工作室的音频处理首选软件。不少人把 Cool Edit 形容为音频"绘画"程序。它可以用声音来"绘"制:音调、歌曲的一部分、声音、弦乐、颤音、噪音或是调整静音。而且它还提供有多种特效为作品增色:放大、降低噪音、压缩、扩展、回声、失真、延迟等。它可以同时处理多个文件,轻松地在几个文件中进行剪辑、粘贴、合并、重叠声音操作。使用它可以生成的声音有:噪音、低音、静音、电话信号等。该软件还包含有 CD 播放器。其他功能包括:支持可选的插件、崩溃恢复、支持多文件、自动静音检测与删除、自动节拍查找、录制等。另外,它还可以在 AIF、AU、MP3、Raw PCM、SAM、VOC、VOX、WAV 等文件格式之间进行转换,并且能够保存为 RealAudio 格式。Cool edit pro 同时具有极其丰富的音频处理效果,完美支持 Dx 插件。

新的 Cool edit pro 2.0 版还有以下特性:

(1) 128 轨;

(2) 增强的音频编辑能力;

(3) 超过 40 种音频效果器,mastering 和音频分析工具,以及音频降噪、修复工具;

(4) 音乐 CD 烧录;

(5) 实时效果器和 EQ;

(6) 32bit 处理精度;

(7) 支持 24bit/192kHz 以及更高的精度;

(8) loop 编辑、混音;

(9) 支持 SMPTE/MTC Master, 支持 MIDI 回放,支持视频文件的回放和混缩。

3.4.3　Adobe Audition 软件

AdobeAudition 相当于 Cool Edit Pro 2.1,它是 Adobe 公司在 2003 年 5 月从 Syntrillium Software 获得的。Adobe Audition 拥有集成的多音轨和编辑视图、实时特效、环绕支持、分析工具、恢复特性和视频支持等功能,为音乐、视频、音频和声音设计专业人员提供全面集成的音频编辑和混音解决方案。用户可以从允许听到即时的变化和跟踪 EQ 的实时音频特效中获益。它包括了灵活的循环工具和数千个高质量、免除专利使用费(royalty – free)的音乐循环,有助于音乐跟踪和音乐创作。作为 Adobe 数码视频新产品,Adobe Audition 既可以单独购买,也可以在新的 Adobe Video Collection 中获得。

　　Adobe Audition 提供了直觉的、客户化的界面,允许用户删减和调整窗口的大小,创建一个高效率的音频工作范围。一个窗口管理器能够利用跳跃跟踪打开的文件、特效和各种爱好,批处理工具可以高效率处理诸如对多个文件的所有声音进行匹配、把它们转化为标准文件格式之类的日常工作。

　　Adobe Audition 为视频项目提供了高品质的音频,允许用户对能够观看影片重放的 AVI 声音音轨进行编辑、混合和增加特效。广泛支持工业标准音频文件格式,包括 WAV、AIFF、MP3、MP3PRO 和 WMA,还能够利用达 32bit 的位深度来处理文件,采样速度超过 192kHz,从而能够以最高品质的声音输出磁带、CD、DVD 或 DVD 音频。

3.4.4　Samplitude 软件

　　Samplitude 是一种由音频软件业界著名德国公司 MAGIX 出品的 DAW(Digital Audio Workstation)"数字音频工作站"软件,用以实现数字化的音频制作。MAGIX 公司著名的 Samplitude 一直是国内用户范围最广、备受好评的专业级音乐制作软件,它集音频录音、MIDI 制作、缩混、母带处理于一体,功能强大全面。之前的 Samplitude 7 以及 Samplitude 8 就深受国内用户的广泛喜爱。

　　其有多种版本供用户选择,以适应不同任务,从低到高分别包括 Samplitude Pro、Samplitude 及 Samplitude Master。

　　于 2006 年发布的 Samplitude Professional V8 版本在原有强大功能的基础上再次作出突破,增添了更为强大的功能特型。

　　具有无限音轨,无限 Aux Bus,无限 Submix Bus,支持各种格式的音频文件,能够任意切割、剪辑音频,自带有频率均衡、动态效果器、混响效果器、降噪、变调等多种音频效果器,能回放和编辑 MIDI,自带烧录音乐 CD 功能。不同于传统的 Cool edit Pro,因为它采用非破坏的处理方式,对文件的各种处理不会一次性叠加到来源文件上而无法恢复。

　　Samplitude V11 新功能:

　　(1)通道环绕,环绕效果及对象环绕;

　　(2)环绕空间混响模拟器;

　　(3)为 MIDI 控制器设计的 MIDI 套鼓编辑器,多功能编辑器;

　　(4)MAGIX 的模拟模型组件;

　　(5)MAGIX 的 Elastic Audio(弹性音频)技术;

（6）MAGIX 的 Robota Pro 软件虚拟模拟合成器；

（7）针对文件夹、对象、音轨、片段及标记点的项目管理器；

（8）DVD 音频；

（9）支持 ReWire 技术。

第 4 章　图形与图像媒体

图形与图像作为图形化的信息载体,以其形象化的视觉感观特征,善长于清晰地描述一台装备的原理与结构、操作运行与维修过程,发挥了语言文字无法替代的效果,很早就已成为传统纸质出版物的主要媒体形式。随着数字化的图形与图像处理技术的飞速发展,特别是图形图像中热点与导航的链接及彩色的运用,很快与超文本与超媒体结构的 IETM 相结合,成为 IETM 中最基本的信息元素(或称为插图信息对象)而得到广泛的应用。在 IETM 中合理地运用图形与图像媒体,对于增强文字的说明效果、避免冗长的文字描述,提高 IETM 的交互性和信息的表现力与感染力发挥了极其重要的作用。

本章主要介绍图形图像技术基础、IETM 标准对插图媒体的要求,以及在制作 IETM 时常用的图形图像处理软件。

4.1　图形图像技术基础

图形图像作为一种视觉媒体,是人们最易接受的信息媒体,很久以前就已经成为人类信息传输、思想表达的重要方式之一。它的特点是生动形象、直观可见,易于收到立竿见影的效果。计算机中的数字图像按其生成方法可以分为两大类:一类是从现实世界中通过数字化设备获取的图像,它们称为取样图像、点阵图像、位图图像,或简称图像(Image);另一类是计算机合成的图像,它们称为矢量图形,或简称图形(Graphics)[24]。下面将图形图像的一些基本知识做相关介绍。

4.1.1　颜色

图形和图像都是由颜色组成的,而颜色是人的视觉系统对可见光的感知结果。

1. 颜色的三要素

任何一种颜色都可用亮度、色调与饱和度这 3 个物理量来表述,即通常所说的颜色三要素。人眼看到的任意彩色光都是这三要素的综合效果。

106

　　亮度是光作用于人眼时所引起的明亮程度的感觉,它与被观察物体的发光强度有关。由于强度不同,看起来可能亮一些或暗一些。显然,如果彩色光的强度降到人眼看不到,其亮度等级就与黑色对应。同样,如果其强度变得很大,那么亮度等级应与白色对应。对于同一物体,照射的光越强,反射的光也越强,也称为越亮;对于不同的物体,在相同照射情况下,反射越强的物体看起来越亮。此外,亮度感还与人类视觉系统的视敏函数有关,即便强度相同,当不同颜色的光照射同一物体时也会产生不同的亮度。

　　色调是当人眼看一种或多种波长的光时所产生的彩色感觉,它反映颜色的种类,是决定颜色的基本特征,如红色、棕色等都是指色调。某一物体的色调是指该物体在日光照射下所反射的各光谱成分作用于人眼的综合效果,对于透射物体则是透过该物体的光谱综合作用的结果。

　　饱和度是指颜色的纯度,即掺入白光的程度,或者是指颜色的深浅程度。对于同一色调的彩色光,饱和度越高,颜色越鲜明。例如,当红色加进白光之后冲淡为粉红色,其基本色调还是红色,但饱和度降低,即淡色的饱和度比鲜色要低一些。饱和度还和亮度有关,因为若在饱和的彩色光中增加白光的成分,会增加光能,因此变得更亮,但是它的饱和度却有所降低。如果在某色调的彩色光中掺入其他彩色光,则会引起色调的变化,只有掺入白光时才会引起饱和度的变化。通常,把色调的饱和度统称为色度。

　　综上所述,任何彩色都由亮度和色度决定,亮度表示某彩色光的明亮程度,而色度表示颜色的类别与深浅程度。

　　2. 三基色和混色

　　自然界常见的各种彩色光,都可由红(R)、绿(G)、蓝(B)3 种颜色光按不同比例相配而成。同样,绝大多数颜色也可以分解成红、绿、蓝 3 种色光,这就是色度学中最基本的三基色原理。当然三基色的选择不是唯一的,也可以选择其他 3 种颜色为三基色,但是,3 种颜色必须是相互独立的,即任何一种颜色都不能由其他两种颜色混合而成。由于人眼对红、绿、蓝 3 种色光最敏感,因此由这 3 种颜色相配所得的颜色范围也最广,所以一般都选这 3 种颜色作为基色[12]。

　　把 3 种基色光按不同比例相加产生混色光,例如:

　　红色 + 绿色 = 黄色

　　红色 + 蓝色 = 品红

　　绿色 + 蓝色 = 青色

　　红色 + 绿色 + 蓝色 = 白色

通常,称黄色、品红和青色分别是红、绿、蓝三色的补色,如图 4-1 所示。

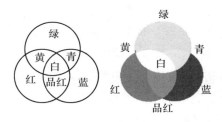

图 4-1　三基色及其补色

4.1.2　图形与图像

一般来说,图形是指由外部轮廓线条构成的矢量图,即由计算机绘制的直线、圆、矩形、曲线、图表等,而图像是由数码相机、扫描仪、摄像机等输入设备捕捉实际的画面产生的数字图像,是由像素点阵构成的位图。

"图"是物体透射光或反射光的分布,"像"是人的视觉系统对图的接收在大脑中形成的印象或认识,"图像"则是两者的结合。数字化图像信息通常有两种形式,一种是位图(也叫点阵图),另一种是矢量图。在通常情况下把位图称为图像,把矢量图称为图形。

1. 位图图像

位图是用矩阵形式表示的一种数字图像,矩阵中的元素称为像素,每一个像素对应图像中的一个点,像素的值对应该点的灰度等级或颜色,所有像素排列成为整幅图像。当把位图图像以文件形式存储时,图像文件保存的是组成位图的各像素点的颜色信息,颜色的种类越多,图像文件越大。通常,位图可以表现得更自然、逼真,更接近于实际观察到的真实场景。但图像文件一般较大,在将其放大、缩小、旋转时,会产生失真现象。

由于位图图像由像素组成,所以图像处理的最小单位就是像素。可对位图图像进行微小的细节处理,以优化或增强图像效果。位图图像的放大与缩小是通过增加或减少像素实现的。当放大位图时,即可看见构建整个图像的无数个小方块,线条和形状变得参差不齐。然而,如果从稍远的位置观看它,位图图像的颜色和形状又显得是连续的。同样,缩小位图尺寸也会使原图变形。由于位图图像是一个像素矩阵,所以局部移动或其他操作都会破坏原图形状。位图图像的处理质量与整个处理环节所采用的分辨率密切相关。

2. 矢量图形

矢量图形由矢量定义的基本图形元素组成,这些图形元素是几何图形,例如点、线、矩形、多边形、圆和弧线等。按照面向对象的思想,可以把矢量图形元素看作图形对象,每个对象都具有自己的属性,例如颜色、形状、轮廓、大小和位置等。每个图形对象都具有相对独立性,可以分别移动或编辑而不会影响其他对象。因此,矢量图形处理的基本单位是图形对象。矢量图形文件存储的是绘制每个图形元素的命令。输出矢量图时,需要相应的软件读取这些命令,并将命令转换为每个图形元素。由于矢量图形是采用数学方式描述的图形,所以通常它生成的图形的输出质量与分辨率无关,在将矢量图放大、缩小和旋转时,也不会像点阵图那样产生失真。因此,矢量图形是文字(尤其是小字)和线条图形(比如徽标)的最佳选择。

3. 图形/图像处理[40]

矢量图形处理是计算机信息处理的一个重要分支,被称为计算机图形学,主要研究二维和三维空间图形的矢量表示、生成、处理、输出等内容。具体来说,就是利用计算机系统对点、线、面等数学模型进行存储修改、处理(包括几何变换、曲线拟合、纹理产生与着色等)和显示等操作,通过几何属性表现物体和场景。矢量图形处理技术广泛应用于计算机辅助设计(CAD)与计算机辅助制造(CAM)、计算机动画、创意设计、可视化科学计算以及地形地貌和自然资源模拟等领域。

图像处理是指对位图图像所进行的数字化处理、压缩、存储与传输等,具体的处理技术包括图像变换、图像增强、图像分割、图像理解、图像识别等。在整个处理过程中,图像以位图方式存储和传输,而且需要通过适当的数据压缩方法来减少数据量,图像输出时再通过解压缩方法还原图像。图像处理技术广泛应用于遥感、军事、工业、农业、航空航天、医学等领域。

尽管矢量图形与位图图像的处理思想与技术各有不同,但在实际应用中,两者并未截然分开,而是相互联系的。将两者结合起来可以创造更完美的视觉效果。

4.1.3　图形/图像文件格式

1. 图像文件格式

一个图像文件由图像说明和图形/图像数据两部分组成。图像说明部分保存用于说明图像的高度、宽度、格式、颜色深度、调色板及压缩方式等信息;图像数据部分是描述图像每一个像素颜色的数据,这些数据存放的方式由文件格式来确定。

对于图像文件来说,由于存储的内容和压缩方式不同,其文件格式也就不同,每一种格式都有其特点与用途。在选择输出的图像文件格式时,应考虑图像的用途以及图像文件格式对图像数据类型的要求。在多媒体计算机系统中,不同的文件格式用特定的文件扩展名来表示,常见的图像文件格式有BMP、GIF、JPG、TIF、PNG 和 PSD 等。下面介绍几种常用的图像文件格式及其特点。

1）BMP 格式

位图 BMP 是 Bit Map 的缩写,是 Windows 操作系统中的标准图像文件格式,能够被多种 Windows 应用程序支持。它采用位映射存储形式,支持 RGB、索引色、灰度和位图颜色模式,不采用其他任何压缩,所以 BMP 文件占用的空间很大。彩色图像存储为 BMP 格式时,每一个像素所占的位数可以是 1bit、4bit、8bit或 24bit,相对应的颜色从黑白一直到真彩色。利用 Windows 的画图程序可以将图像存储成 BMP 格式的图像文件,该格式结构较简单,每个文件只存放一幅图像。BMP 文件存储数据时,图像的扫描方式是按从左到右、从上到下的顺序。典型的 BMP 图像文件由两部分组成:一是位图文件头数据结构,它包含 BMP 图像文件的类型、显示内容等信息;二是位图信息数据结构,它包含有 BMP 图像的宽、高、压缩方法,以及定义颜色等信息。

2）GIF 格式

可交换图形格式(Graphics Interchange Format, GIF)是由 CompuServe 公司研发的一种图像格式。它在存储文件时采用变长 LZW 压缩算法,可以既有效降低文件大小又保持图像的色彩信息。这种文件格式支持 256 色的图像,支持动画与透明,很多应用软件均支持这种格式,所以被广泛应用于网络中。在互联网上,GIF 格式已成为页面图片的标准格式。

3）JPG 格式

JPG 格式文件的后缀名为".jpg"或".jpeg"。JPG 格式是用 JPEG(Joint Photographic Experts Group,联合图象专家组)压缩标准压缩的图像文件格式,压缩时可将人眼很难分辨的图像信息进行删除,是一种高效率的有损压缩。将图像保存为 JPEG 格式时,可以指定图像的品质和压缩级别。由于其压缩比较大,文件较小,所以应用较广。由于 JPEG 格式会损失数据信息,因此在图像编辑过程中需要以其他格式(如 PSD 格式)保存图像,将图像保存为 JPG 格式只能作为制作完成后的最后一步操作。

4）TIFF 格式

标记图像文件格式(Tag Image File Format, TIFF),通常标识为 TIF 类型。它是由 Aldus 和 Microsoft 公司为扫描仪和台式计算机出版软件开发的用来存储黑白、灰度与彩色图像而定义的存储格式,支持 1～8bit、24bit、32bit(CMYK 模式)或 48bit(RGB 模式)等颜色模式,能保存为压缩和非压缩的格式。几乎所有的绘画、图像编辑和页面排版应用程序,都能处理 TIFF 文件格式。

5) PSD 格式

PSD 是 Photoshop Document 的缩写,是 Photoshop 特有的图像文件格式,支持 Photoshop 中所有的图像类型。它可以将所编辑的图像文件中包含的图层、通道与遮罩等信息记录下来,所以在编辑图像的过程中,通常将文件保存为 PSD 格式,以便于重新读取需要的信息。但是,PSD 格式的图像文件很少被其他软件和工具所支持,所以在图像制作完成后,通常需要转换为一些比较通用的图像格式,以便于输出到其他软件中继续编辑。另外,用 PSD 格式保存图像时,图像没有经过压缩,所以当图层较多时,会占很大的硬盘空间。图像制作完成后,除了保存为通用的格式以外,最好再存储一个 PSD 的文件备份,直到确认不需要在 Photoshop 中再次编辑该图像为止。

6) PNG 格式

可移植网络图形格式(Portable Network Graphic,PNG)是为了适应网络传输而设计的一种图像文件格式。PNG 格式一开始就结合 GIF 和 JPG 图像格式的优点,现在大部分绘图软件和浏览器都支持 PNG 图像格式。它采用无损压缩方式,压缩率比较高,有利于网络传输,而且能保留所有与图像品质有关的信息。PNG 格式还支持透明图像制作,可以将图像与网页背景很好地融合在一起。

7) SWF 格式

SWF 是 Shockwave Format 的缩写,这种格式的动画图像能够用比较小的体积来表现丰富的多媒体形式。在图像的传输方面,不必等到文件全部下载才能观看,而是可以边下载边看,因此特别适合网络传输,特别是在传输速率不佳的情况下,也能取得较好的效果。事实也证明了这一点,SWF 如今已被大量应用于 WEB 网页进行多媒体演示与交互性设计。此外,SWF 动画是其于矢量技术制作的,因此不管将画面放大多少倍,画面不会因此而有任何损害。综上,SWF 格式作品以其高清晰度的画质和小巧的体积,受到了越来越多网页设计者的青睐,也越来越成为网页动画和网页图片设计制作的主流,目前已成为网上动画的事实标准。

2. 图形文件格式

与位图图像文件相类似,矢量图形文件也有多种格式,常用的有以下几种:

1) CGM 格式

计算机图形元文件(Computer Graphics Metafile,CGM)是国际标准化委员会(ISO)定义的一种图形格式(International standard ISO/IEC 8632:1999),用来描述、存储和传输与设备无关的矢量(向量)、标量以及两者混合的图像。CGM 标准是由一套标准的与设备无关的定义图形的语法和词法元素组成。它分为 4 部分:第 1 部分是功能描述,包括元素标识符、语义说明以及参数描述;第 2 部分为字符编码;第 3 部分为二进制编码;第 4 部分为明文(Clear text)编码。CGM 标准本身并不提供元文件生成和解释的具体方法,而利用上述 3 种不同的标准数据编码形式来实现元文件的元素功能。CGM 格式是美国 IETM 规范和欧洲 S1000D 国际规范推荐使用矢量图文件格式,其主要功能为:

(1)提供图形存档的数据格式;

(2)提供一种以假脱机方式绘图的图形协议;

(3)为图形设备接口标准化创造条件;

(4)便于检查图形中的错误,保证图形的质量;

(5)提供了把不同图形系统所产生的图形集成到一起的一种手段。

CGM 标准定义的存储和检索图形描述信息文件格式由一个元素集组成。在 CGM 标准中,一共有 8 类约 90 个元素,这 8 类元素及其在元文件格式中的主要作用是:

(1)分界,用于识别一个元文件及其图形画面的表示。包括 BEGIN META-FILE(元文件开始)、END METAFILE(元文件结束)、BEGIN PICTURE(画面开始)、END PICTURE(画面结束)以及 BEGIN PICTURE BODY(画面体开始)。

(2)元文件描述,描述和解释指定元文件的实际能力。如元文件的版本及其描述、VDC(虚拟设备坐标系)类型、数的精度、颜色精度、索引精度和最大颜色索引、元文件提供的元素表、字体表和字符集表等。

(3)画面描述,阐述了与该画面有关的元素的参数方式。如比例、颜色选择、线宽和边宽描述、记号大小描述方式以及背景色等。

(4)控制,用于画面的控制。包括 VDC 的整数、浮点数精度、辅助颜色、透明性、剪取框以及剪取指示器等。

(5)图原,CGM 标准将图原分为 Line、Marker、Text、Filled、Area、Cell Array 与 GDP 等 6 类,每一类又细分为若干基本图原。

(6)属性,CGM 标准图原的属性可以成束指定或单独指定。

(7)逸出,描述 CGM 标准中与设备相关或与系统实现相关的信息。

(8)外部,除了消息功能外,CGM 标准有一个应用数据(APPLICATION DA-TA)元素,用于用户所需要的任何非图形目标的信息通信。

2)WMF 格式

视窗元文件 WMF 是 Windows MetaFile 的缩写,这种格式是微软公司开发的矢量文件格式,被 Windows 平台和若干基于 Windows 的图形应用程序所支持,支持 24 位颜色,广泛用于保存图形文件和在基于 Windows 的应用程序间进行矢量图和位图数据交换。Microsoft Office 中的剪贴画使用的就是这种格式。

3）DXF 格式

绘图互换文件格式 DXF 是 Drawing Interchange Format 的缩写,由 Autodesk 公司开发,是 AutoCAD 的本地矢量文件格式,支持 256 色,可以保存三维对象,不能被压缩,为许多其他计算机辅助设计软件和某些绘图软件所支持。

4）HPGL 格式

惠普图形语言 HPGL 是 Hewlett Packard Graphics Language 的缩写,由 HP 公司开发的一种矢量文件格式,主要用于绘图仪、打印机。该文件格式通用、易用、与纸张大小无关,是一种低级格式,为 PC 和 Macintosh 平台及许多插图应用程序所支持。

5）EPS 格式

EPS 是 Encapsulated PostScript 的缩写,该文件格式是由 Adobe 公司开发的矢量文件格式,为 DOS、Windows、Macintosh、UNIX 和其他平台所支持,用于插图和桌面印刷应用程序以及作为位图与矢量数据的交换。在 Photoshop 中打开其他应用程序创建的包含矢量图形的 EPS 文件时,Photoshop 会对此文件进行栅格化,将矢量图形转换为位图图像。EPS 格式支持 Lab、CMYK、RGB、索引颜色、灰度与位图颜色模式,不支持 Alpha 通道,但该格式支持剪切路径。

6）SVG 格式

SVG 可以算是目前最火热的图像文件格式了,它的英文全称为 Scalable Vector Graphics,意思为可缩放的矢量图形。它是基于 XML（Extensible Markup Language）,由 World Wide Web Consortium（W3C）联盟进行开发的。严格来说应该是一种开放标准的矢量图形语言,可让你设计激动人心的、高分辨率的 Web 图形页面。用户可以直接用代码来描绘图像,可以用任何文字处理工具打开 SVG 图像,通过改变部分代码来使图像具有互交功能,并可以随时插入到 HTML 中通过浏览器来观看。

4.1.4　图像基本属性

1. 分辨率

分辨率用于衡量图像细节的表现能力。在图形图像处理中,经常涉及的分辨率概念有以下几种。

1）图像分辨率

图像分辨率（Image Resolution）指单位图像线性尺寸中所包含的像素数目,通常以像素/英寸（pixel per inch, ppi）为计量单位。打印尺寸相同的两幅图像时,高分辨率的图像比低分辨率的图像所包含的像素多。例如,打印尺寸为

$1 \times 1 \text{in}^2$ 的图像,如果图像分辨率为 72ppi,则所包含的像素数目为 $72 \times 72 = 5184$。如果分辨率为 300ppi,则图像中包含的像素数目则为 90000。高分辨率的图像在单位区域内使用更多的像素表示,打印时它们能够比低分辨率的图像显示出更详细和更精细的颜色变化。如果制作的图像用于计算机屏幕显示,则图像分辨率只需满足典型的显示器分辨率(72ppi 或 96ppi)即可。如果图像用于打印输出,则必须使用较高的分辨率(150ppi 或 300ppi),低分辨率的图像打印输出时会出现明显的颗粒和锯齿边缘。需要注意的是,如果原始图像的分辨率较低,由于图像中包含的原始像素的数目不能改变,因此简单地提高图像分辨率不会提高图像品质。

2)显示分辨率

显示分辨率(Display Resolution)是指显示器上单位长度显示的像素或点的数目,通常以点/英寸(dot per inch, dpi)为计量单位。显示器分辨率决定于显示器尺寸及其像素设置。PC 显示器典型的分辨率为 96dpi。在操作过程中,图像像素被转换成显示器像素或点,这样,当图像的分辨率高于显示器的分辨率时,图像在屏幕上显示的尺寸比实际的打印尺寸要大。例如,在 96dpi 的显示器上显示 $1 \times 1 \text{in}^2$、192dpi 的图像时,屏幕上将以 $2 \times 2 \text{in}^2$ 的区域显示。

通常,人们把显示分辨率理解为屏幕纵向、横向像素的乘积,例如 800×600 代表横向 800 像素,纵向 600 像素。事实上,这样理解的分辨率与所用的显示模式有关。显示模式不同,屏幕纵、横向的像素点个数也就不同,单位长度像素点的数目也就不同。同一图像在不同显示分辨率下的显示尺寸各不相同,显示尺寸随分辨率的增大而变小。

3)打印分辨率

打印分辨率是指打印机每英寸产生的油墨点数,单位是 dpi,表示每平方英寸印刷的网点数。大多数激光打印机的输出分辨率为 600 dpi,高档的激光照排机在 1200 dpi 以上。需要说明的是,印刷行业计算的网点大小(Dot)和计算机屏幕上显示的像素(Pixel)是不同的。

4)扫描分辨率

扫描分辨率是指每英寸扫描所得到的点,单位也是 dpi。它表示一台扫描仪输入图像的细微程度,表示被扫描的图像转化为数字化图像越逼真,扫描仪质量也越好。

2. 颜色深度

位图图像中各像素的颜色信息是用二进制数据描述的。二进制的位数就是位图图像的颜色深度。颜色深度决定了图像中可以呈现的颜色的最大数目。目前颜色深度有 1、4、8、16、24 与 32 几种。例如,颜色深度为 1 时,表示点阵图像中各像素的颜色只有 1 个二进制位,表示两种颜色(黑色与白色);颜色深度为 8 时,表示点阵图像中各像素的颜色只有 1 个字节(8bit),可以表示 256 种颜色;颜色深度为 24 时,表示点阵图像中各像素的颜色只有 3 个字节(24bit),可以表示 16777216 种颜色;颜色深度为 32 时,则用 3 个字节分别表示 R、G、B 颜色,而用另一个字节来表示图像的其他属性(如透明度等)。当图像的颜色深度达到或超过 24 时,则称这种颜色为真彩色。

3. 图像尺寸

图像尺寸分为像素尺寸和输出尺寸两种。图像的像素尺寸是指数字化图像像素的多少,用横向与纵向像素的乘积来表示。需要注意的是,不要把图像像素尺寸与图像分辨率相混淆,描述一副图像时,这两个参数都要用到。例如,有一副图像的分辨率为 72ppi,而图像的像素尺寸为 289×246。图像的输出尺寸则是指在给定的输出分辨率下所输出图像的大小。当输出分辨率为 72ppi 时,图像的输出尺寸为 $10.2 \times 8.68 \text{cm}^2$,即图像输出尺寸的大小与输出分辨率有直接的关系。

4. 图像的数据量

图像的存储、传输、显示等操作都与图像数据大小有关,且数据大小与分辨率、颜色深度有关。设图像垂直方向的像素为 H 位,水平像素为 W 位,颜色深度为 C 位,则一副图像所拥有的数据量大小 B 为:$B = H \times W \times C/8$ 字节(B)。例如一副未被压缩的位图图像,如果其水平方向有 320 像素,垂直方向有 240 像素,颜色深度为 16 位,则该幅图像的数据量为:$320 \times 240 \times 16/8$ B =150KB。

4.2　IETM 标准对插图对象的要求

插图是技术出版物中用来辅助或加强文字表达信息的一种图形化的媒体形式。它在 IETM 中作为公共源数据库的重要信息对象得到了广泛应用。本节以欧洲 S1000D 国际规范为主,结合我国的 GB/T 24463 与 GJB 6600 标准,介绍 IETM 标准对插图对象的制作与使用要求。

4.2.1　IETM 插图应用导则

1. 插图的概念

插图是将图形、图像与图表制成一幅幅可嵌入技术出版物的图片的统称,它是技术出版物中传递信息的一种最基本、最常用的媒体形式。插图在 IETM 公共源数据库中作为生成 IETM 的一个重要信息对象,主要用于表达系统与部件的结构、分解与组装步骤、使用与维修的操作程序以及执行任务的过程。在面向页面的纸质出版物中,插图是一种静态的图片;在交互显示的 IETM 浏览器上,静态的插图可通过设置导航与热点链接以及对图形的缩放、拖动、旋转等进行交互控制。在 IETM 中插图的作用是以其图形化的优势,辅助或增强文字表达信息的效果,避免冗长的文字解释,更加清晰、更形象地表达文本叙述的内容,起到了文字描述无可替代的作用。

2. 插图类型

根据装备特点和依据我国相关标准,装备常用的图形类型有:装备总图、装备系统与分系统图、整机与部件分解图、原理图、电路图、安装图、外形图、机械传动图等[10]。

1)S1000D 对插图类型的划分

根据图形的使用特征,S1000D 将 IETM 中常用的插图划分为以下类型:

(1)轴测图。这种三维图形是显示细节、装备分解与安装信息的最佳选择,图形视角应采用典型的 LTH(左上前)方向,即三维模型的等轴测投影(30°/30°,35°椭圆),如图 4 - 2、附图 B - 1、附图 B - 2 所示。

(2)分解图。这种分解图主要应用于图解零部件目录(IPD)中,插图必须按正确的分解顺序显示。必要时,也可以使用不同的轴线方向来显示装备细节。

(3)三维投影图。这种三维投影图作为备用,也可以用来展示装备信息。

(4)透视图。通常,透视图只用于不规则的大型部件,如飞机机身、机翼剖面与尾翼组件等;透视图也可用于位置图。对于技术出版物,透视图应标明结构视点的方向。

(5)正投影图。每次应用这种二维插图表示法应充分地说明使用目的。

(6)图表/原理图。这类展示方法用于说明系统的操作或电路的工作原理。

(7)曲线图。这类展示方法用于说明不同参数之间的关系。

2)按图形的生成原理对插图类型的划分

在 IETM 中使用的插图,按图形生成原理可划分为以下两种格式类型:

(1)光栅图。光栅图也称为位图、点阵图、像素图,它以像素点为最小单位构成的图形。每个像素有自己深浅不同的颜色构成黑白或彩色的图形。一般用摄影、摄像或扫描的方法获得光栅图。光栅图的优点是色彩丰富,可以逼真地展现自然景观。因此,IETM 中常用于展示真实的设备与场景。在 IETM 中使用光栅图的主要文件格式有 TIFF、GIF、JPEG、PNG 等。光栅图缺点是需要的存储空间较大。

(2)矢量图。矢量图也称向量图,矢量图使用直线与曲线来描述图形,它以一些点、线、矩形、多边形、圆与弧等为图形基本元素。这些基本元素可以通过数

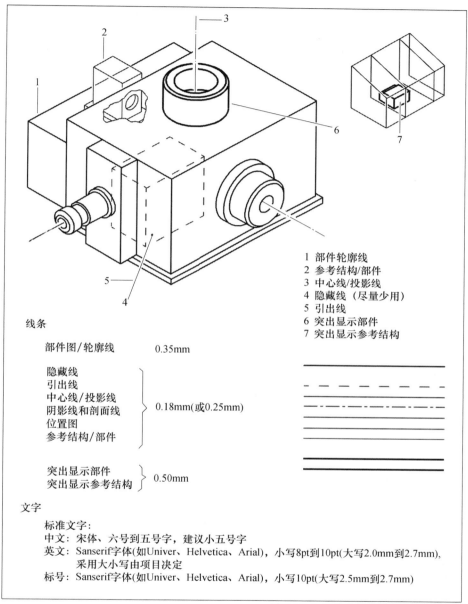

1 部件轮廓线
2 参考结构/部件
3 中心线/投影线
4 隐藏线（尽量少用）
5 引出线
6 突出显示部件
7 突出显示参考结构

线条

部件图/轮廓线   0.35mm

隐藏线
引出线
中心线/投影线
阴影线和剖面线   0.18mm(或0.25mm)
位置图
参考结构/部件

突出显示部件
突出显示参考结构   0.50mm

文字

标准文字：
中文：宋体、六号到五号字，建议小五号字
英文：Sanserif字体(如Univer、Helvetica、Arial)，小写8pt到10pt(大写2.0mm到2.7mm),
采用大小写由项目决定
标号：Sanserif字体(如Univer、Helvetica、Arial)，小写10pt(大写2.5mm到2.7mm)

ICN-AE-A-030902-G-S3627-00003-A-11-1

图 4 - 2   黑白插图—通用规则—3 倍线宽

学公式计算与计算机绘图很方便地获得,而且图形的线段、边框及封闭框内都可以着色。矢量图的优点是图形可以无极缩放、旋转或变形,而且任意缩放不变色、不模糊、不影响清晰度与不产生锯齿效果,而且其存储空间较小;主要缺点是难以表现色彩层次丰富的逼真图像效果。因此,矢量图主要被广泛应用于产品的 CAD、CAM 设计图纸,IETM 中可以利用 CAD、CAM 工程图转换或计算机绘制成装备原理图、结构图与示意图,如各种零部件的轴测图、图解零部件目录(IPD)的分解图以及透视图、投影图等。在 IETM 中使用矢量图的主要文件格式为 CGM、DXF、DWG、EPS、FLA 等。

3. 插图的基本要求

(1)所有制作 IETM 插图的原始资料包括文件、图纸等,必须符合装备技术状态、正确无误,并经过严格的验证与审核。

(2)在项目文档开始制作之前,应当确定哪些文档可以打印输出。

(3)对于制作的 IETM,应明确是否为所有 IETM 用户提供彩色显示与彩色打印的电子出版物功能。

(4)如果要求使用黑白打印机输出彩色插图时,印刷介质应具备处理文件内容的功能。

(5)插图应尽可能地放置于文本最相近的位置。

(6)插图的制作应遵循相关的标准,如 IPD 中插图的制作应当符合如 S2000M 规定的有关初始供应过程的要求。

(7)IPD 中的插图应当按拆卸顺序清晰地描绘出详细零部件分解图。如果一张插图不足以展现一个装配部件,可以使用数页插图。

(8)对于 IETM 数据模块与出版物的可打印文档部分的制作要求,应当在 IETM 研制要求的业务规则部分作出明确的规定。

4.2.2　插图的基本规则

1. 插图的创作原则

插图应以简单、清晰与经济的方法向用户传递执行预期工作任务所需的技术信息,并使这些信息更加形象、生动与增进用户的理解。制作插图时,插图应与数据模块中的文本及其他信息一起准备,以便使最终用户能获得有关描述系统、部件、操作与任务执行等方面的最大信息。为此,插图的绘制者和出版物编创者在创作插图时,应遵循以下原则:

(1)插图给出的信息应能向终端用户的输出媒体(IETM 或纸质出版物)提供最大的信息量。

(2)制备插图应能为用户展现最佳的视图与比例。

(3)图解零部件应对用户是清晰可辨认的,并附加适当的注释。为更加清晰,应使用位置图(见 4.2.3 节部分)和方向指示符。

（4）如插图中使用位置箭头、引出线、注释等,应清晰地显示并能从周围的细节中辨识出来。

（5）为清晰和完整地表现信息,插图的可重用性与一致性是十分重要。对相似设备,使用"典型的"和"自然的"视图是制作好插图的重要元素。

（6）插图只需清晰地显示用户所需的细节部分。对于不必要描述的细节,如阴影区域、在透视图中使用虚线描述的不可见的零部件的细节,均可忽略。图 4-1、附图 B-1、附图 B-2、附图 B-3、附图 A-1 与附图 A-2 给出制作清晰插图的通用规则。对于过于详细的细节,如螺钉上的螺纹或螺钉头的样式,均可忽略。通常限制使用艺术效果、阴影效果或其他不必要的修饰。虽限用艺术润色,但为零部件更符合真实质感,需要进行必要的渲染。

（7）应判断插图详细程度,要按照用户可处理的信息量进行控制与简化。对于过于详细的图形资料,如三维计算机辅助设计(CAD)数据,数字模或二维绘图,可能因过于复杂而须简化后使用。

（8）制作插图时,要构造总的布局,并依据插图导航与构型的要求构建插图的逻辑与顺序。

（9）制作的图形应尽可能逼真,视觉尺寸应当合理。每当图形的比例不能清晰地显示细微的细节部位时,这些细节部位应当放大。

（10）生产设计中使用的平面视图,要能正确地标识拆卸顺序和详细零件,这种描述法也可应用于插图中,如软管装配图、操纵连杆图、夹具图、线路板图或地面设备图,参见附图 A-3、附图 A-4、附图 A-5、附图 A-6 与附图 A-7。

（11）插图复制区的布局不要过于拥挤。

（12）如果在同一组件中使用若干完全相同的零件,如果能明确地配置它们各自的位置与方位,那么只需要对其中的一个进行图解。

（13）如果接线图或系统图与其他图表的符号能为详细的零件图提供恰当的标识,那么它们所使用的符号也可以用于插图。参见 4.2.4 节部分有关黑色与白色使用的示例。

（14）如果使用的图表来源于工程图样,项目应确定在插图的复制区域内,是否应包含原始图号和版本修订状态。

（15）图形的显现应符合输出媒介的要求,如纸介质、CRT、PDA 等。

（16）对插图的最终的要求应在项目的业务规则中予以明确。

2. IETM 插图显示模式的规则

（1）从根本上,要求页面的布局固定不变且可打印输入,只要求图解零部件按需要的尺寸在屏幕上显示。同时还必须考虑数据模块页面及插图本身的打印需求。

（2）对象的命名,应用简单方便的方法引用一个插图中具有相同名称的多个部件的名字来命名。例如,图形对象可命名为适用于具有相同名称某些结构的名称。这种命名方法,对于那些需要设置开启与关闭的热点名称也同样适用。在命名时,应当对命名方案与图形进行很好的协调。

（3）有关的图形对象标识符、名字及在 IETM 中引用坐标的信息应当形成文档,并以这种方式与所定义的热点相沟通。

（4）插图应当使用颜色清晰地显示重要信息的优先级。

（5）插图可使用图片的所有显示形式,如彩色照片、三维模型位图,以及按照 S1000D 规范的数据格式给出传统的电子数据。

3. 插图的尺寸、线宽及字体与字号的要求

1）插图的尺寸与方向

S1000D 规定,在数据模块中使用插图的尺寸可以是整页、可调高度页、折页。最终的插图显示区域如表 4 – 1 所列。

表 4 – 1　插图显示区域

纸型	A4 与 US A 出版物	A5 出版物	US5in×8in 出版物
整页	170mm ×222mm①	117mm ×155mm	105mm× 137mm
可调高度页	170mm ×（45~210mm）②	117mm ×（30~175mm）	105×（25~137mm）
折页	360mm ×222mm	254mm ×157mm	222mm ×137mm

注:① 主要用于图解零部件数据的插图应常用整页 A4 纸,如 170mm ×222mm;
　　② 使用高度为 210mm 时,允许在页面的顶部添加标题

在文本中当作标志符使用的插图,插图的显示区域就是标志符的尺寸。

首选的插图复制区域的尺寸由表 4 – 1 规定,表中所定义的尺寸可作为制作 IETM 插图的指南。然而,IETM 插图的最终大小与方向应依据不同的工程项目的需求进行设计与发布,因此,工程项目或项目的组织必须考虑到 IETM 打印插图的要求。

2）线宽与文本样式

（1）线宽。在插图中表示的线宽、字型、字号、符号和常用的标准,规定为按其在纸质出版物中1∶1的比例进行显示。表 4 – 2 为线宽及其主要用途的汇总表。

黑白插图中的线宽、字型和字号应按图 4 – 1 所展示的规则制备。彩色插图中的线宽、字型和字号应按附图 B – 1 与附图 B – 2 所展示的规则进行制备。

说明:图 4 – 1、附图 B – 1、附图 B – 2 中的虚线边框给出了插图的显示区

域,并可用来检查比例。

两线之间的距离至少等于这些线宽度的总和。对于最终交付的 IETM 是否使用色彩,应在 IETM 研制要求的业务规则中规定。

表 4 - 2　线宽的使用与宽度

线宽的使用	彩色插图 2 线宽	彩色插图 3 线宽	黑白插图 3 线宽
	参见图 4 - 1	参见附图 B - 1	参见附图 B - 2
隐藏线、引导线和中心线、投影线、阴影线、剖面线、位置图、引用结构与产品	0.18mm（或 0.25mm）	0.18mm（或 0.25mm）	0.18mm（或 0.25mm）
产品插图	0.18mm	0.35mm	0.35mm
高亮显示的产品和高亮引用的结构	0.50mm	0.50mm	0.50mm

（2）文本样式。插图中的文本注释字体应是无衬线(Sanserif)型的字体,如中文采用正常的宋体、仿宋、黑体、楷体;英文采用 Univer、Helvetica、Arial 字体。中文字号一般可用小五号或五号;英文可从 8 磅至 10 磅(大写为 2.0 ~ 2.7mm),采用大小写由项目决定。有关 S1000D 要求部件编号字体应使用无衬线型的字体(如英文 Univer、Helvetica、Arial)。字号是 10 磅(大写为 2.5 ~ 2.7mm)。见附图 A - 1 与附图 B - 3。

有关字体、字号的选择,文本高亮显示(突出显示)的应用和英文使用大写字母的基本规则与要求,见本书第 2 章的相关部分。

说明:接线图或在图表应用中按规定设置文本样式的类似情况例外。

4. 标识符的使用要求

通常,标识符的书写规则应遵从国际单位制(SI units)和国际标准组织(ISO)的标准。另外,工程项目也可以根据需要指定附加的标准。

插图和照片中的通用标识符(如箭头和方向指示符)应按照附图 A - 1 与附图 B - 3 中给出的样例进行设置。应用影线、实体、光栅与图案的填充如附图 A - 2所示。见 4.2.4 节相关部分描述。

5. 光晕的使用要求

为了使插图更加清晰可读,例如需要用引导线指示路径去强调某一部件,此时可能会因引导线与其他线状几何图和照片相交重叠而影响显示效果。为此通过使用光晕(halo)来获得良好的显示效果,具体做法为:

（1）在引导线、隐藏线、中心线与投影线以及引用结构线与与产品线的每一侧都使用光晕；

（2）在尺寸箭头、括弧、方向箭头、乘数等围绕都使用光晕。

光晕位于通用标识符每侧约 1mm 处，加光晕后通用标符如附图 B - 3 所示。

6. 插图的分辨率要求

根据 CALS 的标准 MIL - PRF - 28002 对光栅图数据交换的需要，插图首选的分辨率为 300 点/in。

7. 填充样式的使用要求

在 IETM 的插图中，使用影线、实体、光栅及图案等填充样式主要是为了显示高亮区域、显示流程以及标识不同材料。影线充填类型是指用细的影线标示出图形中所充填的区域；实体充填类型是指允许使用颜色值标示出图形中所填充的区域；光栅充填类型是指允许使用预设的光栅图标示出图形中填充区域；图案填充类型是指允许平铺设计的位图来展现图形中所充填的区域。使用颜色充填，主要是考虑输出色彩的需求。

下面给出使用影线、实体、光栅及图案等填充样式有关建议：

（1）目前 S1000D 国际规范已经发布并推荐使用的 CGM 图影线的填充样式设置如表 4 - 3 所列，其相应的示例如附图 A - 2 所示。表 4 - 3 与附图 A - 2 是按照 CGM 标准第三版"影线样式定义"中规定的影线样式给出的，同时考虑到在图形中应用的方便，还给出与定义的影线样式相对应的索引号。索引号负值是为了避免与已标准化的或已注册的值相冲突。表 4 - 3 中给出了以 0.0254mm 为一个单位的影线样式定义设置。

（2）实体填充类型中充填使用的颜色值可按插图彩色使用规则设定。

（3）光栅填充类型中充填的预定光栅图可自行定义。

（4）目前，S1000D 国际规范还没有规定标准的图案索引号。

表 4 - 3　影线样式设置

影线索引号	样式指示器	影线方向	占空比长度	影线号	间隙宽度	线型
- 1	平行	45°	28 单位	1	4	1
- 2	平行	135°	28 单位	1	4	1
- 3	交叉	45°, 135°	28 单位	1	4	1, 1
- 4	平行	45°	49 单位	1	7	1
- 5	平行	135°	49 单位	1	7	1
- 6	交叉	45°, 135°	49 单位	1	7	1, 1
- 7	平行	45°	70 单位	2	3, 7	1
- 8	平行	135°	70 单位	2	3, 7	1

（续）

影线索引号	样式指示器	影线方向	占空比长度	影线号	间隙宽度	线型
-9	平行	45°	70 单位	1	10	1
-10	平行	135°	70 单位	1	10	1
-11	交叉	45°，135°	70 单位	1	10	1，1
-12	平行	45°	98 单位	2	4，10	1
-13	平行	135°	98 单位	2	4，10	1

8. 插图信息控制码（ICN）的使用规定

（1）每个插图应分配一个信息控制码（ICN）。如果规定要显示在插图的复制区，如图 4－1、附图 B－1 和附图 B－2 所示，ICN 应位于插图内的右下角。

（2）为避免冗余，要有一个插图说明表在不同的上下文中引用。这样一个插图说明表中不同的图具有不同的标题。

（3）ICN 插图说明表给出了包括图形更新状态的地址，该地址独立于使用图形的数据模块或出版物的状态。

（4）ICN 应按标准规定的方法编码，有关 ICN 的详细分解及编码方法参见本书第 1 章 1.3 节。ICN 的示例如附图 A－3 所示。

9. 引用插图与结构的使用要求

对于不是为图解装配的零件，而是为了显示零件装配关系的结构与装配的插图引用（使用虚位表示法），在没有产品编号与引导线时应采用引用结构的线宽或规定色彩。只要有可能，不必逐项引用插图。示例参见图 4－1、附图 B－1、附图 B－2、附图 A－4 和 4.2.4 节相关部分。

10. 插图的编号和引导线使用规则

1）产品（项目）编号的使用规则

插图编号可写为注释（直接注释）和产品编号（非直接注释）。如果使用产品编号，应按照插图复制区内或相关文本内的图例进行解释。首选的是非直接注释法，特别是数据模块或技术出版物必须翻译的情况。参见 4.2.3 节与 4.2.4 节相关部分。

产品（项目）编号的一般规则为：

（1）每个产品编号使用一个单独的图形文本元素（在敏感区域）。此准则同样适用于制成表格的项目或多个索引表的项目（参见附图 A－4 或附图 A－7）；

（2）镜像项目使用 3 个单独的图形文本元素，第一个为前括号、第二个为产品编号、第三个为后括号（参见本节的导航与构型部分）；

（3）使用大写字母标示不同产品，详见节的导航与构型部分。

如需要量化一个产品编号(如紧固件),使用小写字母加乘号"×",参见本节的导航与构型部分。对于乘数的使用规则为:

(1)将乘号与适当的数放置于每个单独产品编号的右边;

(2)在产品编号与乘号之间留出一个空格(如"1 ×3");

(3)在插图中使用两个单独的图形文本单位(在敏感区域);

(4)如果一个产品是交叉引用的或显示不止一次,不管产品编号相同或不同,都不使用乘号。

乘号表示方法的示例可参见本节导航与构型部分。插图编号的文本样式可见本节线宽与文本样式的规定和图 4 - 1、附图 B - 1 或附图 B - 2。

2)引导线的使用规则

引导线的使用规则为:

(1)引导线应尽可能的短;

(2)引导线应终止于产品图之前;

(3)当进入一个零件内时使用一个圆点终止;

(4)只有在特殊情况下使用箭头以提升清晰度(如在图形中);

(5)当与其他几何图形相交叠时,用带光晕的引导线清晰地标明到某个部件的路径。

11. 在图解零部件目录(IPD)插图中产品编号与引导线的使用规则

除了上述的一般规则外,对于 IPD 插图的注释,使用以下规则:

在插图中显示编号的位置必须与产品文本中指示的下一个更高层次的组件数一致。这种要求可由下面的方法达到:

(1)通过图解和分别引用一个零件项的不同位置。参见附图 A - 8 中的零件 26;

(2)通过引导线的编号(多条引导线指向同一个零件项的编号情况),参见附图 A - 8 中的零件 28;

(3)如果一个详细的插图应用于多个位置时,可使用同一关键字母进行编号,参见本节 4. 2. 3 相关部分和附图 A - 8 中产品 A;

(4)通过使用零件编号后的乘号"×"紧接为适当的数量。这种过程只适用于不能同时显示所有的位置(如附图 A - 8 中零件 4),或出于实用或经济的原因需要省略一些引导线的情况(如安装位置很清楚但使用附加信息过多、重复的零件号、详细的插图等会使插图很难阅读),参阅本节有关插图的导航与构型部分。

(5)如果 IETM 的 IPD 信息集规定需要热点时,使用元素 < hotspot > 为插图与 IPD 数据之间提供链接(关于热点的设置问题,参见本丛书第四分册《基于公共源数据库的装备 IETM 技术》第 4 章的相关部分)。

12. 中心线与投影线的使用规则

中心线与投影线是用于在插图中如何表示具体零件与组件的匹配关系。其使用规则为:

(1) 投影线应选定的路线至少通过一个孔,或者到具体零件与组件的一个突出引用点;

(2) 在与其他几何图形相交叠时,中心线与投影线必须使用光晕;

(3) 中心线是用点划线表示通过一个零件与组件的中心;

(4) 如果可能的话,投影线和中心线不能弯曲而可 90°拐角。

4.2.3　插图的导航与构型

IETM 中的插图通过导航标记进行链接可以增强 IETM 的交互性。下面介绍 S1000D 国际规范有关插图导航标记的制作与使用的规则及有关插图构型的指南。插图的导航和构型的设计必须与上述的插图规则的使用相互配合,才能达到良好的使用效果。

1. 导航规则

1) 热点(区)的使用

热点是指在技术出版物的插图中设置一些敏感区域,为使用导航创建必要的链接。这些区域可通过下面的超链接激活:

(1) 将数据模块中的文本到插图中的某个区域;

(2) 将数据模块中的文本到插图中的某几个区域;

(3) 将插图中的某个区域到数据模块中的文本;

(4) 将插图中的某个区域到该插图中的另外一个区域;

(5) 将插图中的某个区域到另一幅插图中的某个区域;

(6) 将插图中的某个区域到另一个数据模块;

(7) 将插图中的某个区域到零部件信息。

敏感区域可由下面的内容表示:

(1) 插图编号(可包括引导线);

(2) 逐项列出的图形元素及其界面的元素;

(3) 包括引导线的插图编号和逐项列出的图形(或图形界面)的元素。

通过触摸鼠标高亮显示敏感区域是一种阅读器的约束行为。敏感区域及其展示实例如表 4 - 4 所列。

表 4 - 4　敏感区域及其展示示例

敏感区域	展示	类型	例子
21×2	21×2	多倍数	本节 4.2.2 部分的插图
87R	87R	引用指示器	附图 A - 16
13 14 15	13 14 15	产品编号	本节 4.2.2 部分的插图
13216VE	1 3216VE	产品编号 + 引用指示器	附图 A - 17
（7）	（7）	用于镜像项目的产品编号	附图 A - 9

一个热点可以通过开启或关闭变换敏感区域的可见度。一般热点是可见的,除非元素 < hotspot > 的属性 visibility 重置为默认值。

要在数据模块的文本与插图之间或插图与插图之间建立链接,必须要有交叉引用标识符。插图内热点的标识符链接所需的目标地址。

如果插图文件采用 CGM 格式,则敏感区可以由使用 WebCGM 应用结构（APS）的属性 region 来定义;图形中目标显示区域可由 WebCGM APS 的属性 viewcontext 来定义。

对于生成 CGM 图的热点并控制插图的动态特性,参见 S1000D 第 7.3.2 节。有关插图热点应用的实施方法,参见本丛书第四分册《基于公共源数据库的装备 IETM 技术》第 4 章 4.1.2 部分。

图形上的热点链接,通常有以下 4 种模式:

（1）热点的永久指示;

（2）光标悬停于热点时,光标形状或颜色改变;

（3）光标悬停于热点时,对象改变形状或颜色;

（4）光标悬停于热点时,弹出提示框。

2）图形化访问

通过插图与热点到相关数据模块的链接可以实现 IETM 中信息的图形化访问。这种方法对于只熟悉一个零件而不知道其名字或习惯的名称的用户很有帮助。

同样,也可以通过阅读器使用目录访问文档中适用内容,用户也能够使用分布于不同章节中的插图。这些功能均可以利用热点技术按本丛书第四分册《基于公共源数据库的装备 IETM 技术》第 4.1.2 节有关插图热点的应用方法来实现。这里只对除视觉图像的超链接与导航应用方法之外的有关插图访问信息及其定义加以说明。

2. 插图的标题与图号

为建立与数据模块或出版物文本之间的关系,插图必须给出图号与标题。图号代表插图在数据模块或出版物中的顺序。插图的标题与图号书写规则有:

(1) 对于图解零部件目录(IPD)中的插图,图的标题应与给出项目编号为"0"的零件描述相一致。

(2) 图的标题应是数据模块或出版物文本的一部分。

(3) 图的编号应只在输出时生成。

(4) 标题紧随图号之后,应在插图复制范围之外的插图下方居中的位置。图号应与标题空两个字符的间距。

(5) 如果一个插图需要有多个插图页时,应在插图的标题末尾增加说明(X/Y 页),如附图 A – 8 与附图 A – 12 所示。

(6) 插图的图号、标题和说明不应超过两行。

(7) 作为符号使用的插画(使用元素 < symbol >)不应给出图号、图的标题,也不给出 ICN。

作为一个替代的基本方法:附图 A – 18 IPD 内(1/2 页)的导航和附图 A – 18 IPD 内(2/2)页的导航。

一个单独的图号可以附加于每个插图页,如表示方法为:图 7.1 计算机(1/2 页)和图 7.2 计算机(2/2 页);图 2 泵(ACDC)(1/2 页)和图 3 泵(ACDC)(2/2 页)。

说明:上述两种方法都可以使用。

3. 位置图

位置图通常出现在插图的左上角。它显示了该部件在运载工具/设备/部件中的相对位置并使插图位于最佳视图。至于机身和发动机,可以添加位置(STA)、区域(Z)或框架区域(FR)加以说明。

在位置插图或照片中要指出部分可以用加深轮廓线、加黑或标准蓝色或其他色彩进行标识。位置插图不要求图解的系统或装配为绝对精确的定位。参见附图 A – 9。

如果零件的细节能够在总视图中清楚标识,则零件的插图不需要采用爆炸图分解。参阅本节的有关插图规则部分。示例参见附图 B – 4、附图 A – 10、附图 A – 11、附图 A – 12、附图 A – 13 以及本节有关插图规则部分和色彩与照片部分的插图。

4. 视图、详图与剖面图的插图

1)通则

(1) 如果需要显示放大的视图、详图与剖面图,它们必须按照字母次序在插图上排序。最好从插图显示的右上角开始依次是视图 A/详图 A/剖面图 A – A（无论用哪一个），如果可能的话，需要按顺时针排序。

（2）剖面切割线和剖面箭头必须与视图角度一致。

（3）对于主视图中不可见的隐藏细节用虚线箭头定位。

（4）使用通用符号应按照插图规则部分的规则（见附图 A – 1 与 附图 B – 3）。相关实例参见附图 B – 4、附图 A – 10、附图 A – 11 和附图 A – 13。

2）IPD 插图中的视图、详图与剖面图要求

（1）当"装配项目"不能在主插图上显示时，要求分配大写字母来标识（要么用一个单独的集体零件号表示一个项目号或者不用）。

（2）位置图是指通过箭头与大写字母来标注一个部件的详细插图（见上述位置图部分）。此部件同样要有自己的部件编号，因而也有项目编号，大写字母和项目编号两者的显示位置如插图规则部分的插图所示。

（3）如果在同一个图中需要展现几个独立的详细零件插图，必须从图的说明页的首个（即在主插图）开始标识。如有需要，然后详细图解零部件图再按附加的说明页逐个展现。

5. 电子与电气零部件的标识

1）通则

如果电子与电气零部件需要用引用电路标识符来标识，标识符必须或者包含在图例中以及在相关的文本中，但是不能包含在插图本身之中。

使用正投影插图（如印刷电路板）时，项目编号可以标记在元件边缘或者使用引出线，实例见附图 A – 12、附图 A – 14 以及附图 A – 15。

2）IPD 插图中电子与电气零部件的标识

在 IPD 插图中的电子元件不能引用图例或相关文本。如果因为引用标识符注释过于拥堵导致插图阅读困难，插图可以用若干插图说明页来复述。每个说明页可以标识部件总数中的不同部分。

在轴测视图中，引用标识符应标在临近于相关元件的项目编号之处。

如果元件图示的空间不能满足对每个元件注释，引用标识符可用引用线或者用清晰可识别的标注在元件附近显示。

引用标识符的使用不能代替项目编号（附图 A – 16）。

6. 镜像项目

镜像项目只用来图解左视图（LH）/俯视图（TOP）/正视图（FWD）部分。如果零件编号没有显示的部分是不同的，则图示零件编号可以包含在上、下括号之内，指引线必须指向图示零件的零件编号。

如果镜像零件在细节上有差异或用于评价，则允许偏离该规则，它可以更好

地图示另一部分(例如右视图部分)。

适当的引用镜像项目的细节部分,例如"只显示左视图"、"只显示右视图"、"显示左视图"、"显示右视图",可以包含在插图之中。实例如附图 B－4 所示。

7．不同结构的插图

图解结构的差异通常记录在适用的装配代码(UCA)或适用的装备代码(UCE),旁边为相关的细节部分,如附图 A－18 所示。

8．项目列表

视觉相似组件在同一个图中的不同位置出现时,则只允许说明一次。该位置和项目编号可以多次被索引或在插图上用制表表示。参见插图规则的相关部分。

9．图解零部件插图中连接件

如果大量相同的连接件用于细节部分或组装,所有连接件的安装位置必须根据位置图的要求标识。

如果连接件的排序位置不能在插图中辨别(但是对理解是绝对必要的),必须给出在序列中拆卸的分解实例。

相同连接件安装在不同位置,而方位不同,插图应为在每个设备点标注说明正确的方位。

平板螺母不用图解,但是在各自部件上的钻孔应标明其位置和铆钉孔。

4.2.4　插图的色彩与照片的使用

电子环境为促进图形技术数据引入彩色和照片图像提供了机会。下面内容包括了彩色插图和照片图像制作及交付所要求的信息与规则,以便从视觉上提高用户对技术数据的理解。

1．彩色插图的规则与建议

1)彩色插图的规则

色彩的引入对向用户发布技术信息的方法产生深刻的影响。尽管使用色彩有很好的效果,但在关键信息中使用色彩必须谨慎。下面为使用规则与建议:

(1)在关键信息的情况下,颜色应配辅之以其他的标识方法,如特色符号、标记、条带或文字。参见附图 B－11、附图 A－19 和本节 4.2.2 相关部分。

(2)如果使用颜色并以唯一的含意来表示所描述的程序,则使用的颜色应不超过 6 种。若超过 6 种颜色,用户难以记忆整个配色方案,从而不利于任务的实施。然而,这并不意味着在任何一个项目中只可以使用 6 种颜色,而是在分配特定的颜色表示某项工作时,应当仔细考虑。参见表 4－5 和附图 B－5。

（3）色彩的使用一般不应违背传统文化习惯,红色表示危险,黄色表示警告,绿色表示安全与通行。红色和黄色应保留用于显示警报、警告与选择高亮显示。参见表 4－6。

（4）色彩的使用必须在整个 IETM 中保持一致,并且在印刷材料时保留传统的习惯与做法。

（5）当在非正常环境中使用颜色时(如人工照明、夜视镜、危险信号和紧急情况时),应保证在出版的材料中能够按照设计意图正确地显示或展现。

（6）颜色的使用需要对其使用的作用并在其使用环境中进行测试,必须考虑所使用的背景或相邻位置的颜色。由于色调的影响,颜色在亮处或暗处将有所不同。

（7）对于航空人员出版物,如果显示器上使用的颜色具有语义,则插图必须使用合适的颜色,如附图 B－7 所示。

（8）在适当的情况下,考虑操作设备的视觉相容性和颜色精度,或控制 IETM 插图中所包含的颜色。

（9）如果线图是由 3D 工程图产生的,其修改仅使重要细节更加清晰,IETM 中不必考虑线的粗细。引用结构和调出零件之间的不同之处应在插图中用不同的颜色标出来,并在项目装备要求的业务规则中加以规定。

2）照片的生成方法与使用场合

（1）照片的生成方法。照片是静止的光栅图像,由下列方法之一生成:

- 胶片或数码照片;
- 数码扫描;
- 无损检测方法;
- 计算机生成。

照片包括计算机生成的逼真图像。如附图 B－6、附图 B－7 与附图 B－8 所示。

（2）照片的适用场合。如果考虑创作的经济性,照片可相当于艺术线条插图,适用于:

- 已有的图解零件文档;
- 拥挤舱室的维修工作;
- 训练文档;
- 无损检测的结果文档等。

2. 色彩的使用

使用色彩的主要目标是定义颜色的使用,确保色彩的一致性以及在显示与出版的技术出版物中交付准确的颜色。然而,下面不能定义"适合所有"颜色的简单解决方案,不能对整个光谱中的颜色通过分配唯一的或严格意义的方案去解决。也没有必要对色彩的使用和在非正常或特殊的照明环境下产生颜色反应的复杂性进行仔细的研究。

因此,考虑到多种因素,制定了以下 11 种颜色的规范与指南。它们是由 ATA 电子商务工程项目、美国航空工业协会(AIA)和 S1000D 委员会共同磋商后给出的用于文本文档中插图颜色的定义,如附图 B - 5 所示。

1)S1000D 标准调色板

表 4 - 5 给出了推荐的 S1000D 标准调色板,定义了红/绿/蓝(RGB)值、潘通色卡(Pantone)值和青/洋红/黄/黑(CMYK)值(印刷四分值)。这些色彩使用的指南与注意事项参见上述彩色插图的规则与建议部分。

表 4 - 5　S1000D 标准调色板

颜色	RGB 值	潘通色卡值①	CMYK 值①			
红色	R255	Red032	C 0%	M 100%	Y 100%	K 0%
黄色	R255 G255	Yellow	C 0%	M 0%	Y 100%	K 0%
蓝色	B255	300	C 100%	M 43%	Y 0%	K 0%
绿色	G255	375	C 43%	M 0%	Y 79%	K 0%
橙色②	R255 G102	1585	C 0%	M 60%	Y 94%	K 0%
琥珀色②	R255 G153	1385	C 0%	M 38%	Y 94%	K 0%
青色	G255 B255	304	C 31%	M 0%	Y 6%	K 0%
洋红色	R255 B255	238	C 18%	M 83%	Y 0%	K 0%
淡蓝色	R204 G255 B255	566	C 23%	M 0%	Y 10%	K 0%
淡黄色	R255 G255 B204	600	C 0%	M 0%	Y 20%	K 0%
浅灰色	R204 G204 B204	420	C 23%	M 17%	Y 17%	K 0%

注:① 潘通色卡值和 CMYK 值仅为建议值;
　② 尽管 ASD 与 ATA 电子商务工程项目工作团队都认可橙色和琥珀色的使用,但建议这两种颜色不要同时使用。在灰度图中,琥珀色与淡蓝色或浅灰色相比,呈深灰色。参见附图 B - 11 和附图 A - 19

如适用的话,引入项目的颜色应按照下面结构层次的色彩应用规则和表 4 - 5 中标准调色板中的细节进行准备。也可参见附图 B - 9、附图 B - 10 和附图 B - 11 中的插图示例。此调色板也可应用于传统纸质出版物项目。表 4 - 6 提供了选择颜色的指南。

表 4 - 6　颜色的使用

颜色	用　　途
红色	用于关键警示、紧急通告、警告(燃料、危险区域、冲突警告、压缩气体、闭锁或防护控制杆)。慎用此颜色。参见彩色插图的规则与建议部分和附图 B - 11
黄色	用于警告、注意与应急救援点(紧急控制:黄色带黑色斜线条)
蓝色	用于引用、导航与专用符号(相关系统颜色:液压、液压动力)。参见附图 B - 12
绿色	用于安全和通道(相关系统颜色:动力装置,呼吸的氧气)
橙色	用于警告和危险区域(相关系统颜色:气动、电气和润滑)
青色	用于隐藏的线(相关系统颜色:飞行控制)
洋红色	用于突出显示主定位视图和框架截面的部件或区域。用于简图,使用 0.5mm 宽的线勾勒出主题轮廓。它只使用在最初的定位视图中,作为后续导航的起始点贯穿图形和框架截面(相关系统颜色:氧气)。参见附图 B - 13
淡蓝色	用于所有的细节项目和连接件并用来填充相关部件/区域。也可表示导航过程的最终阶段,此阶段被称为部件标识输出或拆卸/安装过程。参见附图 B - 13
淡黄色	用于所有引用项目与结构、定位视图及外围信息。用来"填充"相关部件/区域以及区别细节与背景的差别。参见附图 B - 10 和附图 B - 13
浅灰色	用于表示定位视图和任何中间子定位视图的主题对象。用来"填充"相关部件/区域。结合相关的导航符号,引导用户查看合适的详细视图。参见附图 B - 10 和附图 B - 13
黑色	用于在层次结构中零件细节部位和引用项目、引导线、剖面线、尺寸标注及文本的所有划线

2) 结构层次的色彩应用

使用颜色时必须满足下述的结构层次要求。这就意味着单独零件的颜色在不同详细视图中会有所改变,以保持其与所在视图中状态的一致性。

如附图 B - 10 与附图 B - 11 所示,当一个零件连同它的连接件从一个特定视图中移出,是用淡蓝色表示。在被移走的主组件中的其余零件的后续视图,将用浅灰色高亮显示。

沿着适当的导航标记,将引导用户至相关的详细视图。在此视图中,被移出产品连同其连接件此时应着淡蓝色。原本为淡蓝色组件此时代表背景结构,并因此显示为淡黄色。这个过程可以重复,直至获得所需的层次结构信息。

如果一个项目采用层次色彩表示其结构,则此过程必须贯穿于项目整个寿命期。

3）非标准色彩的使用

非标准色彩的应用也应依据彩色插图的规则与建议部分中的规则。为使彩色插图、线路图、地图和流程图中的颜色保持足够明显的差异，需要仔细考虑扩展颜色的范围。

3. 照片的使用

1）照片的使用规则

使用照片和计算机生成的逼真图像，应满足 S1000D[8]7.3.2 节中给出的所有要求和符合本节 4.2.2 部分给出规则。同样还满足下列规则：

（1）叠加在照片上的文本、注释与标记应保持最小化，而重要的是必须考虑其潜在的变化。

（2）如果需要在摄影图像内使用本文，那么文本必须放置在白框里，并应符合现有的插图规则。如附图 B – 6 中的示例所示。

（3）当必须向用户展现所需的细节时，允许对向用户展现的那些部分进行处理、高亮显示及遮盖。图像应按其限制比例进行制备，并且对用户呈现最佳的视图与尺寸。线形图和颜色规则依然适用。

（4）可在摄影图像中使用热点创建链接，在技术出版物中进行导航。该区域可通过超链接激活，参见本节 4.2.3 的的相关部分。

对于引导线的使用，参见本节 4.2.3 的相关部分。

应当仔细考虑纸质出版物或 IETM 交付时摄影图像的文件大小。如果要将包含摄影图像的最终出版物交付出版，有关原始图像的保存与存储问题应依据工业标准。这样会保证印刷和交付给用户的图像质量，并且让未来的处理与修改更加容易。

制作 IETM 时，摄影图像应遵循上述规定，然而最终交付给用户时与屏幕分辨率有关。更多的指南参见附图 B – 6 中的示例。

2）彩色照片和彩色线图的嵌入要求

位置照片示例图像（左上）是 276KB 大小，并以每英寸 72 像素进行显示，见附图 B – 6。在页面上主图像大小是 546KB，每英寸像素为 72，两种图像是链接而不是嵌入在原始文件里，以实现更快更平滑的处理。若以 A4 纸打印附图 B – 6 中的两幅图像，其分辨率为 300，文件大小为 20MB。

4.2.5　在 IETM 图形中 CGM 矢量图与 TIFF 光栅图的应用

S1000D 中图形应用的最基本原则是，图形对象中只能包含图形信息。除了图形标识符，如插图编号、项目编号及通用名称外，所有与图形构件或图形本身相关的其他非图形信息必须存储在外部 XML 文件中。这一基本原则同样也适用于图例或其他类型的文本信息,如说明与注释等。另外,嵌入型非图形信息中禁止在不同文本段重复使用同一图形,且要求使用图形编辑器来维护嵌入的图形。例如,S1000D 禁止在电子零部件目录中为不同语种的语言重复使用相同插图。

IETM 中用于制作插图的图形,主要分为矢量图与光栅图两种类型。S1000D 国际规范推荐矢量图使用 CGM 格式;推荐光栅图使用 TIFF 格式。

1. 矢量图的 CGM 格式

CGM 标准最初于 1986 年由美国国家标准化委员会提出,随后被国际标准化组织采纳并发布为 ISO/IEC 8632:1987。CGM 标准几经修改,从版本 1、版本 2、版本 3 至 1999 年发布了版本 4,版本的功能逐步扩展且各个版本之间都是向上兼容。其中版本 4 增加了应用结构扩展,并具有智能图形应用功能。

为了满足 W3C 对可扩展图形的要求,一些致力于 CGM 发展的机构组成了 CGM 开放联盟,并发布了 WebCGM 规范。WebCGM 是在 ISO/IEC 8632 :1999 定义的 ISO 模型轮廓基础上的完整轮廓。WebCGM 是对 CGM 规范功能的扩展,支持 Web 导航功能。2005 年 11 月,WebCGM V2.0 发布,该版本增加了图形对象访问接口 DOM(API)和 XML 伴随文件(XCF)结构等内容。2010 年 3 月正式发布了目前最新版本 WebCGM V2.1。

CGM 是目前最成熟的智能矢量图形格式,其强大的功能主要体现在显示、导航、查询与信息提取等方面[25]。CGM 图形的主要功能特点如下:

(1)显示。CGM 是矢量图形,使用线段和曲线描述图像,通过图形计算方法进行显示控制。它具有矢量图的优点,如文件体积小。图形表现能力强,且缩放时不会产生锯齿等。在图形控制上,可以方便地进行旋转、移动、镜像等操作。

(2)导航。CGM 图形具有热点交互功能,通过编辑工具或编程可以将图形中的对象定义为热点或热物,实现显示内容到其他数据的超链接,如导航到图形中不同区域,导航到另一图像,导航到某一文本等。另外,通过 CGM 图形的数据访问接口,外部程序还可以控制图形对象的高亮显示,实现外部数据与图形对象之间的交互。CGM 图形具有内部对象与外部数据双向交互控制的导航功能。

(3)查询与提取。CGM 图形具有查询和提取功能,可以利用关键词或全文索引对图形元数据进行查找,并根据查询的结果,提取与元数据相对应的图形对象。

根据 IETM 的应用特点,S1000D 规范对 WebCGM 2.0 规范的轮廓与结构进行了适当修订,S1000D 使用 CGM 图的文件结构如图 4-3 所示,相关内容参阅参考文献[8]7.3.2 节。参考文献[25]对 CGM 图形文件结构、CGM 伴随文件、数据访问接口 API 以及 CGM 智能图形创作都进行较详细的介绍。

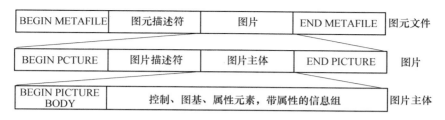

图 4 - 3　S1000D 给出的 CGM 文件结构

2. 光栅图的 TIFF 格式

S1000D 国际规范推荐光栅图使用标签图像文件格式（Tagged Image File Format, TIFF）。TIFF 是一种用来存储包括照片、艺术图在内的图像的文件格式。它最初由 Aidus 公司与微软公司一起为跨平台存储扫描图像而开发的。目前该软件转由 Adobe 公司控制。TIFF 与 JPEG、PNG 格式一起成为流行的高位彩色图像格式。TIFF 格式得到业界的广泛的支持，Adobe 公司的 Photoshop、The GIMP Teamr 的 GIMP、Ulead PhotoImpact 和 Paint Shop Pro 等图像处理，以及在桌面印刷、页面排版、扫描、传真、文字处理、光学字符识别等多方面得到广泛的应用。TIFF 格式的主要特点有：

（1）应用广泛。TIFF 可以描述多种类型的图像，拥有一系列压缩方案可供选择，不依赖于具体的硬软，而且是一种可移植的文件格式。

（2）可扩展性好。在 TIFF 6.0 中定义了许多扩展，使其可提供多种通用功能：几种主要的压缩方法，多种色彩表示方法，图像质量增强，具有特殊图像效果，有文档存储和检索帮助等。

（3）格式复杂。TIFF 文件复杂性使得，一方面要写一种能够识别所有标记的软件非常困难，另一方面 TIFF 文件可以包含多个图像，每个图像都有自己的图像文件目录（IFD）与一系列标记，并且采用了多种压缩算法，因此增加了程序设计的复杂度。

S1000D 对使用 TIFF 格式的光栅图作如下规定：

（1）规定 TIFF 文件的应用规范为基于德尔它轮廓（delta-profile）的 Adobe TIFF 6.0 标准格式。

（2）在 TIFF 中交换的二进制光栅图像必须使用国际电报电话咨询委员会 CCITT Group 4 压缩算法处理。

（3）在 TIFF 中交换的彩色光栅图像必须使用 Adobe TIFF6.0 规范中定义的无损 LZW 压缩算法。

（4）在 IETM 中禁止在一个单独的 TIFF 文件中存放多幅图像。

（5）允许的图像分辨率（像素密度）有每英寸 300、400、600 与 1200 像素，最小分辨率为 300ppi。

此外，S1000D[8] 在 7.3.2 节还给出了 TIFF 的标签名、标签赋值及规范轮廓了（profile）。

4.3　IETM 制作中常用图形图像处理软件

4.3.1　图形处理软件简介

图形处理软件是利用矢量绘图原理描述图形元素及其处理方法的绘图设计软件，通常有平面矢量图设计与三维设计之分。最有代表性的软件产品有 CorelDRAW、Adobe Illustrator、Macromedia FreeHand、3ds max、AutoCAD 等。下面分别对这几款软件进行简单介绍。

1. CorelDRAW 软件

CorelDRAW 是 Corel 公司开发的基于矢量图形原理的图形制作软件。该软件设置了功能丰富的创作工具栏，其中包含经常使用的编辑工具，可通过单击右下角的黑色箭头展开具体工具项，使得操作更加灵活、方便。使用这些工具可以创建图形对象，可以为图形对象增添立体化效果、阴影效果，进行变形、调和处理等。另外，该软件还提供了许多特殊效果供用户使用。

与 CorelDRAW 相配合，Corel 公司还推出了 Corel PhotoPaint 和 CorelRAVE 两个工具软件，目的是更好地发挥用户的想象力和创造力，提供更为全面的矢量绘图、图像编辑及动画制作等功能。

2. Adobe Illustrator 软件

Illustrator 是 Adobe 公司出品的全球最著名的矢量图形软件，该软件广泛应用于封面设计、广告设计、产品演示、网页设计等方面，具有丰富的效果设计功能，给用户提供了无限的创意空间。例如，使用动态包裹（Envoloping）、缠绕（Warping）和液化（Liquify）工具可以让用户以任何可以想象的方式扭曲、弯曲和缠绕文字、图形和图像；使用符号化（Symbolism）工具，用户可以快速创建大量的重复元素，然后运用这些重复元素设计出自然复杂的效果；使用动态数据驱动图形使相似格式（打印或用于 Web）的制作程序自动化。另外，Adobe Illustrator 与 Adobe 专业的用于打印、Web、动态媒体等的图形软件（包括 Adobe Photoshop、Adobe InDesign、Adobe AlterCast、Adobe Golive、Adobe LiveMotion、Adobe Premiere、Adobe After Effects 等）密切整合，便于设计出高品质、多用途的图形/图像作品。

3. Macromedia FreeHand 软件

FreeHand 是 Macromedia 公司推出的一款功能强大的矢量平面图形设计软件，

在机械制图、建筑蓝图绘制、海报设计、广告创意的实现等方面得到了广泛的应用,是一款使用灵活且功能强大的平面设计软件。使用 FreeHand 可以任何分辨率进行缩放及输出向量图形,且无损细节或清晰度。在矢量绘图领域,FreeHand 一直与 Illustrator、CorelDRAW 并驾齐驱,且在文字处理方面有着更明显的优势。

在 FreeHand MX 版中,Macromedia 公司加强了与 Flash 的集成,并用新的 Macromedia Studio MX 界面增强了该软件。与 Flash 的集成意味着可以把 Flash 生成的. SWF 文件用在 FreeHand MX 中。同样,Flash MX 也可直接打开 FreeHand MX 文件。FreeHand 能创建动画,并支持复合 ActionScript 命令的拖放功能。

FreeHand MX 支持 HTML、PNG、GIF 和 JPG 等格式,具有对路径使用光栅和矢量效果的能力,使用突出(Extrude)工具,可为对象赋予三维外观。

4. 3ds max 软件

3ds max 是 Autodesk 公司推出的三维建模、渲染、动画制作软件,其基本设计思想是通过建模完成物品的形状设计,通过材质的选择和编辑实现物品的质感设计,通过光源类型的选择和灯光调整赋予物品适当的视觉效果,最后通过渲染完成物品的基本设计。在动画设计方面,3ds max 提供了简单动画、运动命令面板、动画控制器、动画轨迹图编辑器等设计功能,特别是 3ds max 6 中新增的 Reactor 特性,它基于真实的动力学原理,能创建出符合物理运动定律的动画。该软件广泛应用于该质量动画设计、游戏场景与角色设计及各种模型设计等领域。

5. AutoCAD 软件

AutoCAD 也是 Autodesk 公司推出的一款基于矢量绘图的更为专业化的计算机辅助设计软件。CAD 是 Computer Aided Design 的缩写,意思为计算机辅助设计。加上 Auto,指的是它可以应用与几乎所有跟绘画有关的行业,比如建筑、机械、电子、天文、物理、化工等。其中只有机械行业充分利用了 AutoCAD 的强大功能,对于建筑来说,所用到的只是其中较少的一部分,而且如果没有用来绘制立体的建筑外观和室内效果,那么所用到的 CAD 中的工具更是少得可怜。但是,对于追求精确尺寸的计算机辅助设计来说,没有其他软件可以比得上 CAD,比如设计机械零件、绘制建筑施工图。

4.3.2　图像处理软件简介

图像处理软件是以位图为处理对象,以像素为基本处理单位的图像编辑软件,可对平面图片进行剪裁、拼接、混合、添加效果等多种处理,属于平面设计范畴。

1. ACDSee 软件

ACDSee 是目前非常流行的数字图像浏览软件。它提供了良好的操作界面,简单人性化的操作方式,优质的快速图形解码方式,强大的图形文件管理功能,并且支持丰富的图形格式。ACDSee 能对图片进行获取、管理、浏览、优化甚至和他人分享。使用 ACDSee 用户可以从数字照相机和扫描仪高效获取图片,并进行便捷的查找、组织和预览。作为流行的看图软件,它能快速、高质量地显示图片,再配以内置的音频播放器,用户可以用它播放幻灯片。此外,ACDSee 还是图片编辑工具,可以处理数字影像,拥有去除红眼、剪切图像、锐化、浮雕特效、曝光调整、旋转、镜像等功能,并能进行批量操作。

2. Photoshop 软件

Photoshop 是美国 Adobe 公司开发的真彩色和灰度图像编辑处理软件,它提供了多种图像涂抹、修饰、编辑、创建、合成、分色与打印的方法,并给出了许多增强图像的特殊手段,可广泛地应用于美工设计、广告及桌面印刷、计算机图像处理、旅游风光展示、动画设计、影视特技等领域,是计算机数字图像处理的有力工具。Adobe Photoshop 自问世以来,就以其在图像编辑、制作和处理方面的强大功能和易用性、实用性而备受广大计算机用户的青睐。

Photoshop 在图像处理方面,被认为是目前世界上最优秀的图像编辑软件。运行在 Windows 图形操作环境中,可在 Photoshop 和其他标准的 Windows 应用程序之间交换图像数据。Photoshop 支持 TIF、TGA、PCX、GIF、BMP、PSD、JPEG 等各种流行的图像文件格式,能方便地与文字处理、图形应用、桌面印刷等软件或程序交换图像数据。

Photoshop 支持的图像类型除常见的黑白、灰度、索引 16 色、索引 256 色和 RGB 真彩色图像外,还支持 CMYK、HSB 以及 HSV 模式的彩色图像。

作为图像处理工具,Photoshop 着重于效果处理,即对原始图像进行艺术加工,并有一定的绘图功能。Photoshop 能完成色彩修正、修饰缺陷、合成数字图像,以及利用自带的过滤器来创造各种特殊的效果等。Photoshop 擅长于利用基本图像素材(如通过扫描、数字相机或摄像等手段获得图像)进行再创作,得到精美的设计作品。

3. Adobe Fireworks 软件

Adobe Fireworks 软件可以加速 Web 设计与开发,是一款创建及优化 Web 图像,快速构建网站与 Web 界面原型的理想工具。Fireworks 不仅具备编辑矢量图形与位图图像的灵活性,还提供了一个预先构建资源的公用库,并可与 Adobe Photoshop CS3、Adobe Illustrator CS3、Adobe Dreamweaver CS3 和 Adobe Flash CS3 软件无缝集成。在 Fireworks 中将设计迅速转变为模型,或利用来自 Illustrator、Photoshop 和 Flash 的其它资源,然后直接置入 Dreamweaver CS3 中轻松进行开发与部署。

第 5 章　视频媒体

　　视频是多媒体信息的基本表现形式之一,视频技术是动态图像的一种形式,是实时获取的自然对象。视频信号可分为模拟视频与数字视频。视频媒体具有信息容量大、色彩逼真、生动、直观等特点,因此在 IETM 中得到广泛应用。

　　本章主要介绍视频技术基础,数字视频和视频数字化,数字视频压缩编码标准和数字视频文件格式,IETM 标准对视频媒体的要求,以及 IETM 制作中常用的视频处理软件。

5.1　视频技术基础

5.1.1　视频概述

1. 视频的概念

　　视频(Video)是随时间变化连续播放一组图像而产生的带有动感的图像序列,它是通过电子技术手段在相应的设备(如摄像机、电视机、计算机显示器等)上实现的。通常,视频又称为活动的图像或运动的图像。视频与图像有着密切的关系,比如人们在观看电影或电视时感觉画面是连续的、自然的,实际上这些连续的画面是由一幅幅静止的图像组成的,当这些图像以一定的速率播放时就形成了运动的视觉效果,这种现象是由人眼的视觉暂留特性造成的。

　　视频图像序列中的每幅图像称为图像帧(简称帧),连续图像序列称为帧序列,每秒种播放的帧数称为视频的帧率,以"帧/s"或"fps"为单位,反映视频的速率。视频中具有相同(似)背景画面的帧序列构成视频画面中的一个场景,对场景画面起决定作用的帧称为关键帧。

　　实际应用中视频不仅仅是连续播放的"运动图像",还带有与运动图像相关联的伴音(或解说)及"与声音或图像相伴的字幕",三者的有机配合可产生直观、生动、富有想像的视觉与听觉冲击效果。这也是视频在 IETM 上广泛应用的原因。尽管视频与图像关系密切,但两者的生成又有所不同,图像大多是由数码相机拍摄、扫描仪扫描或通过图像处理软件绘制等方式生成,而视频一般是由摄像机、录像机等视频录制设备摄制或通过视频软件制作合成方式生成的。最常见的视频形式是各种电视画面。

2. 视频的特点

视频作为展现具体事物或抽象过程的最佳手段,与其他媒体相比,具有如下特点:

(1) 信息容量大。视频信息在存储和传输时的容量均比其他媒体所需空间要大,但通过视频媒体所获得的信息量通常比通过其他媒体形式获取的信息量大,且更加丰富。

(2) 色彩逼真。视频信息可以具备很高的分辨率,色彩非常逼真,可以达到真色彩。

(3) 生动、直观。由于视频是运动图像,故具有生动、直观和形象等特点。

3. 视频与动画的异同

(1) 相同点。视频和动画有很多相似之处,它们都是由一系列的静态画面组成,相邻的画面很相似,但并不相同,这些相似的画面以一定的速率播放时,就产生了动感,生成原理都是利用了人眼的视觉暂留现象。

(2) 不同点。视频和动画也有不同之处。视频一般是由摄像机、录像机等视频录制设备摄制或通过视频编辑软件制作合成等方式生成;动画早期则是由绘画而产生的动态图像,随着电脑技术的发展,利用软件也可生成数字动画,但生成视频和动画的软件迥然不同;另外视频的制作还需要专门的硬件支持。

4. 视频的应用

目前,视频的主要应用领域有广播电视、电影、视频会议、多媒体通信和娱乐领域等,如互联网上的 VOD 点播系统,就可以允许用户在线观看电影和电视节目;利用视频会议和可视电话,可以使用户实现远程交互与控制。总之,随着计算机技术和多媒体网络通信技术的发展,视频技术的应用将越来越广泛。

5. 视频的分类

按照处理、存储与传输方式的不同,视频可分为模拟视频和数字视频两种。

(1) 模拟视频。普通的广播电视信号是一种典型的模拟视频信号。电视摄像机通过电子扫描将时间、空间函数所描述的景物进行光电转换后,得到单一的时间函数的电信号,其电平的高低对应于景物亮度的大小,即用一个电信号来表征景物。这种电视信号称为模拟电视信号,其特点是信号在时间和幅度上都是连续变化的。

模拟视频是基于模拟技术及图像显示所确定的国际标准,如电视、电影等。它是一种用于传输图像和声音并随时间连续变化的电信号。早期视频的获取、存储和传输都是采用模拟方式。模拟视频具有成本低和还原程度好等优点,因此显示效果较为逼真。其缺点是保存时间较短,经过长时间存放后,视频质量会大大降低;而且经过多次复制后,图像的失真同样很明显,而数字视频则可以弥补这些缺陷。

(2) 数字视频。模拟视频信号经过数字化处理后,就变成了一帧帧由数字图像组成的图像序列,即数字视频信号,它用二进制数字表示,是计算机能够处理的数字信号。

数字视频是基于数字技术的图像显示标准,是由一系列数字化图像序列组成并随时间变化的离散信号。最常见的数字视频是将模拟视频经过采样、量化和编码,转化生成用二进制表示的数字形式,相对的数字化文件称为视频文件。相对于模拟视频而言,由于其存储介质和传输技术均发生了变化,所以数字视频弥补了模拟视频的缺陷并增加了很多优点,如非线性编辑、随机存储、高保真性、保存时间长、抗干扰性强和交互性强等优点。

5.1.2　电视制式

电视制式是指一个国家按照国际上的有关规定、具体国情和技术能力所采取的电视广播技术标准。不同的制式对视频信号的解码方式、色彩处理方式以及屏幕扫描频率的要求有所不同。目前,国际上常用的彩色电视制式有 4 种:NTSC、PAL、SECAM 和 HDTV[12]。其中,前 3 种为模拟电视,HDTV 为数字电视。

1. 模拟电视制式

1) NTSC 制式

NTSC 制式是 1952 年美国国家电视标准委员会(National Television Systems Committee)制定的一项电视广播传输和接收协议标准,称为正交平衡调幅制,1954 年开始广播。该标准定义了将信息编码成电信号并最终形成电视画面的方法,基本内容有:视频信号的帧由 525 条水平扫描线构成,场频为 60 场/s,帧步为 30 帧/s。在高速运动的电子束驱动下,这些水平扫描线每隔 1/30s 在显像管表面刷新一次,刷新过程非常快,因此看上去这些图像似乎是静止的。为了绘制单帧视频信号,电子束实际要执行两次扫描,第一次扫描奇数行,然后再扫描所有偶数行。每一次扫描(扫描速率为 60 次/s,或者 60Hz)绘制一部分视频信号,然后将两部分组合起来以 30fps 的速率创建单帧视频(实际上,这一速率为 29.97Hz)。这种分两次创建一帧视频的过程称为隔行扫描,这种技术被用来防止电视机闪烁。

标准的数字化 NTSC 电视标准分辨率为 720×480 像素,24 比特的色彩位深,画面宽高比为 4:3。美国、加拿大等大部分西半球国家,以及日本、韩国、菲律宾等国和中国台湾采用这种制式。

2）PAL 制式

PLA（Phase Alternation Line，逐行倒相正交平衡制），是 1962 年联邦德国制定的一种与黑白电视兼容的彩色电视广播标准。它采用逐行倒相正交平衡调幅的技术方法，克服了 NTSC 制相位敏感造成失真的缺点。PAL 标准将屏幕分辨率增加到 625 条线，但是扫描速率被降到了 25fps。与 NTSC 类似，采用隔行扫描方式，奇数行和偶数行图像均需要 1/50s 的扫描时间，即刷新频率为 50Hz。该标准于 1967 年开始广播，德国、英国等一些西欧国家，以及中国、朝鲜等国家采用这种制式。

3）SECAM 制式

SECAM 是法文 Sequential Coleur Avec Memoire 的缩写（意为按顺序颜色传送与存储），是 1966 年法国制定的一种彩色电视标准，也是将视频帧分割成 625 条水平线，采用隔行扫描方式，帧频为 25fps。该标准在基本技术和广播方法方面与 NTSC 和 PAL 有较大差异，除法国外世界上约有 65 个地区和国家使用这种制式，如苏联和东欧国家。

以上 3 种模拟电视制式的主要技术参数，如表 5 - 1 所列。

表 5 - 1　3 种模拟电视制式的主要技术参数

制　式	帧频/fps	行数/帧	场频/Hz	颜色频率/MHz	声音频率/MHz
NTSC	25	625	50.00	4.43	6.5
LAL	30	525	60.00	3.58	4.5
SECAM	25	625	50.00	4.25	6.5

NTSC 制、PAL 制和 SECAM 制都是彩色电视与黑白电视兼容制式，即黑白电视机能接收彩色电视广播，显示的是黑白图像；而彩色电视机也能接收黑白电视广播，显示的也是黑白图像。为了既能实现兼容性而又要有彩色特性，因此彩色电视系统应满足下列两方面的要求：

（1）必须采用与黑白电视相同的一些基本参数，如扫描方式、扫描行频、场频、帧频、同步信号、图像载频、伴音载频等。

（2）需要将摄像机输出的 3 基色信号转换成一个亮度信号，以及代表色度的两个色差信号，并将它们组合成一个彩色全电视信号进行传送。在接收端，彩色电视机将彩色全电视信号重新转换成 3 个基色信号，在显像管上重现发送端的彩色图像。

2. 数字电视[12]

数字电视（Digital TeleVision，DTV）是继黑白电视和彩色电视之后的第三代电视，是在拍摄、编辑、制作、播出、传输、接收等电视信号处理的全过程都使用数字技术(特别是数字视频技术)的电视系统。数字电视可大幅度提高收视质量和频道数量,还可以双向交互式服务。随着计算机多媒体与宽带网络技术的发展,许多国家都在制定前歌后舞的数字电视标准,以支持和形成高清晰度电视系统,但由于技术与经济利益的原因,无法形成全球统一的标准。同模拟电视标准类似,目前全球已经形成了 ATSC、DVB、ISDB、DMB – TH 等 4 大标准。其中,ATSC(Advanced Television System Committee,先进电视制式委员会)是美国标准;DVB(Digital Video Broadcasting,数字视频广播)是欧洲标准;ISDB(Integrated Services Digital Broadcasting,综合业务数字广播)是日本标准;DMB – TH(中国数字电视地面传输标准)是中国标准。

数字电视支持 4:3 和 16:9 两种宽高比的显示屏幕。其中,4:3 一般用在普通显像管电视机上,而 16:9 多用在高清晰电视机上。ATSC 标准定义了 18 种数字电视采用的画面格式,这些画面格式被分成 3 个等级:SDTV(Standard Definition TV)标准清晰度电视,其画面质量与现有模拟电视系统的画面质量相当;EDTV(Enhanced Definition TV)增强清晰度电视,其画面质量与 DVD 格式的视频画面质量相当;HDTV(High Definition TV)高清晰度电视,画面质量是目前最高的,支持隔行和逐行两种场扫描方式。目前被业界广泛认同的几种数字电视画面格式的具体参数如表 5 – 2 所列。

表 5 – 2　数字电视标准参数

分类	格式名	水平扫描/线	扫描方式	最高分辨率	屏幕宽高比	画面质量
SDTV	576i	576	隔行	720×576	4:3	PAL 模拟电视
	D1(480i)	480	隔行	720×480	4:3	NTSC 模拟电视
EDTV	D2(480p)	480	逐行	720×480	4:3	DVD
HDTV	D3(1080i)	1080	隔行	1920×1080	16:9	标准数字电视显示模式
	D4(720p)	720	逐行	1280×720	16:9	效果优于 D3
	D5(1080p)	1080	逐行	1920×1080	16:9	目前的最高清晰度

从技术原理上讲,同分辨率的逐行扫描方式要比隔行扫描方式所形成的画面质量稳定。

近年来平板电视悄然兴起,有液晶平板(LCD)、等离子平板(PDP)、光显平板(DLP)等,这些平板电视都已经达到 1920×1080 像素的分辨率水平。完全符合 HDTV 的要求。

5.2 数字视频和视频数字化

5.2.1 数字视频

1. 数字视频的特点

数字视频(Digital Video)是以离散的数字信号方式表示、存储、处理和传输的视频信息,所用的存储介质、处理设备及传输网络都是数字化的。例如,采用数字摄像设备直接拍摄的视频画面,通过数字宽带网络(光纤网、数字卫星网等)传输,使用数字化设备(数字电视接收机或模拟电视 + 机顶盒、多媒体计算机)接收播放或用数字化设备将视频信息存储在数字存储介质(光盘、磁盘、数字磁带等)上,如 VCD、DVD 等。数字视频具有以下特点:

(1) 以离散的数字信号形式记录视频信息;

(2) 用逐行扫描方式在输出设备(如显示器)上还原图像;

(3) 用数字设备编辑处理;

(4) 通过数字化宽带网络传播;

(5) 可将视频信息存储在数字存储媒体上。

2. 数字视频的优点

多媒体技术中的数字视频,主要指以多媒体计算机为核心的数字视频处理体系。要使多媒体计算机能够对视频进行处理,除了直接拍摄数字视频信息外,还必须把来自于模拟视频源——电视机、模拟摄像机、录像机、影碟机等设备的模拟视频信号,转换成数字视频。与模拟视频相比,数字视频具有以下优点:

(1) 可用计算机编辑处理。多媒体计算机是具有巨大存储容量的高性能计算机系统,具有很强的信息处理能力。视频信息可方便地在多媒体计算机中进行采集、编码、编辑、存储、传输等处理,也能通过专门的视频编辑软件,进行精确的剪裁、拼接、合成以及各种效果等编辑技术处理,并能提供动态交互能力。

(2) 再现性好。由于模拟信号是连续变化的,所以不管复制时采用的精确度有多高,总会产生失真现象。经过多次复制以后,失真现象更加明显。数字视频可以不失真地进行无限次复制,其抗干扰能力是模拟图像无可比拟的。此外,数字视频也不会因存储、传输和复制而产生图像的退化,从而能够准确地再现图像。

(3) 适合于数字网络。在计算机网络环境中,数字视频信息可以很方便地实现资源共享。通过网络链路,数字视频可以很方便地从一个地方传到另一个地方,且支持不同的访问方式(点播、广播等),数字视频信号可长距离传输而不会产生信号衰减。

数字视频的缺陷是数据量巨大,因而需要进行适当的数据压缩才能适用于一般设备进行处理。广播数字视频时需要通过解压缩还原视频信息,因而处理速度较慢。

数字视频技术已经广泛应用于广播式电视节目的制作、存储和传输等方面,用来取代传统的模拟信号的广播电视系统。目前,广播电视系统处于模拟和数字技术并存的"后模拟"时期,未来数字视频技术将主导数字电视的发展方向。

5.2.2　视频数字化

要在多媒体计算机系统中处理视频信息,就必须对不同信号类型、不同标准格式的模拟视频信号进行数字化处理,形成数字视频。模拟视频的数字化主要包括视频信号采样、彩色空间转换、量化等工作[12]。

1. 视频数字化的方法

通常视频数字化有复合数字化(Recombination Digitalization)和分量数字化(Component Digitalization)两种方法。

(1)复合数字化法。先用一个高速模/数(A/D)转换器对彩色全电视信号进行数字化,然后在数字域中进行分离亮度和色度,以获得所希望的 YC_bC_r、YUV 分量或 YIQ 分量,最后再转换成 RGB 分量数据。

(2)分量数字化法。先把复合彩色视频中高度和色度进行分离,得到 YUV 或 YIQ 分量,然后用 3 个模/数转换器对 3 个分量分别进行数字化,最后再转换成 RGB 分量。分量数字化是采用较多的一种模拟视频数字化方法。

2. 视频数字化过程

由于视频信号既是空间函数又是时间函数,而且又采用隔行扫描的显示方式,所以视频信号的数字化过程远比静态图像的数字化过程复杂。首先,多媒体计算机系统必须具备连接不同类型的模拟视频信号的能力,可将录像机、摄像头(机)、电视机、VCD 机、DVD 机等提供的不同视频源接入多媒体计算机系统,然后再进行具体的数字化处理。如果采用分量采样的数字化方法,则基本的数字化过程包括以下内容:

(1)按分量采样方法采样,得到隔行样本点;

(2)将隔行样本点组合、转换成逐行样本点;

(3)进行样本点的量化;

(4)彩色空间的转换,即将采样得到 YUV 或 YC_bC_r 信号转换为 RGB 信号;

(5)对得到的数字化的视频信号进行编码、压缩。

具体数字化过程中的彩色空间转换、量化等环节,其顺序可随所用技术的不同而变化。数字化后的视频经过编码、压缩后,形成不同格式和质量的数字视频,可适应不同的处理与应用要求。

3. 视频采样

对视频信号进行采样时可以有两种方法:一种是使用相同的采样频率对图像的亮度信号和色差信号进行采样,这种采样将保持较高的图像质量,但会产生巨大的数据量;另一种是对亮度信号分别采用不同的采样频率进行采样(通常是色差信号的采样频率低于亮度信号的采样频率),这种采样可减少采样数据量,是实现数字视频数据压缩的一种有效途径。

视频采样的基本原理是依据人的视觉系统所具有的两个特性:一是人眼对色度信号的敏感程度比对亮度信号的敏感程度低,利用这个特性可以把图像中表达颜色的信号去掉一些而使人察觉不到;二是人眼对图像细节的分辨能力有一定的限度,利用这个特性可以把图像中的高频信号去掉而不易被察觉。如果 $Y:C_r:C_b$ 来表示 Y、C_r、C_b 这 3 个分量的采样比例,则数字视频常用的采样格式分别为 4:4:4、4:2:2、4:1:1 和 4:2:0 等 4 种。实验表明,使用这些采样位置如图 5-1 所示[24]。通常,把色度样本少于亮度样本数的采样称为子采样。

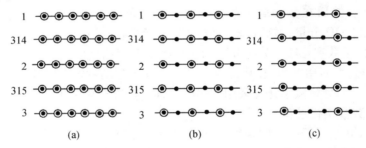

图 5-1 3 种采样格式的采样空间位置

(a) 4:4:4YC_rC_b 采样格式;(b) 4:2:2YC_rC_b 采样格式;(c)4:1:1YC_rC_b 采样格式。

说明:◉ 指 Y、C_b、C_r 样本;● 仅指 Y 样本;——扫描线。

(1) 4:4:4YC_rC_b 采样格式。这种采样格式中,Y、C_b 和 C_r 具有同样的水平和垂直清晰度,在每一像素位置,都有 Y、C_b 和 C_r 分量,即不论水平方向还是垂直方向,每 4 个亮度像素相应的有 4 个 C_b 和 4 个 C_r 色度像素,如图 5-1(a)所示。这种采样相当于每个像素用 3 个样本表示,因而也称为"全采样"。

(2) 4:2:2YC_rC_b 采样格式。这种采样格式是指色差分量和亮度分量具有同样的垂直清晰度,但水平清晰度彩色分量是亮度分量的一半。水平方向上,第 4 个亮度像素具有 2 个 C_b 和 2 个 C_r。在 CCIR601 标准中,这是分量彩色电视的标准格式,如图5-1(b)所示。这种采样平均每个像素用2个样本表示。

(3) 4:1:1YC$_r$C$_b$采样格式。这种采样格式在每条扫描线上,每4个连续的采样点取4个亮度Y的样本、1个红色差C$_r$样本和1个蓝色C$_b$样本,如图5-1(c)所示。这种采样平均每个像素用1.5个样本

(4) 4:2:0YC$_r$C$_b$采样格式。这种采样格式是指在水平和垂直两个方向上,每2个连续的(共4个)采样点上各取2个亮度Y样本、1个红色差C$_r$样本和1个蓝色差C$_b$样本,C$_b$和C$_r$的水平和垂直清晰度都是Y的一半,平均每个像素用1.5个样本。该格式的色差分量最少,对人的彩色感觉与其他几种类似,最适合数字压缩,常用的DV、MPEG-1和MPEG-2等均使用该格式。然而,尽管是同一种格式,MPEG-1和MPEG-2在采样空间位置上还有一定的区别。MPEG-1中色差信号位于4个亮度信号的中间位置,而MPEG-2中的色差信号在水平方向上与左边的亮度信号对齐,没有半个像素的位移,如图5-2所示[12]。

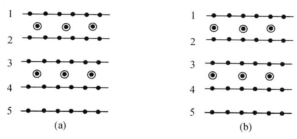

图5-2　4:2:0格式的两种不同采样位置

(a) MPEG-1采用的4:2:0采样格式;(b) MPEG-2采用的4:2:0采样格式。

说明:◉ 指计算所得的C$_b$、C$_r$样本; • 指Y样本;——指扫描线。

5.2.3　视频数字化标准

为了在PAL、NTSC和SECAM标准的模拟视频之间确定共同的数字化参数,早在20世纪80年代初,国际无线电咨询委员会(Internationl Radio Consultative Committee,CCIR)就制定了彩色电视图像(模拟视频)数字化标准,称为CCIR601标准,现改为ITU-RBT.601标准。该标准规定了彩色电视图像转换在数字图像时使用的采样频率、采样格式以及RGB和YC$_r$C$_b$两个彩色空间之间的转换关系[12]。

1. 采样频率

BT.601为NTSC制、PAL制和SECAM制规定了共同的视频采样频率。这个采样频率也用于远程图像通信网络中的视频信号采样。其中,亮度信号采样

频率 $f_s = 13.5\text{MHz}$，而色度信号采样频率 $f_c = 6.75\text{MHz}$ 或 13.5MHz。PAL 标准的每行采样点数 $N = 858$。对于所有制式，每个扫描的有效样本数均为 720。

这样的参数规定可用以下的方法来验证：

对于 PAL 和 SECAM 标准的视频信号，采样频率为

$$f_s = \text{每帧行数} \times \text{帧频} \times N = 625 \times 25 \times 864 = 13.5(\text{MHz})$$

对于 NTSC 标准的视频信号，采样频率为

$$f_s = \text{每帧行数} \times \text{帧频} \times N = 525 \times 29.97 \times 858 = 13.5(\text{MHz})$$

2. 分辨率与帧率

对于不同标准的模拟视频信号，ITU – RBT.601 制定了不同的分辨率与帧率参数，具体内容如表 5 – 3 所列。

表 5 – 3　分辨率与帧率参数表

模拟视频标准	分辨率/像素	帧率/fps
NTSC	640×480	30
PAL	768×576	25
SECAM	768×576	25

3. 采样格式与量化范围

ITU—RBT.601 也对 NTSC 和 PAL 标准的视频信号的采样格式和量化范围做了规定，推荐使用 4:2:2 的视频信号采样格式，量化范围取值为：亮度信号 220 级，色度信号 225 级。使用这种采样格式时，Y 用 13.5MHz 的采样频率，C_r 和 C_b 分别用 6.75MHz 的采样频率。采样时，采样频率信号要与场同步信号和行同步信号同步。表 5 – 4 给出了两种采样格式、采样频率和量化范围参数。

表 5 – 4　视频信号数字化参数摘要

采样格式	信号形式	采样频率/MHz	样本行/扫描行		量化范围
			NTSC	PAL	
4:2:2	Y	13.5	858(720)	864(720)	220 级(16 ~235)
	C_r	6.75	429(360)	432(360)	225 级(16 ~240)
	C_b	6.75	429(360)	432(360)	(128 ±112)
4:4:4	Y	13.5	858(720)	864(720)	220 级(16 ~235)
	C_r	13.5	858(720)	864(720)	225 级(16 ~240)
	C_b	13.5	858(720)	864(720)	(128 ±112)

4. 彩色空间转换

数字域中 RGB 和 YC_bC_r 两个彩色空间之间的转换关系,可用公式表示,即

RGB $\rightarrow YC_bC_r$ 转换

$Y = 0.2990R + 0.5870G + 0.1140B$

$C_b = 0.564(B - Y)$

$C_r = 0.713(R - Y)$

$YC_bC_r \rightarrow$ RGB 转换

$R = Y + 1.42C_r$

$G = Y - 0.344C_b - 0.714C_r$

$B = Y + 1.772C_b$

5. CIF、QCIF 和 SQCIF

为了既可用 625 行又可用 525 行的模拟电视,CCITT 规定了 CIF(Common Intermediate Format,公共中间格式)、QCIF(Quarter – CIF,1/4 公共中间格式)和 SQCIF(Sub – Quarter Common Intermediate Format)格式,具体规格参数如表 5 – 5 所列。

表 5 – 5　CIF、QCIF 和 SQCIF 图像格式参数

	CIF		QCIF		SQCIF	
	行数/帧	像素/行	行数/帧	像素/行	行数/帧	像素/行
亮度(Y)	288	360(352)	144	180(176)	96	128
色度(C_b)	144	180(176)	72	90(88)	48	64
色度(C_r)	144	180(176)	72	90(88)	48	64

CIF 格式具有以下特性:

(1)视频的空间分辨率为家用录像系统 VHS 的分辨率,即 352×288;

(2)使用逐行扫描;

(3)使用 NTSC 帧速率,即视频的最大帧速率为 $30000/1001 \approx 29.97$ 幅/s;

(4)使用 1/2 的 PAL 水平分辨率,即 288 线;

(5)对亮度和两个色差信号(Y、C_b 和 C_r)分量分别进行编码,它们的取值范围与 ITU – RBT.601 规定的量化范围相同,即黑色为 16,白色为 235,色差的最大值等于 240,最小值等于 16,如表 5 – 4 所列。

6. 视频序列的 SMPTE 表示单位

通常用时间码来识别和记录采样视频数据流中的每一帧,从一般视频的起始帧到终止帧,期间的每一帧都有一个唯一的时间地址。动画和电视工程师协会(Society of Motion Picture and Television Engineers,SMPTE)使用的时间码标准格式为

小时: 分钟: 秒: 帧(hours : minutes : seconds : frames)

在具体的数字视频进行编辑处理时,就是通过 SMPTE 时间码准确定位视频帧的。

5.3 数字视频压缩编码标准和数字视频文件格式

5.3.1 数字视频的压缩编码问题

数字化后的视频信号将产生大量的数据,在多媒体计算机系统中数字视频与数字音频相比数据量更大,因此数字视频的压缩编码问题更为突出。例如,一幅中等分辨率(840×480)的彩色(24 位/像素)数字视频图像的数据量约占 1MB 的存储空间,100MB 的空间也只能存储约 100 帧静止图像画面。如果以 25 帧/s 的帧率显示运动图像,100BM 的空间所存储的图像信息也只能播放约 4s。由此可见,高效实时地压缩视频信号的数据量是成功应用数字视频的关键问题[24]。

在多媒体计算机系统中,数字视频信号需要经过编码压缩后才能以视频文件的形式存储或传输,最后由解码器将压缩的数字视频还原后再输出,实现视频播放。编码压缩是整个过程的关键环节。数据压缩之所以可以实现,是因为原始的视频存在很大的冗余度。例如,当移动视频从一帧移到另一帧时,大量保留的信息是相同的,压缩算法(或硬件)检查每一帧,经判别后仅存储从一帧到另一帧变化的部分,如由运动引起的改变。此外,在同一帧里面某一区域可能由一组相同颜色的像素组成,压缩算法可将这一区域的颜色信息作为一个整体对待,而不是分别存储每个像素的颜色信息。这样从采样数据中除去数据冗余,同时保证视频质量在许可的可控范围内,人们从视频数据冗余可能出发,分析研究不同形式的图像(静止和活动)数据形式(如图像在空间、时间、结构、知识、视觉等方面存在的冗余),在统计归纳的基础上,结合静止及活动图像与视觉特点,构造了一系列的编码压缩算法。数据编码压缩算法有有损压缩和无损压缩、对称压缩和非对称的压缩之分。对于视频数据压缩,其压缩方法又分为帧内压缩和帧间压缩两种[12]。

(1)帧内压缩(Intraframe Compression),也称为空间压缩(Spatial Compression),当压缩一帧图像时,仅考虑本帧的数据而不考虑相邻帧之间的冗余信息,实际上与静态图像压缩类似。帧内一般采用有损压缩算法,由于帧内压缩时各个帧之间没有相互关系,所以压缩后的视频数据仍可以帧为单位进行编辑。帧内压缩一般达不到很高的压缩比。

（2）帧间压缩（Interframe Compression）是基于许多视频或动画的连续前后两帧具有很大的相关性（即连续的视频相邻之间具有冗余信息）的特点来实现的,因此帧间压缩也称为时间压缩（Temporal Compression）。根据这一特性,通过比较时间轴上不同帧之间的数据实施压缩,进一步提高压缩比。帧间压缩一般是无损压缩,帧差值（Frame Differencing）算法就是一种典型的帧间压缩法,它通过比较本帧与其他相邻帧的差值来减少数据量。

需提到的是,当前一种适合于互联网实时传输音/视频信息的技术——流技术,正在得到广泛应用,主要目的是在网络上提供适当质量的低带宽实时视频信息。采用流技术传输时,当足够的数据被传送到用户的计算机时,一旦数据足以维持播放,该视频立即播放,这样用户就不需要花费很长时间来下载一个非常大的文件。目前,流技术已进入实际运用。

5.3.2　数字视频的压缩编码标准

为了使图像信息系统及设备具有普遍的互操作性,同时保证与未来系统的兼容性,国际标准化组织（ISO）、国际电子学委员会（IEC）及国际电信联盟（ITUT）等组织先后审议并制定了许多音/视频编码标准,分为 MPEG 和 H. 26X 两大系列。MPEG 系列标准是由 ISO 和 IEC 联合制定的运动图像（含音频）压缩编码标准,包括 MPEG – 1、MPEG – 2、MPEG – 4、MPEG – 7、MPEG – 21 等标准,主要用于数字电视节目和数字视频光盘;H. 26X 系列标准是由 ITU – T 制定的音/视频压缩编码标准,包括 H. 261、H. 262、H. 263 与 H. 264（等同于 MPEG –2）标准,主要用于多媒体网络环境中的数字视频传输,如可视电话、视频会议、视频点播等。两个系列视频压缩编码标准的内容特征,如表 5 – 6 所列。下面仅对以上标准进行简要的介绍[12,23,25]。

1. MPEG 系列视频压缩编码标准

（1）MPEG – 1 标准。该标准是 MPEG 组织于 1992 年正式发布的第一个具有广泛影响的多媒体国际标准。MPEG – 1 标准的名称为"动态图像和伴音编码",制定标准的目的是为了解决在数字存储媒体上有效地存取视频图像。这里的数字存储媒体仅限于 CD – ROM、硬盘和可擦洗光盘（CD – RW）等存储媒介。该标准针对传输速度为 1～1.5MB/s 的普通质量电视信号的压缩,压缩比最高达 200:1,可提供 30 帧/s352 × 240 分辨率的图像。人们所熟知的 VCD 就是一种采用 CD – ROM 来记录 MPEG – 1 数字视频数据的特殊光盘。

表 5 - 6   视频压缩标准的内容特征

标准类别	标准名	特点	算法与描述	数据率	应用
MPEG 系列标准	MPEG - 1	运动图像和伴音合成的单一数据流	帧内:DCT;帧间:预测法和运动补偿	1.5Mb/s	VCD 和 MP3
	MPEG - 2	单个或多个数据流,框架与结构更灵活	同上	4 ~100Mb/s	DVD 和数字电视
	MPEG - 4	基于对象的音/视频编码	增加 VOP 编码	64kb/s ~8Mb/s	高清电视、移动电视
	MPEG - 7	多媒体内容描述	多媒体信息描述规范	不涉及	基于内容检索
	MPEG - 21	多媒体内容管理	多媒体信息管理规范	不涉及	网络多媒体
H.26X 系列标准	H.261	可根据信道调整参数 p	DCT 变换和 DPCM 混合编码	$p \times 64kb/s$	可视电话与电视会议
	H.263	面向低速信道	帧间预测与 DCT 混合编码	各种网络带宽	可替代 H.261
	H.264	适应不同带宽	精密运动估计与帧内估计	各种网络带宽	网络视频、移动 TV

（2）MPEG - 2 标准。随着压缩算法的进一步改进与提高,MPEG 组织于 1996 年推出解决多媒体传输问题的 MPEG - 2 标准,标准名称为"信息技术—电视图像和伴音信息的通用编码"。该标准主要针对高清晰度电视（HDTV）的需要,传输速率为 10Mb/s,与 MPEG - 1 兼容,适用于 1.5~60Mb/s 甚至更高的编码范围,其以 30 帧/s704×480 的分辨率,为 MPEG - 1 的 4 倍。

MPEG - 2 的应用领域不仅支持面向存储媒介的应用,而且还支持各种通信环境下数字视频信号的编码和传输,如数字电视、TV 机顶盒和 DVD（数字视频光盘）,此外还可以应用于信息存储、Internrt、卫星通信、视频会议和多媒体邮件等,其典型的应用是 DVD 和 HDTV。为了适应不同的应用环境,还有很多可以选择的参数和选项,改变这些参数和选项可以得到不同的图像质量,满足不同的需求。

（3）MPEG - 4 标准。该标准于 1999 年 1 月公布,它的名称为"广播、电影和多媒体应用"。该标准是超低码率运动图像和语言的压缩标准,用于传输速率低于 64kb/s 的实时图像传输,不仅可覆盖低频带,也向高频带发展,同时还注重于视频和音频对象的交互性。它采用现代图像编码方法,利用人眼的视觉特性,从轮廓—纹理的思路出发,支持基于视频内容的交互功能。它更多定义的是一种格式、一种框架,而不是具体的算法;它充分运用各种各样的多媒体技术,包括压缩本身的一些工具、算法,也包括图像合成、语音合成等技术。较前两个标准,MPEG－4为多媒体数据压缩提供了一个应用前景是非常广阔的平台,例如数字广播电视、实时多媒体监控、低比特率下移动多媒体通信、基于内容的信息存储和检索、Internet/Intranet上的视频流与可视游戏、基于面部表情模拟的虚拟会议、DVD上交互多媒体应用、演播室和电视节目制作等。

（4）MPEG－7标准。该标准于2000年成为正式国际标准,其标准名称为"多媒体内容描述接口"。它规定了一套用于描述各种多媒体信息的描述符,这些描述符和多媒体信息一起,将支持用户对其感兴趣的多媒体信息进行快速有效的检索。其目的是生成一种用来描述多媒体内容的标准,它将对信息含义的解释提供一定的自由度,可以被传送给设备和计算机程序,或者被设备或计算机程序查取。MPEG－7并不针对某个具体的应用,而是针对被MPEG－7标准化了的图像元素,这些元素将支持尽可能多的各种应用。建立该标准的出发点是依靠众多的参数对图像与声音实现分类,并对它们的数据库实现查询,就像查询文本数据库那样。可应用于数字图书馆,例如图像编目、音乐词典等;多媒体查询服务,如电话号码簿等;广播媒体选择,如广播与电视频道选取;多媒体编辑,如个性化的电子新闻服务、媒体创作等。

（5）MPEG－21标准。随着多媒体应用技术的不断发展。各种多媒体标准层出不穷,这些标准涉及多媒体技术的各个方面。各种不同的多媒体信息存在于全球不同的设备上,通过异构网络有效地传输这些多媒体信息必须综合地利用不同层次的多媒体技术标准,使多媒体信息的传输和处理畅通无阻。该标准便应运而生。MPEG－21标准是2001年制定完成的,正式名称为"多媒体框架"（Multimedia Framewrok）。该标准是一个支持通过异构网络和设备使用户透明而广泛使用多媒体资源的标准,其目标是建立一个交互的多媒体框架。

MPEG－21标准其实就是一些关键技术的集成,通过这种集成环境对全球数字媒体资源进行透明和增强管理,实现内容描述、创建、发布、使用、识别、收费管理、产权保护、用户隐私权保护、终端和网络资源抽取、事件报告等功能。

2. H.26X系列视频压缩编码标准

（1）H.261标准。该标准是1990年ITU－T制定的一个视频编码标准,目的是规范综合业务数字网（Integrated Services Digital Network,ISDN）上的可视电话和视频会议应用中的视频编码技术。考虑到ISDN的传输码率64kb/s为单位,因此以 $p \times 64$ 作为H.261的标准码率,所以H.261视频编码标准又称 $p \times 64$ 标准。其中,p是一个可变参数,取值范围为 1～30,因而对应的比特率为64kb/s～192kb/s。

p×64 视频编码压缩算法采用混合编码方案,该算法与 MPEG – 1 压缩算法有许多共同之处,但区别在于:p×64 的目的是为了适应各种信道容量的传输;而 MPEG – 1 标准的目的是为了狭窄的频带上实现高质量的图像和高保真声音的传递。

(2) H.263 标准。该标准是 ITU – T 于 1995 年在 H.261 标准的基础上开发的电视图像编码标准,是最早用于低码率视频信号压缩标准,其目标是改善在调制解调器上传输的图像质量,并增加了对电视图像格式的支持。为了适应人们在现有窄带网络环境(如 PSTN 和无线移动信道上)传输视频信息的需要,ITU – T 于 1998 年 1 月推出 H.263 + (称之为 H.263 第二版)。H.263 + 增加了许多选项,使其有更广泛的适用性。目前,H.263 是可视电话中应用最广泛的视频压缩标准。

(3) H.264 标准。该标准是 ISO/IEC 与 ITU – T 组成联合视频组(Joint VideoTeam,JVT)制定新一代视频压缩标准,于 2003 年 3 月正式发布。目标是为视频编码应用提供显著增强的编码效率,同时减少 H.263 标准中一些混乱的可靠模式。H.264 标准最大的优势是具有很高的数据压缩比率,在同等图像质量的条件下,H.264 的压缩比是 MPEG – 2 的 2 倍以上,是 MPEG – 4 的 1.5 ~2 倍,使其在视频通信领域得到广泛的应用。但是该标准优越性能的代价是计算复杂度的大大增加。

3. 中国视频编码标准:AVT 标准

AVT 标准是我国于 2002 年开始制定的国家标准。标准涉及视频编码的有独立的两部分:AVS1 – P2,主要是针对高清晰数字电视广播和高密度存储媒体应用;AVS1 – P7,主要是针对低码率、低复杂度、较低图像分辨率的移动媒体应用。

5.3.3　数字视频的文件格式[12,23]

为了适应数字视频存储的需要,人们制定了视频文件格式来把视频和音频放在一个文件中,以方便同时回放。由于对视频文件中不同媒体压缩格式所采用的存储策略的不同,形成了不同的数字视频文件(容器)格式,这些文件大致可分为两类:一类是影像文件,用于多媒体出版的普通视频文件,如本地视频、DVD 视频等,这类文件具有较高的视频质量(如高清电影欣赏),但文件占用的存储空间较大;另一类是流式视频文件,采用压缩比较大的流式编码,这类文件一般用于网络传输或在线连续平滑播放,占用存储空间小,文件有一定的失真。

1. 影像文件

VCD、多媒体 CD 光盘中的视频都是影像文件。影像文件不仅包括大量图像信息,同时还容纳大量音频信息,所以文件的尺寸较大,1min 的视频信息就要达到几十兆字节。

（1）AVI 文件(∗.avi)。AVI(Audio Video Interleave)是一种音频视像交错记录的数字视频文件格式。它是 Microsoft 公司开发的一种符合 RIFF 文件规范的数字音频和视频文件格式。AVI 格式允许视频和音频交错在一起同步播放,支持 256 色和 RLE 压缩,但 AVI 文件并未限定压缩标准,因此,AVI 文件格式只是作为控制界面上的标准,不具有兼容性,用不同压缩算法生成的 AVI 文件,必须使用相应的解压算法才能播放出来。AVI 文件目前主要应用在多媒体光盘上,用来保存电影、电视等各种影像信息,有时也出现在 Internet 上,供用户下载、欣赏影片的精彩片段。

（2）MPEG 文件(∗.mpeg、∗.mpg、∗.dat)。MPEG 文件格式是运动图像压缩算法的国际标准,它采用有损压缩方法减少运动图像中冗余信息,同时保证 30 帧/s 的图像动态刷新率,已被几乎所有的计算机平台共同支持。MPEG 标准包括 MPEG 视频、MPEG 音频和 MPEG 系统(视频、音频同步)3 个部分,像人们熟悉的 MP3 音频文件就是 MPEG – 1 音频的一个典型应用,而 Video CD(VCD)、Super VCD(SVCD)、DVD(Digital versatile Disk)则是全面采用 MPEG 技术所产生出来的新型消费类电子产品。MPEG 压缩标准是针对运动图像而设计的,平均压缩比为 50∶1,最高可达 200∶1,压缩效率很高,同时图像和音响的质量也非常好,并且在 PC 机上有统一的标准格式,兼容性好。

2. 流式视频文件

（1）Real Video 文件(∗.ram、∗.ra、∗.rm、∗.rmvb)。Real Video 文件是 Real Networks 公司开发的一种流式视频文件格式,它包含在 Real Network 公司所制定的音频压缩规范 Real Medio 中,主要用来在低速率的广域网上实时传输活动视频影像,可以根据网络数据传输速率的不同而采用不同的压缩比率,从而实现影像数据的实时传送和实时播放。Real Video 除了以普通的视频文件形式播放之外,还可以与 RealServer 服务器相配合,在数据传输过程中边下载边播放视频影像,节约了用户的等待时间,使网络上观看流畅视频成为可能。目前,Internet 上有不少网站利用 Real Video 技术进行重大事件的实况转播。

RMVB 影片格式比原来的 RM 多了 VB 两字,在这里 VB 是 VBR(Variable Bit Rate,可变比特率)的缩写。在保证了平均采样率的基础上,设定了一般为平均采样率两倍的最大采样率值,在处理较复杂的动态影像时也能得到比较理想的效果,处理一般静止画面时则灵活的转换至较低的采样率,有效地缩减了文件的大小。

（2）Windows media 文件(∗.asf、∗.wmv)。Microsoft 公司推出的 Advanced Streaming Format(ASF,高级流格式),也是一个在 Internet 上实时传播多媒体的

技术标准,ASF 的主要特点是,可在本地或网络进行回放,符合 ASF 文件定义的媒体类型、有关播放部件的信息存储在 ASF 的头部分,用于指导用户下载所需的播放部件、可伸缩的媒体类型、支持多语言、提供扩展性和灵活性非常好的可继续扩展的目录信息功能等。ASF 应用的主要部件是 NetShow 服务器和 Net-Show 播放器。有独立的编码器将媒体信息编译成 ASF 流,然后发送到 NetShow 服务器,再由 NetShow 服务器将 ASF 流发送给网络上的所有 NetShow 播放器,从而实现单路广播或多路广播。这和 Real 系统的实时转播则是大同小异。

WMV 是另一种独立于编码方式并在 Internet 上实时传播多媒体的技术标准,和 ASF 格式一样,WMV 也是 Microsoft 公司的一种流媒体格式,英文全名为 Windows Media Video。和 ASF 格式相比,WMV 是前者的升级版本,WMV 格式的体积非常小,因此很适合在网上播放和传输。在文件质量相同的情况下,WMV 格式的视频文件比 ASF 拥有更小的体积。

ASF 或 WMV 以网络数据包的形式方便的传输,实现流式多媒体内容的发布。它们是开放的、独立于编码方式的,任何的压缩/解压缩编码方式都可以制作 ASF 或 WMV 流。ASF 和 WMV 的扩展名可以相互转换。

(3) Flash Video (*.flv)。flv 流媒体格式是随着 Flash MX 的推出发展而来的一种新兴的视频格式。它文件体积小巧,清晰的 FLV 视频 1 分钟所占空间约为 1MB,一部电影约为 100MB,是普通视频文件体积的 1/3。flv 在线观看的速度非常快,在网络状态良好的情况下,几乎没有缓冲。目前各在线视频网站均采用此视频格式,如新浪博客、六间房、优酷、土豆、酷 6、youtube 等。flv 已经成为当前视频文件的主流格式。flv 下载到本地一般需要专用的播放器打开或者转换为其它视频格式,但目前很多流形播放器的新版本已经增加了对 flv 格式的直接播放,例如暴风影音、Kmplayer 等。

(4) MOV 文件(*.mov、*.qt)。MOV 是 Apple 公司开发的一种视频格式,它是图像及视频处理软件 QuickTime 所支持的格式,被 Apple MacOS、Microsoft Windows 系列在内的所有主流计算机平台支持。MOV 格式也可以作为一种流式文件格式,通过 Internet 提供实时的数字化信息流、工作流与文件回放功能,它还为多种流行的浏览器软件提供了相应的 QuickTime Viewer 插件,能够在浏览器中实现多媒体数据的实时回放。此外,QuickTime 还采用了一种称为 Quick-Time VR(QTVR)的虚拟现实技术,用户通过鼠标或键盘的交互控制,可以观察某一地点周围 360°的影像,或者从空间任何角度观察某一物体。QuickTime 以其领先的多媒体技术和跨平台特性、较小的存储空间要求、技术细节的独立性以及系统的高度开放性,得到业界的广泛认可,目前已成为数字媒体软件技术领域事实上的工业标准。

5.4 IETM 标准对视频媒体的要求

5.4.1 视频在 IETM 的应用场合

IETM 中的视频是指设备操作、过程步骤或者拍摄现场事件的真实存在的活动图像。这些片段可包括音频解说或者音轨。建议视频对象与其它媒体对象链接而不嵌入其中。

IETM 推荐视频的使用场合主要有：

（1）阐明一个复杂的或罕见的维修过程所需的真实影像；

（2）实物示教；

（3）嵌入训练；

（4）演示文稿（如幻灯）。

5.4.2 视频制作

以下规则和技术用于制作包含语音解说或音轨的视频对象。下面基本规则集普遍适用于包含语音解说或音轨的两种情况，但各自有其具体的应用规则。

为保证有效地使用，IETM 视频对象的制作应遵循以下原则：

（1）音轨或音频效果不得违犯国际版权和知识产权法。

（2）在整个展示过程中，灯光和图片质量必须保持以自然色彩显示。

（3）使用人工灯光制作视频演示时，不能因技术原因产生错误的呈现，应确保以自然原貌呈现。

（4）必须使用户能清楚地识别位置和零件。如果有进一步清晰显示的需求，应使用位置或视频定位与/或方向指示器。

（5）应该用自然视图与范围制作向用户呈现逼真的视频图像，并应向用户清楚地展示不同角度或剖面视图。

（6）单独的视频对象应与解说文本并行制作，并使两者相互协调。

（7）要避免将文本技术数据嵌入到视频中或引用于文件之外。

（8）不使用艺术褪色、混色或图形效果。

（9）建议限制在视频演示时使用静止帧或使用实景与动画对象混杂，如果使用也只是为用户增加视觉清晰度与使用价值。

（10）如适用的话，一个视频对象要尽可能地多用途（可重用），如部件的安装与拆卸。

（11）捕获的图像应是稳定的，并可以从快速运动过程中分离出来。

1．视频的捕获

依据 IEC61834 标准数字视频捕获一个 YCbCr（Y 为亮度，Cb 和 Cr 分别为蓝色和红色的色度）。该标准提供的数据率为 25Mb/s，为捕获和编辑数字视频的推荐的最低标准。对于高清晰图像与准确彩色表示的媒体对象应使用带有红、绿、蓝光谱的三电荷耦合器件（3CCD）的捕获设备。

极力推荐未压缩的视频资源的使用以下比率捕获：

（1）PAL 制式和 SECAM 制式 25 帧/s：720×576 像素（数码），4:2:0。

（2）NTSC 制式 29、70 帧/s：720×420 像素，4:1:1。

（3）双声道音频调到：48kHz，16bit，并完全调制。

（4）媒体录制压缩比不大于 5:1。

2．转换和视频效果

技术片段或训练视频制品可以使用简单剪辑、标准褪色和基本混色。

3．低带宽网络数据流

对于请求式窄频带视频数据流推荐的限制条件如下：

（1）最大比特率为 80kB/s，少于 5 分钟的短片的比特率可用 128kB/s 来编码；

（2）推荐两分钟或更短时间的视频片段使用更高的比特率；

（3）建议视频对象最小数据流为 34kB/s，如使用多比特率数据流，可增至最大比特率，但不能超过此值。

（4）推荐视频流中音频部分使用单声道放音。

4．宽带宽网络数据流

宽频带视频内容的最大比特率为 256kB/s。建议不要超过此最大值。建议项目使用选项为 225kB/s 数据流的制作软件（通常为"256kB/s 连接"选项）。

建议将有声视频的数据流的音频总比特率设置为 32kB/s 或者 64kB/s。除非项目特别规定需要立体声，一般推荐语音与音乐使用单声道。原因在于，立体声信息大多包含编码困难的较高频率，会造成不完美的立体声效果。

5．视频照片输出

成品主输出推荐使用数字平台 MiniDV – MPEG–2 MF@ML，其给出的轮廓最小。一旦掌握，可以根据客户要求压缩视频拷贝，亦为适合网络做准备。

推荐使用下列视频输出规格：

（1）低带宽网络视频以 320×240 像素的规格输出。

（2）宽带宽网络视频以 640×480 像素的规格输出。

（3）宽带宽网络的单个文件大小不超过 4MB，宽带宽网络的单个文件大小不超过 16MB。

（4）单个视频对象、步骤或场景不超过 2 分钟。

建议所有输出视频设置为变比特率和可剪裁的项目交付。

6. 视频对象控制

利用约定的媒体播放器或项目配置文件中规定的界面,能实现交互式视频对象的用户控制。

5.4.3　视频文件格式和推荐的视频采样频率

1. 视频文件格式

视频格式一般分为影像格式（Video Format）和流格式（Stream Video Format）。影像格式适合于单机环境,包括 AVI、MPEG、MOV 等格式;流格式适用于网络环境,包括 RM/RA、ASF 等格式。S1000D 推荐的视频格式如表 5 - 7 所列。

表 5 - 7　视频常用类型的文件格式

编码方式	文件扩展名
Autodesk Animator FLIC Format FLI	FLI
Digital Video	DIF 和 DV
Macromedia Flash	FLA
Microsoft RIFF chunk for Audio/ Visual Interleaved Data	AVI
Motion Picture Experts Group video	MP2、MP2V、MP4、MPE、MPEG、MPEG - 1、MPEG - 2、MPG、MLV 和 MPG4
Multimedia and Hypermedia Experts Group	MHEG
Real Audio - Video	RA、RAM、RM 和 RMJ
SMI Video	SMI
SML Video	SML
Streaming Movie	RTS、RTSP 和 SDP
VFW Video	VFW
Video RGB	RGB
Video X - FLV	FLV
Video X - MS - ASF	ASF
Video/Quicktime	MOV、QT、QTR 和 QTX
Windows Media	ASR 和 ASX
Windows Media audio/video	WM、WMP、WMV 和 WMX

AVI 格式兼容性好,调用方便,而且图像质量高,但缺点是文件数据数量大。MPEC 格式的最大优点是兼容性好,绝大多数软件均可播放该文件格式,MPEC 格式包括 uickMPEC 视频、MPEC 音频和 MPEC 系统(视频、音频同步)三部分,MP3(MPEC - 3)音频文件就是 MPEC 音频的一个典型应用;视频方面则包括 MPEG - 1、MPEG - 2 和 MPEG - 4。WMV 是 Microsoft 公司开发的视频格式文件,主要优点包括本地或网络回放、可扩充的媒体类型、部件下载、可伸缩的媒体类型、流的优先级化、多语言支持、环境独立性、丰富的流向关系以及扩展性等。

每一种视频格式都要求有相应的软件才能播放,如 MOV 格式文件需要用 Quick Time 播放,而 RM 格式的文件需要 Real Player 来支持。由于 AVI 格式图像质量好,经常先录制好 AVI 的视频,然后再转换为其他格式。

2. 推荐的视频采样频率

根据上面 IETM 视频的制作要求,在制作视频时,需要选择合适的采样频率。S1000D 推荐的最小采样频率如表 5 - 8 所列。

表 5 - 8　推荐的视频速率

类型	数字视频(DV)最小采样值	DV 最小采样频率(帧/s)	DV 最小采样色度值	记录媒体最小压缩率	最小输出值
颜色空间	YcbCr①	—	—	—	—
数据率	25Mb/s	—	—	—	—
PAL/SECAM 分辨率	720px×576px	25	4:2:0	5.1	—
NTSC 分辨率	720px×420px	29.70	4:1:1	5.1	—
低带宽	320px×240px(输出)	—	—	—	最小 80kb/s②
宽带宽	640px×480px(输出)	—	—	—	最大 256kb/s
Profile@ level	—	—	—	—	MP@ ML③

注:① DV 设备:YcbCr 是基于 IEC61834 标准的螺旋扫描数字记录方法;

② 可以接受,但是不推荐;

③ MEGP - 2 配置文件为主要标准(30Hz 最大帧率时为 720×480 像素,25Hz 最大帧率时为 720×576 像素,采样为 4:2:0(DVD:9.8Mb/s))

5.5　IETM 制作中常用视频处理软件

IETM 中的视频对象主要用于介绍装备操作、拆卸、装配等过程的操作步骤,一般都伴有语音介绍,另外,部分三维动画也处理成视频的格式输出,作为 IETM

的媒体对象插入到具体链接中去。下面介绍较为常用的几款视频处理软件。

5.5.1　Adobe Premiere 软件

Premiere 是 Adobe 公司新近推出的产品,它是该公司基于 QuickTime 系统推出的一个多媒体制作软件,升级后的 Premiere 10.0(较以前的 5.0、5.1、6.0、7.0、8.0、9.0 版本)功能更加强大,能够支持 MP3 格式的声音播放格式,使音乐素材更加容易获得,同时也增加了一些过渡功能。Premiere 把 Adobe Premiere 系列软件推到了一个前所未有的高度,使用起来更加得心应手。Adobe Premiere 是一个非常优秀的视频编辑软件,能对视频、声音、动画、图片、文本进行编辑加工,并最终生成电影文件。

AdobePremiere 软件以其优异的性能和广阔的发展前景,能够满足各种用户的不同需求,成为了一把打开视频创作之门的金钥匙。用户可以使用它随心所欲地对各种视频图像、动画进行编辑;对音频进行进一步的处理;轻而易举地创建网页上的视频动画;对视频格式进行转换。

Adobe Premiere 在多媒体制作的领域扮演着举足轻重的脚色。它能使用多轨的影像与声音来合成与剪辑 avi、mov 等动态影像格式,Premiere 兼顾了广大视频用户的不同需求,提供了一个低成本的视频编辑方案,最新版本 Premiere 的特点包括:

(1) 使用非线性编辑功能进行即时修改。以幻灯片风格播放剪辑,具有可变的焦距和单帧播放能力。

(2) 在项目管理中,使用具有文件夹的类似的寻找器界面来组织素材。按名称、图标或注释对素材进行排序、查看或搜索。多重注释文件可以进行精确控制。

(3) 特殊效果的运用,使用运动控制使任何静止或移动的图像沿某个路径飞翔,并具有扭转、变焦、旋转和变形效果。可从众多的过渡(包括溶解、涂抹、旋转等)中进行选择,也可自己创建过渡。具有更加丰富的生产和创作选择,支持插件滤镜,包括那些与 Photoshop 兼容的插件滤镜。

(4) 具有最流畅的动作,子像素的运动和可反映所有效果的选项,支持 4 个单独的声道。

(5) 完美的节省时间能力使用预置(样式表)来简化对输出、压缩和其它任务的关键选项的设置。在初始编辑之后,通过以高分辨率版本取代低分辨率版本,实现磁盘空间的高效使用。接受利用可扩充体系结构添加功能的插接模块。使用内建的和第三方声频处理滤镜强化和改变声频特点。

(6) 随着多媒体技术在 Internet 领域的发展,在 Web 上出现了很多新的多媒体技术。Premiere 开发了一个插件 RealNetworks，由于运用"流"技术，使用户可在网上即时观看由 Premiere 制作的 Realvideo 视频，Adobe 还开发了制作 Gif89a 动画的 Plug – in，使用 Premiere 可直接可生成 Gif89a 动画。

（7）可将在 3D Studio Max 中制作的原始动态影像导入 Premiere，并在其中加以剪辑合成，让非线性的剪辑作业在 PC 平台上得以实现，弥补 3D Studio Max 动画合成能力的不足。

（8）支持多种音频格式，包括 Mid、Wav、MP3 等，使得用户很容易找到自己需要的音乐素材，并将其应用到自己制作的电影中。

（9）比起以前的 Premiere 版本增加了很多过渡效果和滤镜功能。

5.5.2　会声会影软件

会声会影（Ulead VideoStudio）是中国台湾友立公司出品的一款功能强大的视频编辑软件，具有图像抓取和编修功能，可以抓取，转换 MV、DV、V8、TV 和实时记录抓取画面文件，并提供有超过 100 多种的编制功能与效果，可导出多种常见的视频格式，可以直接制作 DVD、VCD 光盘。支持各类编码，Ulead VideoStudio 8.0 是在 V7.0 的基础进行了一些强化，增加了效果滤镜插件并增加了一些新的功能。除了支持多种视频来源，例如 DV、V8、TV – Tuner、WebCam 之外，还支持 SONY 最新型的"MicroMV"摄像机。有以下主要功能：

（1）视频覆叠轨功能。"抠像"是视频编辑中常用的一种特技，它可以将视频或图像中的某种颜色设为透明色，并将它从画面中抠去，从而使画面背景透明，这样就可以进行两层画面的叠加合成，形成各种神奇的艺术效果。当然会声会影还不可能实现专业视频编辑软件中复杂的抠像功能，但是由于"视频覆叠"支持 Alpha 通道，因此也可以实现一些简单的"抠像"效果，例如在图像编辑软件中为处理好的图像添加一个 Alpha 通道并存为 32 位的 TGA 文件，然后导入会声会影的覆叠轨，一个背景完全透明的图像就会覆叠到主视频上。会声会影的覆叠轨不仅可以抠出静态图像中的 Alpha 通道，还可以结合 Ulead COOL 3D 为视频添加三维动画标题，用户可以在 Ulead COOL 3D 中将动画文件保存为带有 Alpha 通道的 TGA 图像序列，然后再导入会声会影的覆叠轨，会声会影 6 会自动抠出 Ulead COOL 3D 图像序列中的 Alpha 通道，并将三维动画标题完美地合成到影片中。

（2）无缝捕获。由于 Windows 操作系统的限制，在使用 FAT32 文件系统的 Windows 9X 中，单个文件大小的上限为 4GB。但是由于捕获的视频文件通常是未经压缩的，所以占用的空间非常大，4GB 的空间只能存放大约 18 分钟的 AVI 文件，这为视频捕获带来了很大的麻烦。会声会影的无缝捕获功能打破了

FAT32 文件系统 4GB 文件大小的限制，在采集超过 4GB 的视频文件时，会声会影 6 可以自动将其采集成多个文件，并且在编辑时当作一个文件来处理。

当然，在其它的视频编辑软件中，为了避免 FAT32 文件系统对文件大小的限制，在进行视频编辑时，最好采用 Windows NT/2000/XP 操作系统，并且将磁盘转换为 NTFS 格式，因为在 NTFS 文件系统中，单个文件大小的上限为 4TB。

（3）视频贺卡。会声会影拥有多样化的视频输出方式，不仅可以输出为数字电影、回录至录像带、刻录成光盘、发布到 Web，而且还可以使用视频素材创建视频贺卡，用户可以自定义贺卡背景，设置视频的位置和大小。由于会声会影创建的视频贺卡为 EXE 可执行文件，所以用户无需在系统中安装特定的播放软件即可浏览贺卡。

5.5.3　Pinnacle Studio 软件

Pinnacle Studio 是美国品尼高公司（后与纳斯达克（Avid）公司合并）一款专业质量的视频编辑软件。它提供了一个专业家庭视频工作室所需要的所有功能，包括一体化的音频、视频同步采集、实时数字视频编辑和 CD、VCD、DVD 制作解决方案。与同类软件相比，Pinnacle Studio 的优势更为突出。尽管 Studio 的功能并非最全，但在关键功能上（如字幕和音轨混合），它做得非常出色。

预览质量采集（SmartCapture）是 Pinnacle Studio 的一个独特功能，它允许用户以"预览质量"采集和编辑视频。以"预览质量"采集的视频文件压缩率非常高，一小时的视频只占用 250MB 左右的硬盘空间，这样不仅可以节省硬盘空间，而且提高了视频编辑的效率。以"预览质量"采集和编辑的视频文件在最终输出时，Pinnacle Studio 会自动控制来源设备以完成质量重新采集使用到的视频片断，因此，预览质量采集对最终影片的质量没有任何影响。以预览质量采集的场景在"像册"中以虚线边框标识。

Pinnacle Studio 的改变播放速度工具可改变剪辑的播放速度，范围从正常速度的 5 倍到 1/10。当改变剪辑的播放速度时，"电影窗口"中的剪辑长度会发生变化。注意：减慢剪辑速度（增加长度）会使视频看上去有些断续，此时可以通过选中"平滑帧间运动"复选框激活"创建插值帧"（即创建中间帧）功能，使视频运动平滑。

"改变播放速度"窗口中的"闪光灯"是一个频闪过滤器，可以创建频闪效果，频闪重复的帧数为零（无频闪效果）到 50 个。当用户为一段视频剪辑创建频闪效果时，该剪辑的长度保持不变，程序会根据用户设置的重复帧数用重复的帧代替该帧后面的帧。"重置"按钮可将频闪值设置为零，关闭频闪效果。

面向低端应用的视频编辑软件的音频编辑功能都非常简单，但是 Pinnacle

163

Studio 却拥有比较强大的音频编辑功能。首先,Pinnacle Studio 中各个音轨的音量可以在"时间线"上直接调整,用户只需用鼠标指针移动代表音量的蓝线即可直接在剪辑内调整音频音量。其次,各音轨的音量还可使用"音量"工具进行调整,"音量"工具与传统的音频混合器类似,可以调整三个音轨彼此之间的相对音量,三组控制项分别控制"原始音频"分轨、"声音效果/画外音"分轨和"背景音乐"分轨。最后,Pinnacle Studio 还附带了一个音效库,包含大量常用的音效,非常方便用户使用。

作为一款专业的视频特效软件,Hollywood FX 被广泛应用于各种视频编辑软件。Pinnacle Studio 包含了 Hollywood FX Basic for Studio 的 16 种独特效果,此外还包括 Hollywood FX Plus for Studio 和 Hollywood FX Pro for Studio 演示版,演示版的转场效果带有水印,并且不具备 Easy FX 编辑器,不能对转场效果进行编辑。

SmartSound 是一款功能强大的背景音乐生成器,它由两个主要组件构成:把声音嵌入到视频中的程序(用于选择和控制音乐创建)以及声音文件本身。SmartSound 可以自动创建多种形式和任意持续时间的背景音乐。在使用 SmartSound 为视频添加背景音乐时,用户只需选择该视频,然后依次选择风格、曲目和版本,最后单击"添加到电影"按钮,Pinnacle Studio 就可以自动创建与一组特定剪辑相匹配的背景音乐。

第6章 动画媒体与虚拟现实

动画是利用人的视觉暂留特性,将一系列静止的画面进行快速连续播放以形成运动变化的图形、图像。在装备 IETM 中运用动画是为了说明某一产品的机理,或是视频无法观察到的内部运行过程。虚拟现实是采用计算机技术产生一个虚拟世界的动态三维环境,使用户产生一种身临其境的感觉,并能够通过语言、手势等方式与之交互。将虚拟现实技术运用于装备 IETM,可以极大提高 IETM 使用效果。动画和虚拟现实虽然是不同的两种媒体,但在制作方面却有许多相同的地方,例如二者都极依赖于三维模型,且在编程语言和创作软件上也多有重合。

本章主要介绍动画媒体基础,IETM 标准对动画及 3D 模型媒体的要求,IETM 制作中常用动画制作软件,以及虚拟实现技术。

6.1 动画媒体基础

6.1.1 动画技术概述

动画(Animation)是由人工绘制或计算机生成的多幅图画,利用人的视觉滞留现象所产生的错觉来实现连续的运动视觉。动画包含两方面的内涵,一是指美术层面的图像创作;二是指运用某种特殊技术,使原本静止的图像呈现运动状态。与其它媒体相比,动画的表现力丰富直观,易于被用户接受,是最具有吸引力的表现形式之一[41]。国际动画组织(ASIFA)对"动画"一词的定义:"动画艺术是指除使用真实的人或事物造成动作的方法之外,使用各种技术所创作出的活动影像,即是以人工的方式所创造的动态影像。"

人们所观看的动画是连续、流畅和自然的,但实际上却是一组静态图像流按一定速率的连续播放,所利用的是人的视觉暂留效应。所谓"视觉暂留",是指人眼在观察景物时,光信号传入大脑神经,需经过一段短暂的时间,光的作用结束后,视觉形象并不立即消失,而是残留后像。动画利用的正是人眼的这一特性。如果一系列相关的静止画面播放的速度足够快,就会使保留在视网膜的影像消失之前,给出新画面,这样就能看到没有闪烁的运动画面了。实验证明,如

165

果动画的画面刷新频率为 24 帧/s,则人眼看到的就是连续的画面效果,而要实现最基本的动画效果,播放速度至少为 16 帧/s。

当前,在装备 IETM 中广泛应用的动画,是用计算机生成的一系列可供实时演播的连续画面,实现这种功能的技术被称为计算机动画(Computer Animation)。计算机动画又称电脑绘图技术,是指利用传统动画的基本原理,采用计算机图形与图像的处理技术,借助于编程或动画制作软件生成一系列连续景物的画面,通过采用连续播放静止图像的方法产生物体运动的效果。

在计算机动画产生之前,人们也制作了大量的动画作品,然而在技法上显得相对简单粗糙。随着计算机技术的发展,计算机开始应用于动画。20 世纪 60 年代,程序员可以利用编程语言制作简单的计算机动画,但艺术家根本无法介入,1963 年美国的贝尔实验室制作了第一部计算机动画片。20 世纪 70 年代,人们提出了关键帧动画技术,这种技术可利用插值算法计算出两个关键帧之间的中间帧,大大提高了动画制作的效率,一直到今天该技术仍是计算机动画制作的关键技术。20 世纪 80 年代,人们研制出了交互式二维动画系统,计算机动画开始步入繁荣时期。20 世纪 90 年代,计算机动画开始进入全面发展时期,动画作品不仅仅做为一种娱乐产品,而且也成为科研教学领域的有力工具,利用动画作品可以展示许多文字、图像、视频所无法展现的部分。进入 21 世纪,随着处理器芯片在性能上的提高和软件算法的改进,三维模型开始广泛运用于计算机动画,使得动画作品具有更加逼真的视觉效果。正因为如此,在装备 IETM 系统中运用计算机动画,能够使用户获得更直观的认识和更好的体验效果。然而受高昂的制作成本限制,目前装备 IETM 只在关键部分、且用其它媒体难于表现时,才使用计算机动画。

6.1.2　动画制作过程

根据反映空间的范围,动画可分为二维动画和三维动画。二维动画是通过设计和绘制二维图形而生成的动画,根据图的性质,可分为二维位图动画和二维矢量动画。三维动画是通过构造三维模型并直接控制三维模型运动而生成的动画,设计人员首先在计算机上建立一个三维虚拟场景,然后在其中建立对象的三维模型,再根据要求设定模型的运动轨迹及相关参数,最后按要求为模型贴上特定材质,并打上灯光。

二维动画与三维动画的区别在于采用不同的方法控制并获取对象模型的运动效果,因此,二维动画与三维动画在制作方面也大不相同。

1. 二维动画的制作过程

受规模、制作人员、工作条件的限制,不同的作品往往具有不同的制作流程,但基本思路是相同的。一种较为通用的二维动画的制作过程为：

（1）策划与设计脚本。该阶段基本决定了动画作品质量的优劣,创作者需投入较大精力,并尽量详细地设计好每一个镜头的安排及同步定时动作,并依此安排动画顺序。

（2）录入二维图像。对于需要动手绘画的图像,需用扫描仪或相机等将画师的画稿扫描或拍摄到动画制作软件中;而对于可用计算机制作的图像,则采用相应的制图软件完成制作。

（3）画面转换。将绘制或摄取的图像在计算机中转换成透明画面,以方便在同一帧里叠加多层,而不会影响到画面的清晰度。

（4）处理关键画面。将关键图像采集到计算机后,再进行相应调整和修改,以满足规定的效果要求。

（5）图像实时演示。大部分动画制作软件都提供精确的预演功能,对每秒24 帧的动画,不论单色还是彩色,都可以精确监视动作是否符合要求,所有制作的图像都可在数秒内重新定位而不需重复摄取,实现对动画镜头的非线性编辑。

（6）图像渲染。使用动画软件系统提供的调色板和渲染系统,可以方便地对关键帧画面和中间插图进行渲染,对相同角色的相同设置实现快速的复制粘贴。

（7）处理背景。所有背景都可以通过扫描仪或录像机直接输入到系统中,并对其进行加工。无论对简单的背景,还是画面复杂的摄像机移动,都分配到镜头的每一帧。

（8）自动定位。当所有摄像机指令都记录到计算机后,动画软件就把这些画面和背景自动组合起来形成帧,并生成一系列文件,这些文件可被编辑,以产生特殊效果。

（9）渲染输出。当所有动画都已渲染完毕后,动画软件将它们组织成序列文件,检查无误后即可输出到存储介质上。

2. 三维动画的制作过程

三维动画的制作需要在计算机上利用软件才能完成,下面介绍三维动画的制作过程。

（1）设计脚本。与二维动画的制作方法类似,在制作三维动画前应根据要求进行整体创意的策划,形成动画制作的脚本。

（2）预处理。将外部各种形式的资料转换为计算机能处理的数据,即对造型来源和图像来源进行处理。

（3）造型设计。造型是三维动画角色设计中的核心部分,其中物体的立体感是通过曲面和多面体有机组合而成的。一般的造型系统中都有曲线、曲面、多边形的概念,三维动画中的造型通常利用细微的点、线、面的调整,使得整个物体更趋于动画角色设计。

(4)材质贴图。通过调整物体的颜色、透明度、反光度、反光强度、自发光和粗糙程度等的特性,为模型赋予生动的表面特性。贴图的方式和种类很多,分别对应不同需求。贴图方式有平面、柱体和球体等,而贴图种类有纹理贴图、反射贴图、自发光贴图、高光贴图、自动反射贴图、凹凸贴图和不透明度贴图等。每一种贴图都有许多参数需要调整,调整的目的是使模型与现实生活中的对象属性趋于一致。

(5)用光。调好材质后,必须将场景中配上光才能看出真实效果。如果没有光,再好的材质也实现不出效果。三维动画制作中主要有环境光、散射光、目标定向光、自由定向光、目标聚光灯、自由聚光灯与太阳光。在用光的同时还需配合好摄像机的控制,利用摄像机的位置变化还可产生画面的动态效果。

(6)运动的设定。运动是动画的核心,在计算机三维动画设置运动的方法中最常用的是关键帧法、变形法和关节法。动作与画面的变化通过关键帧来实现,设定动画的主要画面为关键帧,关键帧之间的过渡由计算机利用插值算法自动完成。

(7)渲染。渲染是将用户设定好的动画处理成一系列单帧图像或一个动画文件,根据场景的设置,赋予物体的材质、贴图和灯光,由程序绘出一段完成的动画。

(8)后期处理。主要是对制作完成的动画进行加工处理,将之前所做的动画片段、声音等素材,按照分镜头剧本的设计,利用非线性编辑软件生成最终的动画作品。

6.1.3　动画制作的软件、语言和接口

动画制作可以分成两类:

(1)用户级。即使用现成的商用动画制作软件和描述性的动画编程语言,进行复杂的三维造型和简单的动画设计。对使用者要求不高,但产品的交互性有限、效率也不会很高。

(2)程序员级。即使用高级语言和图形动画 API,进行简单的三维造型和复杂的动画设计。对程序员要求较高,但是产品的交互性好、效率一般也很高。

这两类方法各有特点,具有一定的互补性,且各有自己的应用领域。下面列出常见的动画制作软件、描述语言和 API。

1. 动画制作软件

1) 二维动画

(1) 位图动画(GIF),例如我国台湾友立公司的 Ulead GIF Animator,微软公司早期的 Microsoft GIF Animator,Liatro soft 公司的 Babarosa Gif Animator,Gamani productions 公司的 GIF Movie Gear,以及 Right to Left Software 公司的 Animagic GIF Animator。

(2) 矢量动画(Web),例如 Macromedia 公司的 Web 二维矢量动画软件 Macromedia Flash MX,以及 DJJ Holdings 公司的 Swish。

2) 三维动画

应用较为广泛的有我国台湾友立公司的三维文字制作软件 Ulead Cool 3D,Autodesk 公司多媒体子公司 Discreet 的三维造型与动画软件 Discreet 3ds max,Alias Wavefront 公司的三维动画软件 Maya,以及 Amabilis Software 公司的自由三维动画软件 3D Canvas。

2. 动画描述语言

动画描述(标记)语言主要有 3 种,分别为 VRML(Virtual Reality Modeling Language)建模语言、X3D(eXtensible 3D)可扩展三维编程语言、SVG(Scalable Vector Graphics)可伸缩矢量图形编程语言。其中,VRML 和 X3D 是基于三维图形动画和虚拟现实 Web3D 标准的,而 SVG 则是基于 XML 二维图形和动画标准。

3. 动画编程接口

常见的图形动画编程接口有两种标准:一是基于开放图形库 OpenGL 的国际标准,二是基于 Direct3D 和 Java3D 的事实标准。

OpenGL 源于 SGI 公司的 GL(Graphics Library)图形库,是国际组织 OpenGL ARB(Architecture Review Board)体系结构评审委员会推出的二维和三维图形动画 API 标准。最初版本是 1992 年 7 月 1 日推出的 OpenGL 1.0,目前的最新版是 2014 年 8 月 11 日推出的 4.5 版。GL 和 OpenGL 是现代所有二维和三维图形与动画 API 的鼻祖,应用非常广泛。OpenGL 是一套完整开放的图形函数库,跨平台且语言中立(主要针对 C/C++),广泛用于大型机和专业级的应用程序开发,也可以用于 PC 机和 Windows 平台(通常 PC 机的图形显示卡都会同时提供 OpenGL 和 Direct3D 的驱动模块)。

Direct3D 作为 DirectX 的最重要组成部分,在微软公司的 Windows 平台上使用十分广泛。Direct3D 最初是于 1996 年随 DirectX 2.0 推出的,现在的最新版本是 Direct3D 11 版,并预计将于 2015 年底推出 Direct3D 12 版。Direct3D 的功能强大、效率高、更新快,不足之处是只局限于 Windows 平台,而且只是一个公司的私有产品,开放性不够,在技术上也不太稳定。

Java 3D 是 Sun 公司提出的 Java 语言的有机组成部分,它是在 OpenGL 基础上开发出来的。Java 3D 的 1.0 版是于 1998 年 11 月随 Java 2(JDK 1.2)正式推出的,当前的最新版本为 Java 3D 1.5.2。Java 3D 的主要特点是可跨平台,并由多个公司和组织参加的 JCP(Java Community Process)社团负责其管理与开发,技术先进且稳定。Java 3D 的不足之处是使用 Java 虚拟机会在一定程度上影响运行速度,而且只限于 Java 语言使用。

6.1.4 动画文件格式

动画是最具感染力的媒体形式之一,可以动态展示事物的内部、外部发展过程。动画有二维和三维之分,且制作软件多种多样,这也形成了动画文件的存储格式多样化。一般而言,常用的动画文件格式有以下几种:

(1) GIF 格式。GIF(Graphics Interchange Format)格式是一种最为常见的二维动画格式,是 CompuServe 公司在 1987 年开发的一种文件格式。GIF 文件是一种基于 LZW 算法的连续色调无损压缩格式,压缩率一般在 50% 左右。GIF 格式的动画没有声音,文件较小,通过将多幅图像保存为一个文件并连续播放的方式形成动画。GIF 文件不专属于任何应用程序,几乎所有相关软件都能支持,是一种最简单的动画文件格式。

(2) FLV 格式。FLV(Flash Video)格式是随着 Flash MX 的推出而发展起来的一种文件格式,用于存储 Flash 软件制作的源文件,在网络上应用非常广泛,特点是文件小、加载速度快,所有的原始素材都保存在 FLV 格式的文件中。FLV 格式是一种全新的流媒体格式,它利用了网页中广泛使用的 Flash Player 平台将视频整合到 Flash 动画中。

(3) SWF 格式。SWF(Shock Wave Flash)是 Macromedia 公司的动画设计软件 Flash 的专用格式,SWF 文件通常也被称为 Flash 文件,该类型文件支持矢量和点阵图形的动画,缩放不会失真,且由于采用了流媒体技术,可以边下载边播放,广泛应用于网站。网络上使用 SWF 格式文件必须安装 Adobe Flash Player 插件。SWF 文件可使用 Flash 播放器、Adobe Flash Player 插件、以及暴风影音等视频播放器打开。

(4) RMVB 格式。前身为 RM 格式,其中的 VB 是英文 Variable Bit 的缩写,含义是可变化比特率。RMVB 格式实际上是 Real Networks 公司制定的文件压缩规范,可根据不同的网络传输速率制定出不同的压缩比,从而实现在低速率的网络上实时传送与播放。

(5) FLC 与 FLI 格式。FLC 与 FLI 是 Autodesk 公司的 2D/3D 动画制作软件 Autodesk Animator 和 3D Studio 所制作的动画文件格式,有时也统称为 FLIC 格

式。这种格式动画文件的主要特点是能够以较高的压缩率实现无损数据压缩。FLI 是基于 320×200 分辨率的动画文件格式,而 FLC 是 FLI 的扩展,采用了更高的数据压缩技术,分辨率也不限于 320×200。

6.2　IETM 标准对动画及 3D 模型媒体的要求

6.2.1　动画及 3D 模型的应用场合

IETM 中大量地利用动画、仿真与虚拟现实等方法创建三维空间模型视图来呈现 IETM 的技术信息。下面分别说明动画、仿真及 3D 模型的应用场合。

1. 动画的应用场合

IETM 中应用的动画是指采用一种非动态图像技术创建运动的 2D 空间或 3D 空间,主要包括交互式动画和脚本动画,在 IETM 中的应用场合有:

(1)用原始图像的移动来表现复杂部件或部件操作步骤;

(2)设备的运转和传动的工作状况,或电、气、液体的流动过程;

(3)设备工作原理和状态转换的演示;

(4)使用多媒体对象或活动区域的辅助设备或系统导航;

(5)随时间线变化的图形;

(6)用于隐藏或难于观察的复杂设备组件的视图移动或定位。

2. 仿真的应用场合

在 IETM 中,仿真是通过预先设定的路径来表现用户与机械系统或软件系统的交互操作及系统的响应。主要用于用户对仪器、仪表或设备的交互操作仿真,以及观察对操作的响应,如虚拟测试仪表等。

3. 3D 模型的应用场合

在 IETM 中应用的 3D 模型是利用 3D 视图数据技术建立一个可向用户展示产品完整结构的视图模型。3D 模型也包括交互式动画和脚本动画。3D 模型的内容包括两个部分:一是交互式 3D 内容,即由能与用户交互的工程模型和其他生产系统动态生成的 3D 图像;二是交互式验证技术媒体,即作为权威的书面文本数据和能用来可视化操作而创建或生成的 3D 动态图像与验证的 3D 数据。

1)交互式 3D 内容 3D 模型的应用场合

(1)用 3D 可视化模型为用户提供一个完整的产品三轴视图场景;

(2)用 3D 模型中的脚本动画为复杂产品的拆卸和装配过程提供一个精细画面;

(3)用设备周围的移动或定位来显示隐藏的或难以观察的组件。

2）交互式验证技术媒体 3D 模型的应用场合

（1）利用 3D 模型的可视化进一步验证产品的维修程序；

（2）交互式发布和动态生成可视技术信息；

（3）用来替代技术文本数据。

6.2.2　动画及 3D 模型的制作要求

1. 动画的制作要求

在向用户发布扩展范围的 IETM 时,动画是首选的多媒体对象。为保证 IETM 的有效性,动画的制作一般应遵循以下要求：

（1）所有制作动画的插图素材应取自经过验证的原始资源；

（2）适合制作 2D 与 3D 动画的非动态技术图像应遵从 IETM 标准对图形图像的要求（见本书第 4 章）；

（3）彩色插图的动画装配顺序必须符合 IETM 标准的色彩使用要求（见本书第 4 章 4.2.4 节相关部分）；

（4）在动画播放期间插图的编号顺序应保持不变；

（5）所有脚本与动作的编码应在根目录层嵌入并命名；

（6）为能在项目中重复利用,对于通用项目的符号、按钮、转换和动作脚本应分层建立并以模块形式存储；

（7）为方便动画的整体更改或更新,应建立使用样本库；

（8）规模大的多媒体对象,如视频、音频或光栅图,不应嵌入到动画中；

（9）在创作动画时,应尽量使用共享对象库；

（10）在动画中使用文本对象时,为更好消除锯齿状,嵌入的中文最好采用小四号字体、英文采用 12 磅字体。

（11）用户利用认可的媒体播放器或按照项目业务规则规定的界面,控制使用交互式动画。

（12）动画对象应按规则或多媒体实例集制备。

2. 用户设备仿真的制作要求

用户设备的可视化和交互式仿真是利用预设的或者交互式的插图与动画来实现的,其制作应遵从以下规则：

（1）设备可视化应准确地表现用户设备；

（2）视图与尺寸应是标准的和自然的安装；

（3）交互式动作和操作顺序应符合逻辑并具有准确性；

（4）附加于仿真的音频对象的制作应符合音频部分的制作要求（见本书第 3 章 3.3.2 节）；

（5）必须正确地模仿设备的运行。

3. 3D 模型的制作要求

1）3D 模型的一般制作要求

（1）为保证技术出版物的有效性，3D 数据应由已验证的原始工程模型生成和制作，而对尺寸不作精确的要求；

（2）建立 3D 模型视图时，视图视点尽可能按维修人员的观察视点准确生动地定位；

（3）利用认可的媒体播放器或在项目业务规则规定的界面，用户能实现对交互式 3D 对象的控制；

（4）3D 模型对象应按规则和多媒体实例集制备。

2）交互式 3D 模型内容的制作要求

（1）所有交互式 3D 模型内容和技术媒体的开发与制作必须来自经过验证的技术信息资源。制作成品与发布过程必须按项目规则来验证；

（2）交互式 3D 模型内容必须使用项目选择的浏览器或显示平台来开发和制作；

（3）对于媒体元素与浏览器的要求必须由非文本数据项目的具体规则来规定；

（4）所有交互式 3D 模型内容必须遵从多媒体对象与 3D 模型的色彩应用的着色规则（见本书第 4 章 4.2.4 节）；

（5）拆卸下的部件应保留在视图范围内，并按维修顺序放置在拆卸区域或工作台上；

（6）在动画序列中，视图编号或导航标记不可移动，必须保持静止状态或在图像最后的序列帧中出现，以指引下一步导航；

（7）动画的分解移动或工具的操作动作必须按用户的观察视角逼真操作；

（8）对维修人员有危险或有危害的零件拆卸动作，动画必须在用户交互界面中出现警告与注意画面，并在进入下一步之前得到用户的确认，而且也可用文本数据来预先警告维修人员。

6.2.3　动画及 3D 模型的色彩应用要求

1. 动画分层结构的色彩应用要求

2D 彩色动画插图应遵从以下规则：

（1）所有动画应从视图定位器开始，主题对象项目用浅灰色标示，用洋红线标示高亮显示，所有其他参考结构用浅黄色填充；

（2）所有导航标记应为蓝色，并保持静止状态；

（3）采用黑线描边和淡蓝色填充来标识产品细部及标识在动画中分解或结合的连接件；

（4）采用黑线描边和琥珀色填充来标识工具项目的动画介绍，并在恢复工作状态之前移走该工具；

（5）必须单独使用红色，其应用遵从 IETM 对红色色彩的应用规则（见本书第 4 章 4.2.4 节相关部分）；

（6）在动画播放过程中，序列插图编号要保持静止不变，或在最后一帧中出现。

3. 交互式 3D 模型色彩的使用要求

对于动态生成的 3D 模型作品和交互式 3D 彩色动画，其 3D 立体对象及其表面的色彩应用应遵循以下规则：

（1）红色仅应用于 IETM 色彩应用规定的场合，其色彩使用应按照 IETM 对颜色与图形的要求着色；

（2）对维修者有危险或危害的分解零件的动画，其色彩使用应按照 IETM 对颜色与图形的要求着色；

（3）逼真地渲染设备或零件表面，一般的色彩规则将不适用，但对任何工具项目、高亮显示或导航标记应遵循 IETM 关于颜色与图形的着色要求（见本书第 4 章 4.2.4 节相关部分），以及层次结构应用规则；

（4）使用琥珀色介绍 3D 工具和重物对象表面；

（5）隐藏或难以观察的部件，首次应以普通视图来观察；

（6）对移动的隐藏部件应用浅蓝色标出，背景表面信息必须用浅黄或真实色彩加以区别；

（7）应用于 3D 对象的所有色彩应便于视觉观察；

（8）标示主题项目的初始定位视图或顺序必须使用浅灰色表面，对于指示器的任何短暂高亮显示应用洋红色；

（9）所有导航标志应标以蓝色并保持不变；

（10）采用黑线描边和浅蓝色填充用来标识产品的细节和紧固件。

6.2.4 3D 模型类型与混合类型的文件格式

1. 3D 模型类型的文件格式

使用动画、仿真与虚拟现实等 3D 模型类型软件可生成各种不同格式的文件，S1000D 国际规范给出了一些常用的 3D 模型类型文件格式，见表 6-1。选用不同的 3D 模型类型，其表现效果有明显的不同，应根据 IETM 对 3D 模型的需求、制作的难度、制作的费用与时间进行综合权衡分析后选定。

表 6 - 1　3D 模型类型的常用文件格式

编码方式	文件扩展名
ASME/ANSI Y14.26M - 1987ASME/ANSI Y14.26M - 1987 Initial Graphics Exchange Specification	IGES
Catia 3D Models	CATDRAWING，CATPART，CATPRODUCT， CGR，CT 和 MODEL
Dassault Systems 3DXML	DS - 3DXML
JT 3D Models	UGS
Lattice 3D Models	XV0，XV2，XV 和 XVL
Pro Engineer 3D Models	ASM，DRW，ED，EDZ，FRM 和 PRT
RightHemisphere 3D Models	RH
SolidWorks 3DModels	SLDASM，SLDDRW 和 SLDPRT
STEP AP203 3DModels	STEP
Universal3D Models	U3D
VND 3D Models	DWF
VRML 3D Models	WRL
Web3D 3D Models	W3D
X3D 3D Models	X3D
X - Director 3D Models	DCR
DS 3D - VIA	SMG，SMGXML，SMGGEOM

2. 混合类型的文件格式

有些多媒体例如同步多媒体综合语言和 PDF 等并不属于音频、视频与 3D 模型类型的分类，将这些类型称为混合类型。S1000D 国际规范给出了常用的混合类型文件格式，如表 6 - 2 所列。

表 6 - 2　混合类型的常用文件格式

编码方式	文件扩展名
Microsoft Word	DOC
Microsoft Access	MDB
Microsoft Project	MPP
Portable Document Format	PDF
Microsoft PowerPoint	PPS 和 PPT
Synchronized Multimedia Integration Language	SMIL
Microsoft Excel	XLS

6.3　IETM 制作中常用动画制作软件

制作 IETM 动画和 3D 模型的软件较多,而且各有特点及使用场合,下面介绍几款常用的制作软件。

6.3.1　CAD 造型软件

IETM 中最常见的 3D 模型是用 CAD 造型软件制作的,3D 动画的演示装配、以及交互式 3D 模型等应用都是建立在 CAD 造型的基础上。下面介绍国内装备研制单位应用较为广泛的几款 CAD 造型软件。

1. I–DEAS 软件

I–DEAS 软件是美国原 SDRC 公司开发的产品。该公司成立于 1967 年,致力于 CAD/CAE/CAM 软件的研究与开发。I–DEAS 软件的曲面造型完全基于 NURBS 几何定义的,它提供了一组曲线曲面生成工具,能对曲面形状进行灵活控制。在建立三维实体模型时,采用了草图设计的概念,软件的人机界面能模拟设计人员惯用的概念化思维过程,因而易学易用。I–DEAS 软件将所有模块集成于一体,辅之以组数据管理器(TDM)等功能,可提供并行设计工程环境,设计人员之间可进行数据交换,实现资源共享。

I–DEAS 提供一套基于因特网的系统产品开发解决方案,包含全部的数字化生产开发流程。I–DEAS 使用数字化主模型技术,可帮助客户在设计早期阶段就能从"可制造性"的角度全面理解产品。纵向及横向的产品信息都包含在数字化主模型中,这样在产品开发流程中的所有部门都能进行产品信息交流。

由于 I–DEAS 软件是唯一的一个支持数字化主模型的解决方案,因此,在航空航天、汽车运输、电子及消费品和工业设备等领域拥有众多用户,如英国宇航系统与设备公司、福特、丰田、尼桑、雷诺、施乐、西门子等。

2. UG 软件

UG 软件起源于美国麦道飞机公司。该软件于 1991 年并入美国 EDS 公司。它集成了美国航空航天、汽车工业的经验,成为集成化 CAD/CAE/CAM 的主流软件之一,主要应用在航空航天、汽车、通用机械、模具、家电等领域。它采用基于约束的特征建模和传统的几何建模为一体的复合建模技术,在曲面造型、数控加工方面具有较强优势,但在分析方面较为薄弱。为此 UG 提供了与分析软件的接口。

UG 软件采用基于过程的设计向导、嵌入知识的模型、自由选择的造型方法、开放的体系结构、以及协作式的工程工具,因此,可以有效提高模型质量、提高生产力和创新能力。

3. Pro/ENGINEER 软件

Pro/ENGINEER 软件是美国 PTC 公司的一款建模软件。该软件包括了工业设计和机械设计的多项功能,还能对大型装配体的管理、功能仿真与制造等提供支持。Pro/ENGINEER 软件的主要特点有:

1)全相关性

Pro/ENGINEER 软件的所有模块都是全相关的,意味着在产品开发过程中某一处进行的修改,能够扩展到整个设计中,同时自动更新所有的工程文档,包括装配体、设计图纸,以及制造数据等。全相关性可在开发周期的任一点进行修改而没有任何损失,能够使开发后期的一些功能提前发挥作用。

2)基于特征的参数化造型

Pro/ENGINEER 软件使用用户熟悉的特征作为产品几何模型的构造要素。这些特征是一些普通的机械对象,并且可以按预先设置进行修改。例如设计特征有弧、圆角、倒角等,它们对工程人员来说是很熟悉的,因而更易于使用。装配、加工、以及制造等都可使用这些特征。通过给这些特征设置参数(包括几何尺寸与非几何属性)后再修改参数的方式,可以很容易地进行多次设计迭代,实现产品的完善开发。

3)数据管理

加速投放市场,需要在较短的时间内开发出更多的产品。为了实现这种效率,必须允许多个部门的工程师同时对一个产品进行开发。数据管理模块的开发研制,正是专门用于管理并行工程中同时进行的各项工作,而 Pro/ENGINEER 软件的全相关性是这一功能的基石。

4)装配管理

Pro/ENGINEER 软件的基本结构能够利用一些直观的命令,例如"啮合"、"插入"、"对齐"等把零件装配起来,同时又能保持设计意图。另外一些高级功能可支持大型复杂装配体的构造与管理,而装配体中零件的数量可不受限制。

5)易于使用

菜单以直观的方式联级出现,提供了逻辑选项和预先选取的最普通选项,同时还提供了简短的菜单描述和完整的在线帮助,这种形式易于学习和使用。

6)常用模块

Pro/ENGINEER 软件是模块设计的概念设计工具,能够使产品开发人员快速地创建、评价和修改产品。软件可以生成高精度的曲面几何模型,并能够直接传送到机械设计或原型制造中。制作模型后再利用动画制作软件 Pro/NET-WORK ANIMATOR 把帧页分散给网络中的多个处理器来进行渲染,可大大加快动画的制作过程。

从软件的三维造型特点来看,I - DEAS 和 UG 两种软件属于复合建模,适于复杂的曲面设计;Pro/ENGINEER 软件采用全参数化造型技术,比较适于零件相对简单,部件结构比较复杂的产品设计。

4. CATIA 软件

CATIA 软件是由法国飞机制造公司 Dassault 开发并由 IBM 公司负责销售的 CAD/CAM/CAE/PDM 应用软件。CATIA 软件起源于航空工业,美国波音公司通过 CATIA 软件建立起了一整套无纸飞机生产系统,取得了重大的成功。

CATIA 软件可对数字化产品进行集成化的系统结构设计,可为数字化企业建立一个针对产品开发过程的工作环境。在这个环境中,可以对产品开发过程的各个方面进行仿真,并能够实现工程人员和非工程人员之间的电子通信。产品整个开发过程包括概念设计、详细设计、工程分析、成品定义和制造乃至成品在整个生命周期中的使用与维护。

作为世界领先的 CAD/CAM 软件,CATIA 软件可以帮助用户完成大到飞机小到螺丝刀的设计及制造,设计能力完备。同时,作为一个完全集成化的软件系统,CATIA 将机械设计、工程分析及仿真和加工等功能有机结合,为用户提供严密的无纸工作环境,从而达到缩短设计生产时间、提高加工质量及降低费用的效果。

5. SolidWorks 软件

SolidWorks 软件是世界上第一个基于 Windows 操作系统开发的三维 CAD 制作软件,该软件曾获得全球 PC 机平台 CAD 系统评比第一名。SolidWorks 软件提供了大量组件,方便了模型的制作。由于是基于 Windows 操作系统的,因此熟悉 Windows 操作系统的用户,通过简单学习就可独立完成大型物件的设计,使用极为方便。SolidWorks 软件提供了一整套动态界面和鼠标拖动控制,减少了设计步骤与相关对话框,避免了界面零乱。同时该软件还提供了 AutoCAD 模拟器,使得 AutoCAD 用户可保持原有的作图习惯,实现从 2D 到 3D 的转换。

6. Autodesk Inventor 软件

Autodesk Inventor 软件是美国 AutoDesk 公司推出的三维可视化实体模拟软件,目前最新版本为 Inventor 2015 版。Autodesk Inventor 软件包括三维建模、信息管理与协同工作等特征,可创建各种 2D 或 3D 模型。该软件提供了一组设计工具,支持多种模式的开发,不但包含数据管理功能,还能在 2D 模型的基础上加入 DWG 兼容设计 3D 模型。软件提供了一种验证设计文档,能够在完成模型前,实现整机与各部件、各零件之间装配和功能的设计验证,并评估出设计效果。

7. CAXA CAD 软件

CAXA CAD 软件是由北京数码大方科技股份有限公司推出的一款 2D/3D 制作软件,其中 CAXA 电子图板用于 2D 维模型制作,CAXA CAD 用于 3D 模型制作。该软件能够提供图形绘制和编辑功能,除基本图元绘制功能外,还提供孔、轴、齿轮、公式曲线以及样条曲线等复杂曲线的生成,同时可提供智能化标注方式,提供尺寸驱动、局部放大、尺寸关联以及并行交互等技术工具。CAXA CAD 除提供常规的尺寸标注工具外,针对机械专业的最新国家标准提供了中心孔、焊接符号、基准代号、引出说明、剖切符号等工程标识工具,有效减小了设计工作的偏差,提高了设计质量。

6.3.2　动画制作软件

IETM 制作过程中,往往有许多的动画演示需要制作,特别是一些装备工作原理、维修过程、或是装备内部难以观察到的部件。常用的动画制作软件有:

1. 二维动画制作软件

1) Flash 软件

Flash 软件是美国 Macromedia 公司所设计的一种二维矢量动画软件,包括用于设计和编辑 Flash 文档的 Macromedia Flash 与用于播放 Flash 文档的 Macromedia Flash Player 两大部分。

Flash 动画设计的 3 大基本功能是整个 Flash 动画设计知识体系中最重要、也是最基础的,包括绘图和编辑图形、补间动画与遮罩。这是 3 个紧密相连的逻辑功能,并且这 3 个功能自 Flash 诞生以来就存在。

(1) 绘图和编辑图形。该功能不但是创作 Flash 动画的基本功能,也是进行多媒体创作的必经阶段,在 Flash 动画创作的 3 大基本功能中处于第一位。在绘图的过程中要使用基本元件来组织编辑图形元素。

(2) 补间动画。在两个关键帧中间插入补间动画,才能实现图画的运动。该功能是整个 Flash 动画设计的核心,也是 Flash 动画的最大优点,它有动画补间和形状补间两种形式。动画补间用于图形及元件的动画,形状补间用于形状的动画。

(3) 遮罩。遮罩至少涉及两个层,上面的图层称为遮罩层,下面的被称为被遮罩层,这两个图层中只有相重叠的地方才会被显示。该功能是 Flash 动画创作中所不可缺少的,是 Flash 动画设计 3 大基本功能中重要的出彩点。使用遮罩配合补间动画,可以将与遮罩层相外国投资的图像遮盖起来,以创建各种不同的动画效果。

Flash 动画说到底就是"遮罩 + 补间动画 + 逐帧动画"与元件(主要是影片

剪辑)的混合物,通过这些元素的不同组合,从而可以创建千变万化的效果。

2）ANIMO 软件

ANIMO 软件是英国 Cambridge Animation 公司开发的运行于 SGI O2 工作站和 Windows NT 平台上的二维卡通动画制作系统,它是世界上最受欢迎、使用最广泛的动画制作软件之一。它具有面向动画师设计的工作界面,扫描后的画稿保持了艺术家原始的线条,快速上色工具提供了自动上色和自动线条封闭功能,并和颜色模型编辑器集成在一起提供了不受数目限制的颜色与调色板,另外还具有多种特技效果,包括灯光、阴影、照相机镜头的推拉、背景虚化、水波等,并可与二维、三维和实拍镜头进行合成。

3）RETAS PRO 软件

RETAS PRO 软件是日本 Celsys 株式会社开发的一套应用于普通 PC 和苹果机的专业二维动画制作系统。RETAS PRO 软件的制作过程与传统的动画制作过程不同,它利用 4 个模块替代了传统动画制作中描线、上色、制作摄影表、特效处理、拍摄合成的全部过程,这 4 个模块分别为:矢量化与扫描与描线制作工具 TraceMan、无纸化作画工具 Stylos、批量上色工具 PaintMan、合成与特效工具 CoreRETAS。RETAS PRO 不仅可以制作二维动画,而且还可以合成实景以及计算机三维图像。

2. 3D 动画软件

1）3D Studio Max 软件

3D Studio Max 软件,常简称为 3ds Max 或 MAX,是 Autodesk 公司开发的基于 PC 系统的三维动画渲染与制作软件。其前身是基于 DOS 操作系统的 3D Studio 系列软件,最新版本是 3ds Max 2016。在 Windows NT 出现以前,工业级的计算机动画制作被 SGI 图形工作站所垄断。3D Studio Max + Windows NT 组合的出现,降低了计算机动画制作的门槛。

3ds Max 软件的界面主要分为 7 个部分,分别是标题栏、菜单栏、工具栏、命令面板、绘图区、视图控制区与动画控制区。该软件对 PC 系统的配置要求相较于其它软件要低,而且通过安装插件还可为 3ds Max 配置额外功能。

在应用范围方面,广泛应用于广告、影视、工业设计、建筑设计、多媒体制作、游戏、辅助教学以及工程可视化等领域,尤其是被广泛地应用于电视及娱乐业,比如片头动画与视频游戏的制作等,另外在影视特效方面也有一定的应用。在国内发展的相对比较成熟的建筑效果图与建筑动画制作中,3ds Max 软件的使用更是占据了优势。

2）Maya 软件

Maya 软件是美国 Autodesk 公司出品的三维建模和动画软件,应用范围主要面向专业的影视广告、角色动画、电影特技等,当前的最新版本是 2015 版。Maya 软件具有功能完善、使用灵活、易学易用、制作效率高、渲染效果强的特点,是一种高端的制作软件。

Maya 软件可在 Windows NI 平台与 SGI IRIX 操作系统上运行,且 Maya 软件集成了 Alias/Wavefront 最先进的动画及数字效果技术。不仅能够完成一般的三维和视觉效果制作功能,而且还可与最先进的建模、数字化布料模拟、毛发渲染、运动匹配技术相结合,是一款性价比较高三维制作工具。

3)LightWave 软件

由美国 NewTek 公司开发的 LightWave 3D 软件是一款高性价比的三维动画制作软件。LightWave 3D 软件从最初的 AMIGA 开始,发展到今天的 11.5 版本,已经成为一款功能完善的三维动画软件,支持各种 Windows 操作系统,被广泛应用在电影、电视、游戏、网页、广告、印刷、动画等领域。该软件操作简便,易学易用,在生物建模和角色动画方面的功能尤为突出,特别是其基于光线跟踪、光能传递技术的渲染模块,使得该软件的渲染品质明显优于其他软件。

6.3.3　交互式动画制作软件

在 IETM 的制作过程中,由于广泛采用 XML 技术,因此交互式 3D 的应用前景非常广阔。目前该领域处于飞速发展的时期,各类工具软件层出不穷,下面介绍应用较为广泛的几款交互式 3D 制作软件。

1)Quest3D 软件

Quest3D 软件是交互式 3D 领域的元老级软件,是一款由荷兰 ACT－3D 公司开发的三维制作工具,Quest3D 软件定位于虚拟现实与互动媒体艺术创作的多功能三维引擎。这既有别于 RTRE、WireFusion 等功能有限的入门级引擎或只针对特定应用领域的引擎,又有别于 CryEngine、SourceEngine 等高端的商业游戏引擎。作为一款中等三维引擎,Quest3D 软件的特点主要体现在:

(1)图形化开发界面。通常的编程开发离不开一行一行的输入命令,然后再编译、运行、调试。但是 Quest3D 软件提供了丰富的预设 Channel,每个 Channel 是一个特定的逻辑功能模块。通过在 Channel 编辑器中连接和安排相关的 Channel 流程,就可以构建出功能复杂的仿真应用程序。

(2)自由度和开放性。Quest3D 软件的节点相对比较底层,比如它可以直接控制显卡进行抗锯齿、清除 Z－buffer、设置用户自定义剪裁平面之类的底层操作,也可以用 Project Matrix 投影矩阵来制作各种特殊的相机效果。另外,Quest3D 软件具有良好的可扩展性,可通过 3 种途径扩展功能:一是利用 Lua 节点编写 Lua 程序脚本;二是利用 HLSL 节点编写 HLSL 渲染程序,实现各种自定义渲染效果；三是利用 Quest3D SDK（Software Development Kit）和 C++程序语言自己设计 Quest3D 节点，以这种方法可以无限扩展 Quest3D 的功能。

（3）发布形式多样。将 Quest3D 软件的成品发布不仅简单方便，而且形式多样。除了可以发布成独立的可执行文件外，还支持将成品发布成软件安装包、网页的嵌入式文件，或是 Windows 屏幕保护程序等形式。

（4）良好的稳定性。Quest3D 是一款相当稳定可靠的软件，在正常情况下很少发生崩溃、死机的情况，而且用 Quest3D 开发的程序也保持了其稳定的优点，长时间运行过程中不容易出现错误或意外退出。

2）Virtools 软件

Virtools 软件是由法国 VIRTOOLS 公司开发的一款交互式 3D 开发软件，被广泛的运用于游戏开发、工业仿真、虚拟训练等方面。该软件通过提供丰富的 Building Blocks 互动行为模块实现对 3D 虚拟环境的交互编辑，并制作出许多不同用途的 3D 交互产品。

Virtools 软件与其它三维交互软件的不同之处在于它不需要使用者编写代码，而是采用拖放的工作方式。基本过程为：将 Building Blocks 赋予适当的 Object（对象）或者 Character（角色），并在 Script（脚本）编辑区域对 Building Blocks 的先后顺序及连接关系进行编辑，从而形成一个完整的虚拟交互环境。Virtools 不具备建模功能，因此虚拟实验需要的场景、仪器要借助 3ds Max、Maya、LightWave 等三维建模软件来制作，然而该软件的兼容性极佳，可以做到与这些软件的无缝结合，利用 Virtools Exporters 输出插件可将制作好的三维模型输出成. NMO 或是. CMO 格式的文件，以供 Virtools 软件直接调用。

Virtools 内置 Building Blocks 模块已经超过数百个，主要类别包含 3D Transformations（三维对象变换）、Cameras（摄像机）、Characters（角色）、Collisions（碰撞）、Controllers（控制器）、Grids（网格）、Interface（界面）、Lights（灯光）、Logics（逻辑）、Materials – Textures（材质 – 纹理）、Meshmodifications（模型结构网格修改）、Narratives（叙事）、Optimizations（优化）、Particles（粒子）、Players（播放器）、Shaders（着色器）、Sounds（音频）、Video（视频）、Visuals（视觉特效）、Web（网页）、World Environments（虚拟环境），涵盖了运动控制、逻辑控制、摄像机控制、灯光控制、材质—纹理控制、输入设备控制、网络控制、视音频素材控制、界面设计等功能。另外 Virtools 软件还提供 Physics Pack（物理属性）、VR Pack（虚拟现实）、AI Pack（人工智能）与 Xbox Kit（游戏开发）等多元应用的可选扩展模块，这些模块都是编写、封装好的程序代码，可以直接调用实现某些功能，满足了低编程水平者的开发需要。

3）OpenGL Peformer 软件

OpenGL Performer 软件是美国 SGI 公司推出的一款适用于实时可视化仿真、或对显示性能要求高的专业 3D 图形领域。该软件为创建高实时性和高显示性能的应用提供了一组易用高效的编程接口，软件模块也对数据的组织与显示做了广泛的优化。软件的应用特点是可以大幅减轻开发人员的编程工作量，并能很容易地提高 3D 程序的运行性能。

OpenGL Performer 软件是 SGI 公司可视化仿真系统的一部分，提供了访问 Onyx4 UltimateVision、SGI Octane、SGI VPro 等图形子系统的高级接口。OpenGL Performer 软件和 SGI 图形硬件一起可提供功能完善、运用灵活、扩展性强的专业图形生成系统。OpenGL Performer 软件已经被移植到多种图形平台，在使用的过程中，用户不需要考虑平台间的硬件差异。

另外 OpenGL Performer 软件的通用性非常好，并不是专门为某一种视景仿真而设计的，其内置的 API 功能完善，提供的 C 和 C++接口也较多。除了满足各种视景显示需要，还提供了 GUI 开发支持。

4）OpenGVS 软件与 Mantis 软件

OpenGVS 软件是 Quantum3D 公司推出的交互式 3D 开发工具，用于场景图形视景仿真的实时开发，内置多种模块，易用性与重用性较好，编程灵活且可移植性高。OpenGVS 软件提供了各种软件资源，利用自身提供的 API，可以以面向对象的方式组织视景诸元、对视景仿真的各个要素编程模拟。目前，OpenGVS 的最新版本为 4.6，支持 Windows 和 Linux 等多种操作系统。

由于 Quamtum3D 公司收购了 CG2 公司，而 OpenGVS 软件又是基于 C 语言的老套架构，因而对 OpenGVS 的后续开发投入不足。当前 Quamtum3D 公司已开发出了一种替换产品，即 Mantis 软件。

Mantis 软件是 Quamtum3D 公司推出的另一套视景仿真解决方案。Mantis 软件作为一种图形生成器开发平台，可使用现有计算机与图形硬件，得到具有高效率、高性能、高帧速率、质量更优的图形。CG2 公司的 VTree 是实时 3D 可视化仿真的首选开发包，此前已经为美国国防部投入了多年的研究和开发工作。Mantis 软件合并了 VTree 开发包与可扩展图形生成器架构，从而创造了功能更完善、伸缩性更高且可配置的图形生成器，主要特征有：一是跨平台，Mantis 软件可以在包括 Win32 和 Linux 等多种操作系统上运行；二是提供了公共接口，Mantis 软件支持分布式交互仿真（DIS），也支持更现代的公共图形生成接口（CIGI）；三是 Mantis 支持许多高级特性，包括同步的多通道以及各种特效等；四是可伸缩性，多线程可视化仿真应用可能有多种多样的显示需求，Mantis 软件可以根据需要进行裁剪；五是灵活性与可配置性，Mantis 软件作为一个开放系统硬件平台,可以利用最新的硬件和图形卡,而基于客户端/服务器端的架构,又可以使 Mantis 的配置可以通过网络在客户端上即时进行;六是可扩展性,Mantis 系统的扩展和修改简单方便,可通过插件的形式增强软件功能;七是支持地形数据库,支持场景管理等。

5)Vega 软件和 Vega Prime 软件

Vega 软件是 MultiGen – Paradigm 公司推出的应用于实时视景仿真、声音仿真和虚拟现实等领域的软件。Vega 软件创建各种实时交互的三维环境,能满足各行各业的需求。Vega 软件拥有一整套特定功能模块,可以满足不同的仿真要求,例如船舶、红外、雷达、照明系统、人体、大面积地理信息和分布式交互仿真等。另外,附带的 Lynx 程序是一个用来组织管理 Vega 场景的 GUI 工具。

Vega Prime 软件是 MultiGen – Paradigm 公司的另一软件产品,用于取代 Vega 软件。Vega Prime 全部用 C + + 写成,是全新的产品,而不是 Vega 的后续版本。Vega Prime 的核心 Vega Scene Graph 是完全面向对象的架构,采用了许多现代 C + + 的特性与技术,比如泛型、设计模式等,大大增强了软件功能,具有良好的灵活性与通用性。此外,目前大部分程序员都有面向对象编程经验,Vega Prime 提供的接口恰好符合面向对象的编程思维,因而易于上手。

Vega 软件和 Vega Prime 软件应用了实时三维数据库生成系统,可用来对战场仿真、城市仿真和计算可视化等领域的视景数据库进行创建、编辑与查看,同时软件还包括自动化的大型地形和三维人文景观产生器、道路产生器等集成选项。

6)OpenSceneGraph(OSG)软件

OSG 软件是一个可移植的高层次图形工具箱,它可为战斗机仿真、游戏、虚拟现实、科学可视化等高性能图形应用提供支持。它提供了基于 OpenGL 的面向对象框架,使开发者不需要考虑低层次的图形功能,同时还提供了很多附加功能模块来加速图形应用开发。

OSG 通过动态加载插件的技术,支持目前流行的所有 2D、3D 数据格式,包括 OpenFlight(. flt)、TerraPage(. txp)、LightWave(. lwo)、Alias Wavefront(. obj)、Carbon Graphics GEO(. geo)、3D Studio MAX(. 3ds)、Peformer (. pfb)、Quake Character Models(. md2)、Direct X(. x)、以及 Inventor Ascii 2. 0(. iv)、VRML 1. 0 (. wrl)、Designer Workshop(. dw)、AC3D(. ac);另外还可通过 freetype 插件支持一整套高品质、反走样字体。OSG 内含 LADBM 模块,加载速度快、帧速率高,在运行过程中占用计算机资源少。另外,OSG 是自由软件,公开源码且完全免费。用户可通过修改代码来进一步完善功能。

7)CG2 Vtree 软件

CG2 Vtree 软件是一个基于便携式平台的、面向对象的图像开发软件包

（SDK）。前面提到 Mantis 系统的强大功能,其中的一个重要原因是 Mantis 软件基于 VTree。VTree SDK 包括大量的 C + +类、OpenGL 图形库、数组类型及操作方法。Vtree SDK 功能强大,能够节省开发时间,获得高性能的仿真效果。利用此工具包可实现诸如战场战术仿真与火星表面探索过程等的制作,软件特点是跨平台、高性能、低成本,以及可实时响应虚拟仿真。

CG2 VTree 针对仿真视景显示中可能用到的技术和效果,如仪表、平显、雷达显示、红外显示、雨雪天气、多视口、大地形数据库管理、3D 声音、游戏杆、数据手套等,均有相应的支持模块。

CG2 Vtree 软件通过优化代码,使得在同一硬件上能够得到更快的实时显示速度。该软件能用于多平台的三维可视化应用场合,既可用在高端的 SGI 工作站上,也能用在普通 PC 上。Vtree 软件包含了一系列的配套 C + +类库,适用于开发高品质、高效的 VTree 应用。另外 Vtree 软件提供的扩展功能可兼容 OpenGL – API 接口,并可运行于支持 OpenGL 的 Windows 与 Unix 类型的平台。

CG2Vtree 软件采用了全新的显示控制策略。通过生成和连接不同节点到一个附属于景物实体的可视化树状结构,定义了对实体进行渲染与处理的方式。一个实体由一个所有图形原始状态组成的渲染树和定义如何使实体显示的接合部分组成。实体的渲染树包含了所有这些实体的几何特性、运动特性与纹理节点。这些树状结构使得实体的细节描述变得非常精细,并且通过不同的路径能够显示不同的细节等级划分。

8）UNITY 3D 软件

UNITY 3D 软件是一款运行于 MAC 系统的交互式 3D 制作软件,由于产品的互动性强、画面质量高,因此受到了许多专业人员的支持。该软件具备一个功能强大的地形绘制器,所需的浏览插件仅为 3M 左右,几乎不占使用空间。Unity 3D 软件能够较为真实地模拟真实世界的物理效果,如重力、摩擦力等,还可通过对该软件接口的二次开发,来扩展软件的额外功能。通过统一的规则定制,能够实现代码共享,创作出具有行业特色的产品。

9）GLUT 软件

GLUT 软件是一个与操作系统无关的 OpenGL 程序工具库,能够实现可移植的 OpenGL 窗口编程接口。GLUT 软件支持 C/C + +、FORTRAN、ADA 等编程语言,支持 OpenGL 多窗口渲染、回调事件处理、复杂的输入设备控制、计时器、层叠菜单、常见物体绘制函数,以及各种窗口管理函数等功能。GLUT 软件并不是一个全功能的开发包,不适合大型应用的开发,仅为中小应用而设计,适合于初学者学习与应用 OpenGL。

10）Converse3D 软件

Converse3D 软件是北京中天灏景网络科技有限公司开发的一款国产软件，其产品主要包括以下几个部分：

（1）Converse3D 核心引擎。核心引擎是整个软件的核心部分，采用 DirectX 9.0 和 C++编写，稳定性较强，包括场景管理、资源管理、角色动画、Mesh 物体生成、3dmax 数据导出模块、粒子系统、LOD 地形、UI、服务器模块等功能。主要特点有：采用多叉树结构组织各种资源节点，采用了动态载入、卸载资源、视见体裁切技术，可实现渲染海量三角面时保持稳定的运算性能；支持 3ds Max、Mesh 物体、角色动画、相机动画、烘焙贴图等各种数据的导入导出与引用；使用脚本配置粒子系统与 UI，使用较为灵活；支持顶点渲染和像素渲染。

（2）C3D – Creator 三维场景编辑器。用于构建三维场景，是 Converse3D 系列产品所共同依赖的场景编辑器，在其中创建模型界面、调整材质、设置交互及各种特殊效果。

（3）C3D – SDK 二次开发工具包。用于项目的二次开发，可构建系统级大型项目，广泛应用于工业、农业、石油、电力、虚拟会展、虚拟商城等行业。

（4）C3D – Web3D 三维网络展示平台。实现三维场景的网络展示，可通过 IE、Firefox 等主流浏览器浏览三维场景。广泛应用于电子产品、工业产品、数字城市等的分布式网络展示。

（5）C3D – Community 虚拟社区。可实现基于网页的多人在线角色扮演互动交流系统，用于虚拟会展、虚拟商城等。

（6）C3D – Industry 工业仿真。可实现工业领域中诸如虚拟培训、虚拟装配、虚拟生产线等功能。

（7）C3D – DigitalCity 数字城市。用于数字城市的三维图形图像展示，同时具备城市资讯查询、三维测量、光照分析、控高分析、方案对比、应急演练、多人在线互动等功能。

（8）C3D – Traveller 旅游实训系统。实现多通道环幕立体显示软硬件系统，具有景点切换、导游回放、试题汇编、方向盘接入等功能。广泛应用于大中专院校的导游专业。

（9）C3D – PhycX 物理引擎。用于模拟物理现象，可模拟刚体运动、流体运动、布料等物理效果，物体之间的相互作用精准而高效，涵盖了现实世界中几乎所有的物理运动。

（10）Converse3D 多通道环幕立体投影系统。用于多通道环幕立体展示，软件弧形矫正、边缘融合、被动式立体投影、高速帧同步等应用。

6.4　虚拟现实技术

6.4.1　虚拟现实概述

虚拟现实技术(Virtual Reality，VR)是20世纪末逐渐兴起的一门综合性信息技术。VR融合了数字图像处理、计算机图形学、人工智能、传感器、网络以及并行处理等多种信息技术的最新发展成果,涉及众多研究与应用领域,被认为是21世纪最重要的发展技术之一[42]。

VR在本质上是一种复杂的人机接口,能够将各种机器产生的信息通过贴近自然的方式,利用多种感觉通道或工具进行实时模拟与交互,使人能够通过自然的视觉、听觉、触觉等方式来认识计算机生成的虚拟世界,促进人与计算机的交互,提高人机交互的效率[43]。与文本、图形、音频、视频和动画等媒体形式相比,正是由于VR在人机交互上具有上述媒体所不具备的独特优势,所以在装备IETM研发领域越来越受到重视。

与其它新技术一样,VR的应用也经历了一个渐进的发展过程。在VR的概念正式提出以前,在许多领域实际上已经开始了VR的研究与探索。早在1929年,为了减少飞机训练过程中的事故,Edward Link设计了一种室内飞行模拟器,受训者可以在模拟器的机舱内进行飞行练习时,能够获得较为真实的飞行感觉,这一装置中饱含了VR的思想。1956年,让使用者具备"沉浸感"这一课题取得突破,Morton Heilig组织开发了一套拟自然的仿真体验系统Sensorama,在Sensorama系统内,用户可以体验到与真实环境相差无几的景观、声音、气味、振动与风,Morton Heilig也因此被公认为VR"沉浸式"概念的先驱。1965年,"计算机图形学之父"Ivan Sutherland在IFIP会议上做了题为"The Ultimate Display"的报告,首次提出了未来的人机交互应当具备交互式图形显示、声音提示与力反馈设备等功能,为VR的研究指明了方向。1966年,美国麻省理工学院的林肯实验室开始了头盔式显示器的研制工作,并在样机完成不久,又把力反馈装置加入到该设备中。1970年,Ivan Sutherland研制成功了第一个功能齐全的头盔式立体显示器(HMD),该设备能够提供立体视觉图像,并具有机械与超声波跟踪方式。1972年,"交互性"由电子游戏开发商Nolan Bushnell实现,在游戏Pong中,用户可对屏幕上弹跳的乒乓球进行操作,而交互性被认为是VR的一个关键特性,因而此游戏的开发具有十分重要的意义。1975年,Myron Krueger提出了"人工现实"(Artifical Reality)的思想,已然接近于VR。1977年,第一个数据手套由Dan Sandin、Tom Defanti和Rich Sayre合作研发完成,该手套可以利用光电元件检测出手指的弯曲程度。1984 年,美国国家航空航天局(NASA)开发了用于火星探测的虚拟环境视觉显示器,将火星探测器发回的数据输入计算机,为地面研究人员构造了火星表面的三维虚拟环境。1989 年,VPL Research 公司的创始人 Jaron Lanier 首次提出了"Virtual Reality"这一术语,意指"计算机产生的三维交互环境,用户可投入到这个环境中去。1990 年,在美国达拉斯召开的 Siggraph 会议上,明确提出了 VR 的内容是实时三维图形生成技术、多传感器交互技术及高分辨率显示技术,为 VR 的发展确定了研究方向。此后,各个国家对 VR 的研究与应用更加重视,并广泛运用到各个领域,如军事、航空航天、建筑、医疗、教育培训等[44]。

对于 IETM 开发人员而言,虚拟现实就是一种高级的用户界面,也是一种复杂的人机接口。通过 VR 系统,IETM 系统的用户可通过视、听、触等信息通道感受到装备设计者的构思,并能够以自然的方式感知虚拟环境中的装备组件与维修使用活动,并能进行切身体验和交互,使用户达到一种身临其境的感受[45,46]。

VR 最基本的环境是由计算机生成的具有表面色彩的动态立体图形,它可以是某一特定现实世界的真实体现,也可以是纯粹构想的世界。从概念上讲,任何一个 VR 系统都可以用 3 个"I"来描述其特性,这就是"沉浸性"(Immersion)、"交互性"(Interaction)与"想象性"(Imagination)。

在信息化战争条件下,由于大量使用数字化、智能化、精确化的高技术装备与信息化的装备,装备保障的难度增大、任务加重,精确、敏捷、高效的装备保障成为提高装备保障能力,发挥装备作战效能,乃至决定战争胜负的关键因素。将应用具有 VR 技术的装备 IETM 系统应用于装备辅助维修与辅助训练,可以使维修人员在虚拟的环境中进行逼真的模拟维修操作,能够在一定程度上解决维修保障人员实际经验不足的问题。从目前的应用来看,典型的运用 VR 技术的 IETM 系统主要由计算机、输入设备(三维跟踪器、数据手套、键盘与三维鼠标等)、输出设备(HMD、大型显示设备、力反馈机械臂与传动杆等)、应用软件与数据库等组成。用户通过头盔、手套与话筒等输入设备为计算机提供输入信号,VR 应用软件对接收到的输入信号进行解释,再对虚拟环境数据库进行必要的更新,调整当前虚拟环境的视图,并将这一新视力及其他信息立即传送给输出设备,以便用户及时感受到效果[43]。为使读者对运用 VR 技术的 IETM 系统有较为深入的理解,下面对 IETM 中常用的虚拟现实硬件设备及制作软件分别进行介绍。

6.4.2　常用的虚拟现实硬件设备

在现实环境中,人类从外界获得的信息 70% 来源于视觉,而 15% ~20% 来自听觉[46]。为了获得良好的使用效果,需要 IETM 中的 VR 硬件设备把用户的指令、动作或反应记录下来,并经过数字化处理后输入计算机中的 VR 软件,等 VR 软件处理完成后以视、听、触觉等形式实时反馈给用户。目前 IETM 系统中的 VR 硬件主要分为 5 大类,分别为跟踪定位设备、手部交互设备、图像及显示设备、音频设备和触觉与力反馈设备[42,46]。

1. 跟踪定位设备

跟踪定位设备的主要功能是及时准确地获取人的动作信息,检测身体的位置与朝向,跟踪用户各肢体的位置,以便掌握用户动态,获取用户指令或其他需求。跟踪定位设备的典型工作方式是:由固定发射器发射出信号,由用户身上的传感器截获该信息,并在解码后送入计算部件处理,最后确定发射器与接收器之间的相对位置及方位,并传输到三维图形环境处理系统。

根据信号源的不同,跟踪定位设备可分为电磁波跟踪器、超声波跟踪器、光学跟踪器、机械跟踪器与惯性跟踪器等。跟踪定位设备是 VR 系统实时处理的关键与支持,在选择跟踪定位设备时,一般会考虑以下 4 个方面的指标:

(1) 精度。指检测目标位置的正确性,即误差范围,如果某跟踪定位器定点精度为 1cm,则表示它检测所得的位置会有 1cm 的误差。

(2) 分辨率。指跟踪定位器所能检测到的最小变化范围,小于此值将检测不到。

(3) 响应时间。包括采样率、数据率、更新率与延迟时间。其中,采样率指检测目标位置的频率;数据率指每秒所计算出的位置个数;更新率指报告位置数据的时间间隔;延迟时间表示从动作发生至主机收到该动作的跟踪数据之间的时间间隔。

(4) 抗干扰性。指跟踪定位器在较恶劣环境下避免出错的能力。

每种类型的跟踪定位器各有自己的优缺点,选择时应尽量考虑那些精确可靠、快速便捷,又牢固安全、成本低廉的设备。

2. 手部交互设备

人的大部分活动都是由双手配合完成的,手部活动是人在现实中的自然行为,也是实现人机交互的重要通道之一。常用的手部交互设备主要有以下 4 种:

(1) 鼠标、键盘。计算机系统中最常用的输入设备,具有简单、紧凑和易于操作等优点,但操作者手部活动的自由度却大大受限,在与虚拟环境的直接交互方面不够直观。

(2) 数据手套。一种戴在用户手上的传感装置,检测用户的手部活动,并向计算机发送相应电信号,从而驱动虚拟手模拟真实手的动作,使得用户手部的真实动作与 VR 中的虚拟手同步映射,从而实现三维定位、手势识别。为适应不同用户,数据手套可以有不同型号。数据手套是 VR 系统的重要交互设备之一,具有体积小、重量轻、操作简单等优点。

(3)空间球。一种可以提供 6 自由度的桌面设备,被安装在一个小型的固定平台上,可以扭转、挤压、按下、拉出和来回摇摆。6 自由度是一种表征跟踪对象在三维空间中位置和朝向的方向,6 种不同的运动方向包括沿 x, y, z 坐标轴的平移与旋转。空间球的优点是简单、耐用、易于表现多维自由度、便于对虚拟环境中的虚拟对象进行操作。

(4)三维浮动鼠标器。与普通鼠标的区别是,当它离开桌面后变为一个3/6自由度的鼠标,放在桌面上时与普通鼠标无异。三维浮动鼠标的成本较为低廉,但由于不易进行多维自由度的操作,因此应用有限。

3. 图像处理及显示设备

图像处理是 VR 的最重要功能之一,也是各类虚拟场景系统的重要组成部分。在图像处理方面,除了高性能的计算机外,为满足实时图像的生成,一般还必须配置以下两类设备:

(1)三维加速芯片。可支持平面涂色、纹理构造、半透明混合、二线性过滤、三线性过滤、各向异性过滤、巨大纹理贴图、全屏幕抗锯齿等效果,有的芯片还集成了三角形设置引擎用以减轻 CPU 和系统总线的负担,为三维图像的处理提供了支持。

(2)三维显示卡。负责三维图像的处理、加工,以及转换为模拟信号等工作,能支持较高的分辨率,可显示逼近真实的色彩,支持三维图像显示标准。在选择三维显示卡时,需考虑的指标主要有最大分辨率、色深、刷新频率、像素填充率、多边形生成速度等。

VR 中的"沉浸性"主要依赖于人的视觉。当完成图像处理后,需要利用显示设备将图像呈现给用户。专业的立体显示设备可以增强用户在虚拟环境中视觉沉浸感的逼真程度,目前 VR 中常用的立体显示设备主要以下两种:

(1)头盔式显示器。是 VR 中应用最广泛的立体显示设备,被固定在用户的头部,随头部运动并能实时测出头部的位置与朝向,计算机计算出反映当前位置与朝向的图像,由两个显示屏分别向两只眼睛提供图像,屏上的两幅图像存在细小差别,大脑将融合这两个视差图像以获得深度感知。头盔显示器可使参与者暂时与真实世界隔离,而处于完全沉浸的状态,因此是沉浸式 VR 不可或缺的视觉输出设备。衡量头盔显示器的指标主要有分辨率、视场、透射率、双目重叠率与重量等因素。

(2)固定式显示器。通常会被安装在某一位置,具有不可移动性。固定式显示器有台式 VR 显示设备与三维显示器两种:前者需配合立体眼镜使用,使用简单价格与最便宜;后者可直接显示虚拟的三维影像,不需佩戴立体眼镜。

4. 音频设备

在 VR 系统中,音频设备的功能是将三维真实感声音合成并播放出来。由于声音对于 VR 系统的沉浸感具有十分重要的使用,且高保真度的音频设备成本较其它设备要低得多,且易于加入到 VR 中来,因此在 VR 的设计与使用中,可利用高质量的声音设备来增强用户的真实体验感。与传统的音频设备一样,VR 中的音频设备主要有以下两类:

(1)音箱。即扬声器,允许多个用户同时听到声音,不会影响到用户的自由活动,缺点是可能会受到阻碍物的遮挡。

(2)耳机。一般与头盔显示器结合使用,且只能配给单个用户使用,能够将用户很好地与真实世界隔离开来,且能够比音箱创建更好的三维音场,从而提供更好的沉浸感。

5. 触觉与力反馈设备

触觉是人们从客观世界获取信息的重要渠道之一,它由接触反馈感知和力反馈感知两大部分组成。在建立 VR 环境时,提供必要的接触和力反馈有助于增强 VR 的真实感与沉浸感,提高虚拟任务的成功率。

目前运用于 IETM 的 VR 系统中,使用触觉和力反馈设备的场合不多,一般用于基于 IETM 的训练系统中,例如飞行模拟训练系统等特殊场合。另外也有诸如力反馈手套、力反馈操纵杆等装置可供选用。

6.4.3　常用的虚拟现实制作软件

VR 系统是将各种硬件设备和软件技术集成在一起的复杂系统,需要大量软件支撑运行。VR 开发工具集应包括三维建模软件、实时仿真软件以及相应的函数库等。目前已经开发出了很多种 VR 系统的开发软件包,它们使用的机制各有不同,功能上的差异也较大,对用户的要求也有高有低[42]。例如由 Multi-Gen – Paradigm 公司研发的 Vega Prime,提供了跨平台、可扩展的开发环境,可用来创建和配置视景仿真、城市仿真、基于仿真的训练及通用可视化应用等。又如法国达索集团出品的 Virtools,是一套具有丰富的互动行为模块的实时三维环境编辑软件,可以将现有常用的文档格式整合到一起,使普通开发者通过设计完善的图形用户界面,使用模块化的脚本就可开发出高品质的 VR 系统。再如我国中视典数字科技有限公司研制的 VRP 系列软件,是国内最具代表性的 VR 开发平台,它以 VR – Platform 引擎为核心,衍生出 VRP – IE、VRP – BUILDER、VRP – PHYSICS、VRP – DIGICITY 与 VRP – SDK 5 个相关产品,通过导入由 3d Max 建立的模型,可制作出独立运行的 VR 程序。

　　然而在 IETM 系统中运用 VR 技术,需要考虑 VR 的多用户分发这一特点。由于 IETM 用户的信息源都集中存储于公共源数据库(CSDB)中,使用时需要通过网络向用户在线发送,需要考虑到模型数据在网络传输方面的速率等问题。因此,在针对 IETM 制作 VR 系统时,要选用基于网络的 VR 制作软件。符合这一要求的开发软件主要有以下 4 种:

　　1)VRML/X3D 软件

　　虚拟现实建模语言(VRML)是用于创建基于 Web 浏览器的、具有实时交互特性的 VR 场景语言。它的优点在于把大容量视频图像的生成放在本地,而只传输有限容量的场景模型文件,这样可有效解决网络带宽的瓶颈问题。X3D(eXtensible 3D)是新一代具有扩展性的三维图形标准,是 VRML 基于 XML 语言的版本,被认为是 VRML 的延伸与扩展。X3D 利用 XML 语言描述几何造型和实体行为,可方便地在网络应用程序之间进行 3D 数据通信。

　　2)Cult3D 软件

　　瑞典 Cycore 公司研发的 Cult3D 软件是一种主要针对网络应用的跨平台 Web3D 虚拟现实技术。Cult3D 无须 3D 加速卡等硬件支持,就能将 3D 模型的动作、动画与声音等整合成为具有实时交互功能的高画质三维对象,且输出的最终文件容量较小,能够快速发布到客户端。Cult3D 由 3 个软件组成,分别为 Cult3D Exporter 插件、Cult3D Designer 与 Cult3D Viewer 插件。制作 VR 系统前,首先将预先开发的三维模型导入到 Cult3D Exporter 中;然后利用 Cult3D Designer 为模型添加事件与行为,以实现模型的交互功能;最后使用 Cult3D Viewer 进行浏览播放。

　　3)Shockwave3D 软件

　　由 Macromedia 公司研制的 Shockwave3D 软件也是制作 VR 系统的常用工具,该软件工具的优势在于可方便实现复杂交互,因此适用于制作基于 IETM 的教学训练与装备培训等软件系统。

　　4)Java 3D 软件

　　美国 Sun 公司的 Java 3D 是一种高级的交互式三维图形编辑软件,是 Java 编程语言在三维领域的扩展。Java3D 综合了 OpenGL 与 Direct3D 的优点,对底层 API 进行了封装,是一种纯面向对象的开发工具。与 Java 应用程序类似,利用 Java3D 开发的 VR 程序能够添加到 J2EE 架构中去,因而在平台无关性、扩展性与移植性等方面具有天然优势,而且开发出的产品可直接在通用浏览器上观看使用,不需任何插件。

　　5)WTK 软件包

　　WTK(Word Tool Kit)软件包[43]是由美国 Sense8 公司开发的虚拟现实开发

平台,是一种在 OpenGL 或 DirectX 的基础上开发的实时 3D 图形驱动系统,可在 Windows、UNIX、Linux 等操作系统上运行。WTK 是一个包含 1000 多个函数的 C 函数库,分别用来组织管理虚拟场景,加载并渲染模型文件,WTK 提供了丰富的 2D 与 3D 字库,可支持数十种常用的输入/输出设备,提供三维立体声,实现分布式设计。

6.4.4　虚拟现实文件格式

虚拟现实的文件格式与所选用的软件紧密相关,一般可分为基于 VRML、X3D 与 JAVA 三种类型。

(1) WRL 格式。是一种虚拟现实文本格式文件,也是 VRML 的场景模型文件扩展名。WRL 格式文件是纯 ASCII 文件,可以用任何文本编辑器打开编辑,也可利用专业的场景建模软件打开。WRL 格式文件可用 VRML 浏览器运行,例如可以选用带 VRML 浏览器插件的 IE、NetScape 等浏览器,也可选用专用的 VRML 浏览器,如 SGI 公司的 Cosmo Player、索尼的 Community Place Brower 等。

(2) X3D 格式。由文本编辑器或由 X3D – Edit 专用编辑器编写的文件格式,分为 x3d、x3dv 和 x3db 三种类型。其中,x3d 文件对应于 X3D/XML 编码格式,MIME(Multipurpose Internet Mail Extensions,多用途 Internet 邮件扩展)类型为 model/x3d + XML;x3dv 文件对应于 X3D/VRML 编码格式,MIME 类型为 model/x3d + VRML;x3db 文件对应于二进制编码格式,MIME 类型为 model/x3d + binary。

(3) NFF 格式和 WTK 格式。NFF 格式是美国 Sense8 公司开发的虚拟现实开发软件包 WTK(Word Tool Kit)所支持的一种模型文件格式。由于常用的建模软件为 3ds Max,而很少直接利用 WTK 建模,因此 NFF 格式的格式文件应用较少。WTK 格式是软件包 WTK 所对应的场景文件输出格式,该格式的文件内容保存在 WTK 标签中,并附加了此文件的版本号。由于 WTK 格式不仅含有几何节点,同时也含有诸如材质、声音及传感器节点,因此在文件存储结构上,采用了同级节点并列存储结构。

(4) VRML 格式。VRML 格式是 VRML 语言(Virtual Reality Modeling language,虚拟现实建模语言)文件格式。VRML 的工作机制是用文本信息描述三维场景,并在 Internet 上传输,在本地机上由 VRML 浏览器解释生成三维场景。VRML 格式是用于存储三维场景内容的文件格式,由文件头、造型、原型、事件与路由 5 部分组成。

(5) JAR 格式。JAR 格式是专用于 JAVA 3D 软件的虚拟现实文件格式,用于存储基于 Web 的 3D 应用程序。该格式文件包含了一组 JAVA3D API 的调用,并可在其中调用各种模型文件,按一定规则排列后生成虚拟的场景。

6.4.5 虚拟现实在装备 IETM 中的应用优势

虚拟现实技术就是采用以计算机技术生成逼真的视、听、触觉一体化的特定范围内的虚拟环境,用户借助必要的设备以自然的方式与虚拟环境中的对象进行交互作用、相互影响,从而产生亲临真实环境的感受与体验。虚拟维修技术是采用虚拟现实技术进行装备保障特性设计和验证,以及开展装备保障训练的先进技术。它是虚拟现实技术在装备保障中的应用,是一个更合乎人的感觉的维修保障辅助系统。它突破了空间、时间的限制,可以实现逼真的装备装配、故障排除、检修操作,提取任何关于装备的已有资料与状态数据,检验装备的性能(这对一次性使用的武器如导弹、炮弹等尤为重要)。装备维修保障人员可以通过装备组成部件的各项参数及各种外在特征(诸如外形、光泽、声音、温度等),发现装备中客观存在的故障,从而对其进行检修。

近年来,虚拟现实技术得到了飞速发展,虚拟维修技术在美军武器研制中得到了大量的应用。不仅在研制中采用虚拟维修技术来缩短研制周期、降低研制费用,而且在装备维修保障训练中也开始采用虚拟维修保障训练技术来提高训练水平,节省装备维修保障训练费用。当前虚拟维修技术已成为未来维修技术发展的一个重要方面,其作用体现在[47]:

(1)虚拟维修技术提供了更加有效的评价与影响新设计的能力。随着工作站、建模软件以及输入/输出设备的改善,虚拟维修保障的功能还将继续增强,实际模型与虚拟模型之间的差异将逐渐减小。随着虚拟维修保障的效益变得越加明显,其应用也将日益增多。下一代工具的发展包括:更快的渲染速度;更加逼真的人的行为;更快捷的建立人体动画的方式;与第三方数据库的更好的接口;更好的报告功能。

(2)不必建造昂贵的实物模型,可以大大降低研制费用,节约研制时间。虚拟维修保障系统能够直接向装备维修保障数据库输入作业步骤和资源,特别是可以使装备保障人员方便地在设计早期就参与项目研制,发现潜在的问题,避免投入使用后再进行设计修改。

有助于实现维修性分析的标准化。可将维修性分析中使用的核对表和程序合成到虚拟维修保障系统中,以便为维修性工程师进行以下活动提供指导,即确定连接件被正确隔离、把手具有适当的尺寸与位置、能看得见够得着所关心的项目、任何必要的工具可在安装位置正常操作。标准的人体模型的采用也有助于维修性分析的标准化。通过标准化分析,使分析结果的偏差减到最少,分析的有效性得到提高。

（3）通过虚拟维修保障获得更多的信息交换。可视化是这些系统的优势。可以看得见最小的细节，可以从多个视点记录图像。这些图像可以与其他人直接共享，也可以通过电子环境共享。可以创建作业的动画来确认程序或强调重点，并与用户和设计组进行更好的沟通。可以将这些图像与动画综合到基于电子媒体的训练设备和电子手册中。利用互联网，还可将多个工作站联在一起，实时地与相同环境中的人交互作用，进行虚拟的设计评审。大量信息共享使信息的作用更好发挥，并使费用在幅度地降低。

美国波音公司已经建立了一个虚拟现实实验室，采用三维建模数据创建虚拟环境。装备维修保障人员可以对"联合攻击战斗机"的维修性进行评估与试验。在虚拟环境中，人员能绕着飞机行走，就像在跑道或航空母舰的甲板上一样，并模拟各种维修保障作业，如加挂武器或拆卸零件[48]。

在 IETM 制作过程中引入 VR 技术，可充分利用 VR 环境的沉浸性和 VR 人机接口的交互性。VR 的 3I 特性特别强调人的主导作用。传统的 IETM 用户只能从 IETM 系统的外部去观察装备的结构原理、操作步骤以及维修方面的知识，加入 VR 技术的 IETM 则能够使用户沉浸到计算机系统虚拟的逼真环境中去获取这些信息；传统的 IETM 用户只能通过键盘、鼠标与装备 IETM 系统发生交互作用，加入 VR 技术的 IETM 则能够利用多种传感器与虚拟装备进行直接交互；传统的 IETM 用户只能接收理论方面的学习，而加入 VR 技术的 IETM 则能够从感性与理性两方面来认识装备，从而深化概念和萌发新意；传统的 IETM 强迫用户去适应那些符合国际标准的显示方式，而加入 VR 技术的 IETM 则尽量去满足用户的各种需要[47]。

6.4.6　装备 IETM 中运用虚拟现实所面临的问题

一个基本的运用 VR 技术的装备 IETM 系统除了传统的 IETM 所具备的要素外，还应至少包括 VR 虚拟环境生成系统、感知与反馈系统、开发与演示平台与数据库等几部分组成。由于 VR 技术与计算机技术、传感与测量技术、图像处理、人工智能、微电子等多项密切相关，需要多个领域的各项技术协同工作，因此，存在许多关键问题急待解决[49]。

1. 人机交互技术

在 VR 中，人机交互是研究用户与虚拟环境之间有效交互的技术。VR 中的人机交互方式除了应包含键盘与鼠标等传统模式外，还需要数据手套、数字头盔等多种传感器设备的配合，并需要融合语音识别、语音输入、立体声合成等新的人机交互技术。用户可通过这些设备和技术向 VR 系统输入各种信息，VR 系统则接受输入的信息，并在分析处理后再通过这些设备和技术向用户输出结果。

2. 信息压缩与数据融合

装备 IETM 系统是面向多个客户端使用的,因此 IETM 中的 VR 系统必须能够实时处理大量的信息。一方面应尽量提高计算机的处理速度,另一方面也应研究出更高效的信息压缩与数据融合的算法与技术。在 VR 系统中处理的事务,大多是基于图像的交互,因此 VR 系统对图像处理也提出了更高的要求。一种可解决的途径是高性能的硬件与高效率算法的有机结合,即一方面研制高性能的处理器芯片,另一方面开发高效的数据压缩与数据融合算法。

3. 系统集成技术

在 VR 系统中存在各种形式的数字信息和模拟信息,它们有的用声音、图像、文字的形式表示,有的用力反馈、触觉、味觉的方式表达。同时,在 VR 系统中还存在虚拟和真实的环境,这些复杂的环境存在实时与非实时、瞬变与缓变、确定性与不确定性等因素。如何将这些多维化信息进行综合集成,使之协调一致,是一项重要的关键技术。集成的目的是旨在建立一个具有最优化的结构,且具有自适应、高性能的实时 VR 系统。

4. 环境建模技术

虚拟环境是实际三维环境的映像,是所有 VR 系统的核心与基石。动态环境建模技术的目的是获取实际环境的三维数据,并根据应用的需要建立相应的虚拟环境模型。三维数据的获取可以采用 CAD、3D Max 技术与全景摄像等多种方式采集,其生成技术已经较为普遍与成熟,但关键是要实时生成三维图形。为达到实时的目的,至少需要保证三维图形的刷新频率不低于 15 帧/s,并尽量高于 30 帧 s,所以在不降低图形质量和不增加复杂程度的前提下,如何提高刷新频率是三维图形实时显示技术需要考虑的关键问题。

附　录

附录 A　IETM 标准对多媒体
对象的通用要求

本附录给出 IETM 标准对音频、视频、动画等各种媒体都适用的通用要求。

A.1　多媒体应用的规则与通用原则

音频、视频、动画等媒体形式在 IETM 标准中统称为"多媒体对象"，应用时通过超链接将其插入数据模块之中。多媒体对象及其显示用来支持技术文本数据。由于多媒体的使用及理解能力，要受到诸如显示背景、色彩与表现手法，以及灯光、天气与噪声等许多因素的影响。因此，使用多媒体时应考虑二次文本验证和不适用之处，即对于所有插入使用的多媒体都必须经过正式 S1000D 的验证，方可应用。

在 IETM 中使用多媒体对象，通常就遵循以下原则：

（1）所有研制与制作的媒体对象应来自于一个已经验证的技术信息源。独立多媒体对象在交付之前，必须按照项目业务规则经过验证。

（2）多媒体对象必须针对所选定项目的浏览器或使用的显示平台来研制与制作。

（3）对多媒介因素的保障要求，如插件和浏览器，必须依据非文本数据项目的专门规则来确定。

（4）对可重复使用的原始资料必须保持其原生形式。

（5）媒体的加载指示及加载过程应对用户是可视的。

建议所有多媒体对象要独立创建。担负一项具体功能的某个媒体对象部分，例如声音、图像、活动代码或者视频部分，可以单独使用，或与其它部分组合使用。

A.2 独立媒体介质的要求

通常,在 IETM 中应用的音频、视频与动画与 IETM 集成在一个可通过网络发布数据浏览包或者制成 CD、DVD 光盘单独传递。有时也可以将音频、视频与动画的内容单独录制在 CD、DVD 光盘分发,为此,提出使用独立媒体介质的要求。

1. 独立媒体标签要求

在 CD、DVD 标签的介绍性说明应用符合分发媒体的标签标准,一般应包括:

(1) 标签应详细标明反映媒体内容的标题与惯用名称、联系方式、主管部门,安全警告和加盖制作日期;

(2) 标注有关批准生效时间的信息;

(3) 说明媒体内容的介绍页;

(4) 使用说明,包括观看内置数据所需的专用插件或支持播放功能的最低机器规格要求。(对于数据模块,DVD 或 CD 包应带有资源清单的文本文件)

2. 独立媒体的内容要求

独立媒体应当包括:

(1) 对所有引用超文本链接的内容目录。

(2) 媒体作品提出人的授权及发行所依据的媒体开发国家或地区的适用法律。

(3) 按定制的元数据定义的可重用对象。

(4) 遵从项目业务规则的元数据。

A.3 多媒体对象的用户界面要求

多媒体对象可以在 IETM 浏览器显示区域主窗口内展示,对于独立媒体也可以以全屏显示方式展示。

1. 用户界面"观感"的视觉结构

制作用户界面技术应依据 IETM 用户界面要求(详见本丛书第三分册《装备 IETM 的互操作性与交互性》第 3 章 3.2 节),对于多媒体对象应遵从以下规则:

(1) 要有 OK 或开始按钮;

(2) 使用标准的对象与图标;

(3) 对所有媒体的启动或加载应能清楚地显示;

（4）对媒体的控制，可以采用窗口内部控制，也可以采用外部方式控制；

（5）设置屏幕大小或外框的大小应要在整个项目中保持一致；

（6）整个项目的导航信息应标准化，例如整个项目采用同样的导航顺序与相同的导航位置；

（7）用户界面布局与结构应协调一致，例如按基本功能或维修工作的顺序进行布局（无按钮）；

（8）使用统一一致的可选项的文字标签按钮；

（9）媒体中使用的文本信息，中文文字最小字体应为小四号、英文字母最小为12磅；

（10）对于图像要有备选的文本描述（例如网页发布的 ALT 标签）；

（11）多媒体的色彩和背景使用与插图部分的规则相一致；

（12）各种多媒体使用时必须有退出、停止与暂停按钮。

2. 制作指南

多媒体设计者应为多媒体数据的展现设计协调一致的用户界面。建议设计者采用以下技术：

（1）自动定义窗口大小与位置；

（2）使用符号地图显示用户当前的位置，并获取访问路径；

（3）提供进入产品的系统结构与数据指示所访问图片的入口，如用图形化菜单；

（4）确保用户使用界面的一致性；

（5）建立一致的下层结构或系列模板；

（6）要为用户提供适合于用户界面与技能等级的可信用例与场景。

3. 警告与注意的显示

警告（warning）与注意（caution）是 IETM 经常使用的基本信息元素，主要用于提醒对可能导致人员伤亡及装备损坏的时间、程序和情况引起注意，警告用户不要做某一危险动作，并需要特殊步骤引导程序去进行安全的操作。警告与注意的一般显示要求如下：

（1）警告和注意包括内嵌式和弹出式两种显示方式。当是内嵌式时按下图标，应该弹出警告和注意。

（2）警告和注意以及相应的图标应显著的标识在主显示区，以引起用户注意。警告和注意示如图 A－1 和图 A－2 所示。

（3）在浏览时警告和注意以及其相应图标必须对用户是可见的。

（4）任何警告和注意应用于完整的数据模块（即包含和呈现在初始要求的安全条件之中），并只能在数据模块打开时显示。

（5）警告和注意应由边框和内容框构成。

（6）警告的边框由红色与白色相间的斜条纹构成；注意的边框由黄色与白色相间的斜条纹构成。

（7）内容框通常由标题、图标和文本信息构成，居中显示于内容框。标题用于辨别消息类型，位于内容框上部，字体应为黑体加粗；图标位于标题下方，其使用应符合 GB 2894 的要求；有多个段落构成的文本，在段落之间应有一空行。

图 A-1　带有确认按钮的警告和注意

图 A-2　警告和注意图标示例

A.4　多媒体对象的导航应用

所有多媒体对象都必须引入导航方式。尽管每项多媒体应用的性质与内容决定了所要提供的导航特性，但是基本（最低）导航功能应包括：帧前进/后退，开始/停止与暂停，主页、离开或退出与菜单，音量控制（开/关）。多媒体展示的导航方法主要有使用参数、脚本动作与对象行为，下面是实现这些方法的规则与技术。

1. 使用参数导航

与图形一样,多媒体同样可以在视觉呈现的敏感区域需要使用导航或启动其它动作来创建链接。此外,也有控制对象行为的要求。这种导航方法是使用元素 < parameter > 及其属性"id(M)"、"parameterIdent(O)"、"parameterValue(O)"、"parameterName(O)"来实现的。具体方法参见本丛书第四分册《基于公共源数据库的装备 IETM 技术》第 4 章 4.1.2 节。

2. 脚本动作

脚本活动为多媒体展示增加了交互性。脚本活动是通过产品应用生成或嵌入,并使用专门的阅读器来浏览。应用脚本对于控制一个媒体对象响应特定用户情景与交互条件是十分必要。脚本动作可以生成与控制对象行为的导航方法。这些脚本必须是简单的,可以用模块化形式构建,并在完全嵌入媒体前通过测试。

3. 对象行为

对象行为是响应另一个媒体对象调用或者直接光标点击的结果。它可以在视觉上改变用户视图外观、驱动对象动画或演播其它媒体对象。这些交互或动作的类型可以通过应用程序或项目专用观察器处理。IETM 中可使用以下对象行为:

(1)展示一个文本字符串、屏幕提示;

(2)展示其他菜单选项,如基本导航菜单;

(3)交换图像或恢复原始图像;

(4)启动或终止对象动画行为;

(5)播放音频、提示音或者启动或停止音频文件;

(6)控制与演示对象,或媒体转换;

(7)使用一个对象作为动作的目标;

(8)链接接到其它帧、视图或其它对象。

A.5　多媒体中的色彩应用

所有视觉多媒体对象的色彩使用应遵从以下规则:

(1)在制作彩色的或者黑白的 2D 动画插图时,色彩的应用应符合 IETM 中色彩应用的通用规则(见本书第 4 章 4.2.4 节);

(2)对于设备或零件的视频和写真图像,一般使用其自然色而不必应用色彩规则,但对于其它工具项目、高亮显示或重叠的导航标记的色彩应用可依据 IETM 中色彩应用的通用规则(见本书第 4 章 4.2.4 节);

（3）使用色彩来表现数字化样机时，可按 3D 模型的色彩应用规则；

（4）如果项目考虑要用 8 位（256 色）计算机系统观察其工作，要求使用网络安全调色板；

（5）色饱和度差异的测试，应要求在项目环境下进行。

附录 B　动画与虚拟现实典型编程语言

B.1　VRML 语言

虚拟现实建模语言（Virtual Reality Modeling Language，VRML）是一种可以在互联网上发布的、采用文本信息描述交互式三维场景的建模语言。VRML 文件描述了基于时间的三维空间，也即虚拟现实，其中包含了视觉对象与听觉对象，可以通过多种机制动态修改空间状态。

VRML 定义了一种将三维图形和多媒体集成在一起的文件格式。在语法上，VRML 文件是一种显式地定义和组织三维多媒体对象的集合；在语义上，VRML 文件描述了基于时间的交互式多媒体信息的抽象行为。

下面首先介绍 VRML 的发展历程，然后列出 VRML 的基本特性，接着介绍 VRML 的核心概念与体系结构，最后给出两个示例。

1. 发展简史

1992 年底 SGI 公司（Gavin Bell 与 Paul Strauss 等人）在 OpenGL 的基础上推出了面向对象的三维图形文件格式 Open Inventor（开放发明家）。

1994 年初 Mark Pesce 与 Tony Parisi 开发出可以显示 3D 图形的迷宫（Labyrinth）浏览器。

1994 年 5 月召开的第一届万维网年会上，Pesce、Parisi、Bell、Strauss 与 Intervista 软件公司的 Anthony Parisi 等人，开始构思 VRML。最开始 VRML 的原文为 Virtual Reality Markup Language 虚拟现实标记语言，后来才将 Markup（标记）改为现在的 Modeling（建模），使其更名副其实。

1994 年 10 月召开的万维网秋季会议上，SGI 公司提出了由 Mark Pesce 起草的 VRML 草案，它是将 Open Inventor 的一个子集，加以修改和网络功能扩充后的一种结果。

1995 年 5 月 8 日该草案经过若干修改后成为万维网标准 VRML 1.0。

1996 年 8 月 4 日 VRML 联盟（VRML Consortium Incorporated）又推出 VRML 2.0。

1998 年 1 月 VRML 成为国际标准 VRML97，其中先推出来的只是标准的第 1 部分：

ISO/IEC 14772 - 1:1997Information technology—Computer graphics and image processing—The Virtual Reality Modeling Language — Part 1：Functional specification and UTF – 8 encoding 信息技术——计算机图形学和图像处理——虚拟现实建模语言——第 1 部分:功能规格与 UTF – 8 编码。

1999 年底,VRML 的又一种编码方案 X3D 草案发布。X3D 整合了 XML、JAVA、流技术等先进技术,提供了处理能力更强、更高效的 3D 计算能力、渲染质量与传输速度。

2000 年 6 月,Web3D 协会发布了 VRML 2000 国际标准草案,同年 9 月又发布了该草案的修订版。

2002 年 7 月,Web3D 协会又发布了可扩展 3D(X3D)的标准草案,并配套推出了软件开发工具。这项技术是 VRML 的后续产品,是用 XML 语言描述的。

2004 年 3 月,推出了 VRML 国际标准的第二部分:

ISO/IEC 14772 – 2：2004 Information technology—Computer graphics and image processing—The Virtual Reality Modeling Language（VRML）— Part 2：External authoring interface（EAI）信息技术——计算机图形学和图像处理——虚拟现实建模语言——第 2 部分:外部著作接口(EAI)。

2. 基本特性

VRML 文件是一个基于时间的三维空间,包含了可以通过多种机制进行动态修改的视觉与听觉对象。VRML 的基本特性有:

（1）VRML 可以通过包含关系将多个文件(包括 VRML 文件和其它标准图像、声音与视频文件等)组织在一起,层次性的包含关系使得创建任意大动态场景成为可能。

（2）VRML 内建了支持多个分布式文件的多种对象和机制,适用于分布式环境。

（3）VRML 采用 C/S(客户/服务器)访问方式,实现了平台无关性。

（4）VRML 使用了(优于普通 3D 建模与动画的)VR 实时 3D 着色引擎,能提供更好的交互性。VRML 还提供了 6 个自由度(3 个方向的移动与转动)+1(与其它三维空间的超链接)。

（5）VRML 采用 ASCII 文本来描述场景和链接(类似于 HTML 与 XML)。也可以压缩成. zip 与. rar 文件,还有二进制文件格式。

（6）VRML 具有可伸缩性,能够适应不同的硬件设备与网络环境,还可以进行扩充,用户可以根据需要,来定义自己的对象及其属性,并通过原型、描述语言等机制,使 VRML 浏览器能够解释这些对象及其行为。

3. 概念与结构

虚拟现实(Virtual Reality,VR)的场景由节点(node)对象组成,有 3 类节点:

用于视觉和听觉等表现对象的感受器(sensor)节点;参与事件产生和路由机制、形成路由图、确定世界随时间推移如何动态变化的脚本(script)节点;还有一类是把一组节点组织起来的分组(Grouping)节点,它在节点之间形成了父子关系。

4. 使用方法

VRML 一般保存为单独文件,通常用.wrl 作为扩展名。运行 VRML 文件需要 VRML 专用浏览器,或是安装了 VRML 插件的普通浏览器。

VRML 的访问方式是基于客户/服务器模式的,其中服务器提供后缀名为.wrl 的 VRML 文件,以及资源客户通过网络下载的文件,并通过本地平台上的 VRML 浏览器交互式访问该文件描述的虚拟世界。

可以利用 < EMBEG > 或 < OBJECT > 标签将 VRML 文件嵌入到 HTML 文档中,也可在 VRML 文件中,使用脚本节点来引用编译过的 Java 字节码,还可用 Java Applet 等与 VRML 浏览器进行交互通信。

5. 例子

下面是一个简单的 VRML 例子(取自 VRML1.0 标准),图 B-1 给出了(安装了 SGI 公司的 Cosmo Player Control 插件的)IE 所输出结果。

```
VrmlWorld.wrl
#VRML V1.0 ascii
Separator {
    Separator {   # Simple track-light geometry:
        Translation { translation 0 4 0 }
        Separator {
            Material { emissiveColor 0.1 0.3 0.3 }
            Cube {
                width  0.1
                height  0.1
                depth  4
            }
        }
        Rotation { rotation 0 1 0  1.57079 }
        Separator {
            Material { emissiveColor 0.3 0.1 0.3 }
            Cylinder {
                radius  0.1
                height  .2
            }
        }
    }
```

```
        Rotation { rotation -1 0 0  1.57079 }
        Separator {
            Material { emissiveColor 0.3 0.3 0.1 }
            Rotation { rotation 1 0 0  1.57079 }
            Translation { translation 0 - .2 0 }
            Cone {
                height  .4
                bottomRadius .2
            }
            Translation { translation 0 .4 0 }
            Cylinder {
                radius  0.02
                height  .4
            }
        }
    }
SpotLight {    # Light from above
    location 0 4 0
    direction 0 -1 0
    intensity    0.9
    cutOffAngle   0.7
}
Separator { # Wall geometry; just three flat polygons
    Coordinate3 {
        point [
                -2 0 -2, -2 0 2, 2 0 2, 2 0 -2,
                -2 4 -2, -2 4 2, 2 4 2, 2 4 -2]
    }
    IndexedFaceSet {
        coordIndex [ 0, 1, 2, 3, -1,
                0, 4, 5, 1, -1,
                0, 3, 7, 4, -1
                ]
    }
}
WWWAnchor {    # A hyper - linked cow:
    name "http://www.foo.edu/CowProject/AboutCows.html"
```

```
Separator {
    Translation { translation 0 1 0 }
    WWWInline {    # Reference another object
        name "http://www.foo.edu/3DObjects/cow.wrl"
    }
  }
 }
}
```

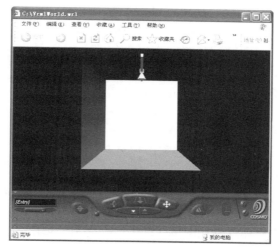

图 B-1　"VRML 世界"例子的输出

B.2　X3D 语言

可扩展三维（eXtensible 3D，X3D）与 VRML 都是网络 3D 联盟（Web3D Consortium，http://www.web3d.org/）开发的图形动画描述语言。基于 XML 的 X3D 是 VRML 的发展与替代。

可扩展标记语言（eXtensible Markup Language，XML）是万维网协会（World Wide Web Consortium，W3C）于 1998 年制定的一种数据描述元语言的国际通用标准，已经获得了非常广泛的支持和应用。

X3D 是一个用 XML 描述的 3D 文件格式的开放标准，X3D 使得在所有网络应用程序之间进行 3D 数据通信成为可能。与其前辈 VRML 相比，X3D 标准更加成熟与精致。

X3D 包括 4 个部分：内核（核心特征集）、VRML 97 特征集、应用程序接口、扩展集。X3D 实现了与 VRML 97 的兼容,能提供 VRML 97 浏览器的全部功能。

1. 简史

下面是 X3D 发展过程的一个简单描述:

1995 年 5 月 VRML 1.0 成为万维网标准;

1996 年 8 月 VRML 联盟(VRML Consortium Incorporated)推出 VRML 2.0;

1998 年 1 月 VRML 成为国际标准 VRML97(ISO/IEC 14772 – 1:1997);

1998 年 2 月 W3C 公布 XML 1.0 标准;

1998 年 11 月 VRML 联盟更名为 Web3D 联盟;

1999 年 2 月 Web3D 联盟启动 X3D 计划;

2002 年 7 月 Web3D 联盟发布 X3D 草案;

2002 年 12 月 X3D 进入 ISO 审议。

2004 年 8 月 X3D 成为国际标准,包括:

(1)ISO/IEC 19775 – 1:2004 Information technology—Computer graphics and image processing—Extensible 3D(X3D)—Part 1:Architecture and base components 信息技术——计算机图形学和图像处理——扩展 3D(X3D)——第 1 部分:体系结构和基本组件;

(2)ISO/IEC 19775 – 2:2004 Information technology—Computer graphics and image processing— Extensible 3D(X3D)—Part 2:Scene Access Interface(SAI)信息技术——计算机图形学和图像处理——扩展 3D(X3D)——第 2 部分:场景访问接口(SAI)。

2005 年 7 月又推出 X3D 编码的国际标准的前两部分:

(1)ISO/IEC 19776 – 1:2005 Information technology— Computer graphics,image processing and environmental data representation—Extensible 3D(X3D)encodings—Part 1:Extensible Markup Language(XML)encoding 信息技术——计算机图形学、图像处理和环境数据表示——扩展 3D(X3D)编码——第 1 部分:可扩展标记语言(XML)编码;

(2)ISO/IEC 19776 – 2:2005 Information technology—Computer graphics,image processing and environmental data representation—Extensible 3D(X3D)encodings—Part 2:Classic VRML encoding 信息技术——计算机图形学、图像处理和环境数据表示——扩展 3D(X3D)编码——第 2 部分:经典的 VRML 编码。

2006 年将推出 X3D 语言绑定的国际标准:

(1)ISO/IEC 19777 – 1:2006 Information technology—Computer graphics and image processing—Extensible 3D(X3D)language bindings—Part 1:ECMAScript 信息技术——计算机图形学、图像处理和环境数据表示——扩展 3D(X3D)语言

绑定——第 1 部分：ECMAScript；

（2）ISO/IEC 19777 - 2：2006 Information technology — Computer graphics and image processing—Extensible 3D（X3D）language bindings—Part 2：Java 信息技术——计算机图形学、图像处理和环境数据表示——扩展 3D（X3D）语言绑定——第 2 部分：Java。

2．特性

X3D 具有如下新特性：

（1）XML 集成 Web 服务、分布式网络、跨平台、交互应用文件和数据传输；

（2）组件化，允许轻量级内核 3D 运行时分发引擎；

（3）可扩展，适应特殊应用需要的标准化扩展集；

（4）容易更新，并保留 VRML97 作为 X3D 的内容；

（5）广播/嵌入应用，从移动电话到超级计算机都可应用；

（6）实时性，绘图技术是高品质、实时、交互的，并且包括音频与视频以及 3D 数据；

（7）规范清晰，容易创建一致、相容，且无故障的实现。

X3D 技术可以让小型的网络客户端支持高级 3D 应用，并可以将高性能的 3D 功能整合到广播和嵌入式设备中。使用 X3D 的紧凑型客户端，还可以通过插件程序来创建标准化的构件以扩展功能。X3D 被定义为可交互操作、可扩展、跨平台的网络 3D 内容标准。既然跨平台，X3D 标准自然少不了要大量使用 Java 技术。

3．主要功能

X3D 支持如下功能：

（1）3D 图形，包括多边形几何、参数几何、层次变换、光照、材质、多遍/多级纹理映射、像素和顶点遮挡、硬件加速；

（2）2D 图形，包括空间化文本、2D 矢量图形、2D/3D 合成；

（3）CAD 数据，一种转换 CAD 数据到出版物与交互媒体的开放格式；

（4）动画，可实现计时器与插补器驱动连续动画、拟人的动画和变形；

（5）空间化音频和视频，能将视听源映射到场景几何上；

（6）用户交互，基于鼠标的检取和拖带、键盘输入；

（7）导航，实现用户在 3D 场景中的移动、碰撞检测、接近度与可见性检测；

（8）用户定义的对象，具有通过创建用户定义的数据类型来扩展内置浏览器功能的能力；

（9）脚本，可提供通过编程与脚本语言来动态改变场景的能力；

（10）联网，提供由网络资源构成单一 X3D 场景、链接到其它场景或链接到万维网上的资源对象的能力；

（11）物理模拟，可实现拟人动画、地理空间数据集、DIS(Distributed Interactive Simulation,发布式交互仿真)的集成。

4. X3D 与 VRML 和 XML 的联系

1) X3D 与 VRML

X3D 继承了 VRML 的工作原理，而在描述与文件组织上发展了新的形式（采用了 XML 语言）。简单地说，X3D 是把 VRML97 分解为组件，并使用可加入新组件的机制，来扩展 VRML97 的功能。

VRML 与 X3D 最大的区别在于，VRML 浏览器读取的不是三维数据而只是一种文本描述，X3D 采用的则是 XML 描述的实际三维数据。这样就可以建立照片级的三维模型，而且还可通过压缩技术将数据压缩并实时播放，不用下载整个文件即可显示三维对象。

2) X3D 与 XML

X3D 的命名即意味着 3D 与 XML 的结合，XML 最大的特点就是被标记的数据可以保持其含义，因而使不同的系统之间交换数据成为可能。采用 XML 作为 X3D 的描述语言具有如下优势：

（1）可移植性。VRML97 的语法几乎不适合其它任何场合。VRML97 的语法和其基于 Open Inventor 的场景图语法以及对象符号非常相似。然而现在占统治地位的语言是 XML，其标记对数据归档与移植提供了较长的生命周期。X3D 任务组花了许多时间来寻找一种用 XML 描述 VRML97 节点的方式，最后给出了一个对应的 Schema 文档。

（2）页面整合性。在开发页面时，基于 XML 页面整合的系统，场景内容和执行都变得相对简单。

（3）易于与下一代网络技术整合。万维网联盟(World Wide Web Consortium,W3C)的成员付出了很多努力去发展 XML，目前它已经获得了最新版本浏览器 Netscape、Mozilla 和 Internet Explorer 等的广泛支持。

（4）广泛的工具支持。X3D 作为一种定义视觉信息的格式，可以演示一般的产品信息。通过使用广泛的诸如样式表之类的可用工具，可以使用任何常用的本地 XML 格式进行工作，然后通过一定的转换步骤来使用 3D 方式查看。

5. X3D 子集

VRML 必须采用全部特征集以保证一致性。与此形成鲜明对比的是，X3D 允许开发者支持一个规范的子集以构成模块化功能。

X3D 的基准子集有：

（1）交换，是应用程序之间通信的基本子集，支持几何、纹理、基本光照和

动画;

（2）交互,通过为用户导航和交互添加各种传感器节点(如 PlanseSensor、TouchSensor 等)、增强型定时,以及附加的光照(Spotlight、PointLight 等),以提供与 3D 环境的基本交互;

（3）沉浸,提供全三维图形及其交互,包括音频支持、碰撞、烟雾与脚本;

（4）完整,包含全部定义节点,包括非均匀有理 B 样条(Non – Uniform Rational B – Spline,NURBS)、拟人动画(Humanoid Animation,H – Anim)与地理空间(GeoSpatial)组件。

X3D 的辅助子集有:

（1）MPEG – 4 交互,是一个专为广播、手持设备与移动电话设计的小型交互子集版本;

（2）CAD 蒸馏格式(CAD Distillation Format,CDF),提供将 CAD 数据转换成一个出版物和交互媒体开放格式的能力。

6. 例子

目前的主流浏览器还不能直接支持对 X3D 文件(扩展名为. x3d、. x3dv 或. wrl)的浏览,需要安装 X3D 插件。当然也可以采用专门的 X3D 浏览器,例如 Web3D 联盟用 Java 开发的 Xj3D 浏览器(http://www. xj3d. org/)与 Dave Huffman 采用 QT 库及 OpenGL 编写的 Carina 浏览器(http://ariadne. iz. net/ ~ entigo/)。下面给出一个 X3D 的例子,运行结果如图 B – 2 所示。

```
moving_box.x3dv
#X3D V3.0 utf8
PROFILE Interactive
DEF TS TimeSensor {
  cycleInterval 10
  loop TRUE
}
DEF TG Transform {
  children Shape {
    geometry Box {}
    appearance Appearance {
      material Material {
        diffuseColor 1 0 0
      }
      texture ImageTexture {
        url ["Xj3D-256x256.jpg"]
```

```
          }
        }
      }
    }
DEF PI PositionInterpolator {
  key [ 0 0.25 0.5 0.75 1 ]
  keyValue [
    0 0 0
    -1 0 0
    -1 1 0
    0 1 0
    0 0 0
  ]
}
ROUTE TS.fraction_changed TO PI.set_fraction
ROUTE PI.value_changed TO TG.translation
```

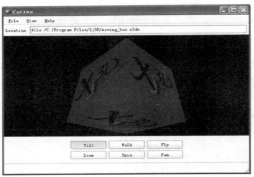

图 B – 2　"移动盒子"例子的输出(右边是 Xj3D – 256x256. jpg)

B. 3　SVG 语言

可伸缩矢量图形语言(Scalable Vector Graphics,SVG)是 W3C 推出的一种基于 XML 的二维图形(动画)的标准描述语言。

1. 相关语言和格式

图形描述语言的历史,可以追索到 Adobe 公司于 1985 年公布的 PostScript,它是一种用于文档出版印刷的排版语言,其编译后的版本——可移植文档(Portable Document Format, PDF) 格式,现在几乎成了电子出版的事实标准。

212

PostScript 是基于 ASCII 文本的,支持图文混排与缩放,但是其源文件复杂且庞大,不适合于人工阅读和网络传输。PDF 格式的文件虽然小一些,但是因为它是二进制格式(分辨率固定,不能缩放),又是属于一个公司所有,所以不适合于阅读与交换。另外,PostScript 和 PDF 只能描述静态文本与图形图像,不能用于动画。

现在网络上十分流行的 Flash 软件的 SWF 格式,是 Macromedia 公司于 1997 年推出的二维 Web 矢量动画产品所使用的文件格式,该公司的其他著名产品有 Dreamweaver、Fireworks、Director 和 Authorware 等。Flash 相当于二维网页矢量动画的事实标准,但是与 PDF 一样,SWF 也属于二进制格式,而且也为一个公司所有,因此还不能成为二维矢量动画的通用交换标准。

随着 1998 年 W3C 的 XML 标准的推出,采用 XML 来描述二维矢量动画就成为了必然。同样是采用文本描述语言,与 PostScript 的最大不同是,SVG 采用的是国际通用的数据描述语言标准 XML,而且 SVG 还支持动画。表 B-1 列出了这四种格式的特性比较。

表 B-1　二维矢量图形动画格式的比较

名称	格式	动画	应用	制定者
PostScript	专用文本	不支持	出版	Adobe 公司
PDF	二进制	不支持	出版	Adobe 公司
SWF	二进制	支持	网页	Macromedia 公司
SVG	XML	支持	网页	W3C

2. SVG 概述

SVG 是采用 XML 来描述二维图形的一种语言。它支持三种类型的图形对象:包含直线和曲线路径的矢量图形、图像与文本。

SVG 中的图形对象可以被分组、设置风格、变换和合成进以前渲染过的对象之中,其特征集包括嵌套变换、裁剪路径、α 掩模、过滤效果和模板对象等。SVG 的绘图可以是交互与动态的,可以定义动画,并采用两种方法来触发——直接触发(即在 SVG 内容中嵌入 SVG 动画元素)或通过脚本触发。

复杂的 SVG 应用程序,可以使用附加的脚本语言来访问 SVG 的文档对象模型(Document Object Model, DOM),它提供对所有元素、属性与特征的完全访问。

因为 SVG 对其他 Web 标准的兼容性与互助作用,像脚本描述等特征,可以在同一网页的 XHTML 与 SVG 元素上进行。SVG 是一种针对丰富图形内容的语言,可以利用 SVG 工具,在 SVG 内容中包含更高级别的信息,从而实现可达性。

3. SVG 的特点

1）应用 SVG 语言编写动画多媒体的基本特点

（1）基于 XML 标准。XML 是下一代万维网的基石,是当前最热门和最通用的数据描述语言,主要用于网页描述、数据交换与分布式计算。采用 XML 作为描述语言,使得 SVG 可以与 XHTML、CSS、XSL、XSLT、DOM 及 JavaScript 等基于 XML 的工具语言协同工作。

（2）矢量图形。矢量图由线框与填充物等构成,与由点阵构成的图像相比,具有两大优势:一是图形文件的大小只与图形的复杂程度有关,而与图形的具体尺寸无关,一般情况下,它比点阵图像文件要小几个数量级;二是矢量图形的显式尺寸,可以无限放大而不会影响图像质量。而点阵图像放大后会产生难看的马赛克效应。

（3）文本描述。由于矢量图本身是一个算法指令系列,因此 SVG 采用 XML 来描述图形时不需要任何图形软件,只用记事本就可以生成各种 SVG 图形。例如,圆盘可以用圆心、半径与填充色来描述。

（4）文件格式灵活。SVG 文件中可以包含图形、文字与图像等对象。可以对 SVG 文件中各种对象进行单独的编辑（如修改、删除与添加等）,而且这些编辑都是基于文本的。

（5）交互性。传统 HTML 文档中的图片按钮交互,是由图片元素与脚本语句分别完成的。而 SVG 支持同步多媒体集成语言（Synchronized Multimedia Integration Language,SMIL）,可以在图片内直接进行交互。

（6）内嵌字型数据。为了使用用户系统中没有的字体,传统的动态 HTML 采取的方法是,在用户浏览时通过 Web 即时下载。这对于字母文字（如英文）还可以接受,但是对于象形文字（如中文）,由于字体文件太大,就太浪费时间与空间了。SVG 采用了一种更为科学的方法,即内嵌图像中出现文字的字型数据,而避免了下载含所有字型数据的字体文件。

2）SVG 语言的扩展功能

（1）模块化。将 SVG 的功能分解成一些抽象模块的集合（如文本模块、基本结构模块等）,这些模块之间可以相互结合,也可以与其它 XML 应用标准（如 XHTML）的模块相结合,以生成 SVG 的子集与扩展文档类型。

（2）元素与属性集合。大多数模块都定义了事先命名的元素与属性集合（例如 Style 属性集与 Shape 元素集）,以便在使用时简写。同时子集模块（如基本模块）可以定义一个与其超集模块不同名称的元素与属性集合。

（3）规范的子集。允许应用程序通过罗列模块的方法,来设置一个 SVG 规范子集。

4. 使用方法

SVG 的多用途因特网邮件扩展（Multipurpose Internet Mail Extensions, MIME）类型为 image/svg + xml。SVG 文件的扩展名为. svg（非压缩文件）与. svgz（gzip 压缩文件），为全小写。

在网页中使用 SVG 代码的方法有多种，主要方法为：

（1）独立的 SVG 文件单独用作网页的内容；

（2）嵌入引用，独立的 SVG 文档可以嵌入到父网页之中，具体方法有 3 种，分别是使用 HTML 的元素 < img >、< object > 元素及 < applet >，可以调用 Java 应用程序来观看 SVG 内容；

（3）内联嵌入，可以在 XHTML 等文档中直接嵌入 SVG 的代码内容；

（4）外部链接，在 HTML 文档中使用 < applet > 元素，调用用户系统上已经安装的独立 SVG 浏览程序，来观看独立 SVG 文档的内容；

（5）被引用，由网页中的 CSS2 或 XSL 的属性，来引用独立的 SVG 文档。

当前的普浏览器并不直接支持 SVG，需要安装 SVG 插件或使用单独的 SVG 浏览器，例如 Adobe SVG Viewer、Apache Batik SVG Toolkit、EvolGrafiX Renesis SVG Viewer、Mozilla Firefox SVG support 与 TinyLine 等。

5. 例子

下列 SVG 代码在屏幕上显示一个圆心在（100,75）、半径为 60、填充红色圆盘。图 B – 3 给出了安装了 Adobe SVG Viewer 3.03 插件的 IE 的显示结果，其中圆圈部分为红色。

RedCirle. svg（红色圆盘,1.1 版 SVG）：

```
< ? xml version = "1.0" standalone = "no"? >
< ! DOCTYPE svg PUBLIC " – //W3C//SCHEMA SVG 1.1 //EN"
"http://www.w3.org/Graphics/SVG/1.1 /SCHEMA/svg11.Schema" >
< svg width = "200" height = "150"
xmlns = "http://www.w3.org/2000/svg" version = "1.1" >
< circle cx = "100" cy = "75" r = "60" fill = "red" />
< /svg >
```

RedCirle10.svg（红色圆盘,1.0 版 SVG）：

```
< ? xml version = "1.0" standalone = "no"? >
< ! DOCTYPE svg PUBLIC " – //W3C//SCHEMA SVG 20010904 //EN"
"http://www.w3.org/TR/2001/REC – SVG – 20010904 /SCHEMA/svg10.Sche-
ma" >
< svg width = "200" height = "150" xmlns = "http://www.w3.org/2000/
```

```
svg" >
    < circle cx = "100" cy = "75" r = "60" fill = "red" />
< /svg >
```

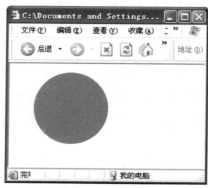

图 B - 3　"红色圆盘"例的显示结果

B.4　位图动画编程

所谓位图动画就是先制作好一系列表示连续画面的位图,然后按一定的时间间隔一幅接一幅地显示这些位图,利用人眼的视觉滞留现象产生动画效果。

制作位图需要一些美术与动画知识,我们这里不赘述。下面只介绍如何使用 Visual C + + 的 MFC 编程,在 Windows 中显示已经制作好的系列位图,以产生动画效果。其中需要用到 BMP 位图资源、MFC 的 CBitmap 类、CImageList 类与计时器(Timer)操作。

1. CBitmap 类

MFC 将设备相关位图封装进 CBitmap 类中,在该类中提供了对位图的基本操作。与 CPen、CBrush、CFont 等其它 GDI 对象一样,CBitmap 也是 CGdiObject 的派生类。

1)构造函数

CBitmap 类的构造函数:

```
CBitmap( );
```

只是简单地创建一个空的 CBitmap 对象,该对象必须用位图装载或创建函数来初始化。

2)创建和装载

```
BOOL CreateBitmap( int nWidth, int nHeight, UINT nPlanes, UINT nBit-
```

count,
　　const void * lpBits);
　　BOOL LoadBitmap(UINT nIDResource);
　　3）获取位图信息
　　可以用下面的函数来获取位图的信息：
int GetBitmap(BITMAP * pBitMap);
　　其中的位图数据结构定义为：
typedef struct tagBITMAP {　//bm
　　LONG　　bmType;//类型,必须 = 0
　　LONG　　bmWidth;//宽度,像素个数,必须 > 0
　　LONG　　bmHeight;//高度,像素个数,必须 > 0
　　LONG　　bmWidthBytes;//每条扫描线(即每行像素)的字节数
//必须能被 2 整除(即每行字对齐,不足的位补 0)
　　WORD　　bmPlanes;//位面数 = 颜色深度
　　WORD　　bmBitsPixel;//颜色深度
　　LPVOID bmBits; //指向存放位图数据的字符(字节)数组的指针
} BITMAP;
　　显示位图可使用 CDC 的成员函数 BitBlt( )：
BOOL BitBlt(int x, int y, int nWidth, int nHeight, CDC * pSrcDC, int
xSrc, int ySrc, DWORD dwRop);
　　其中:x 与 y 为显示图像左上角的坐标;nWidth 与 nHeight 为图像的高与宽,
可用 CBitmap 的函数 GetBitmap 来获得;pSrcDC 为源 DC,必须是兼容性 DC,可
用 CDC 的 CreateCompatibleDC 函数来转换;xSrc 与 ySrc 为源图像的左上角的坐
标;dwRop 为光栅操作模式,可取值似 SetROP2 函数,如 SRCCOPY(覆盖)、SR-
CAND(与)、SRCINVERT(异或)。
　　除了 BitBlt 外,还可以使用 CDC 的另一个成员函数：
BOOL StretchBlt(int x, int y, int nWidth, int nHeight, CDC * pSrcDC,
　　　　int xSrc, int ySrc, int nSrcWidth, int nSrcHeight, DWORD
dwRop);
来缩放位图。
　　2. CImagList 类
　　MFC 的 CImageList 类是从 CObject 直接派生的类。CImageList 类的常用成
员函数有：
　　（1）构造函数:CimageList( );
　　（2）创建函数:
BOOL Create(int cx, int cy, UINT nFlags, int nInitial, int nGrow);

```
BOOL Create( UINT nBitmapID, int cx, int nGrow, COLORREF crMask );
BOOL Create ( LPCTSTR lpszBitmapID, int cx, int nGrow, COLORREF
crMask );
```

其中的 **nFlags** 可以取值：ILC_COLOR、ILC_COLOR4、ILC_COLOR8、ILC_COLOR16、ILC_COLOR24、ILC_COLOR32、ILC_COLORDDB 和 ILC_MASK。

（3）添加函数：

```
int Add( CBitmap * pbmImage, CBitmap * pbmMask );
int Add( CBitmap * pbmImage, COLORREF crMask );
```

（4）绘制函数：

```
BOOL Draw( CDC * pDC, int nImage, POINT pt, UINT nStyle );
BOOL DrawEx( CDC * pDC, int nImage, POINT pt, SIZE sz, COLORREF clrBk,
COLORREF clrFg, UINT nStyle );
```

一般是先利用构造函数创建一个空 **CImagList** 对象，再用 **Create** 函数设置位图的大小、颜色位数、初始位图个数、可增长的位图个数和掩模等参数，然后调用 **Add** 函数逐个添加位图对象，最后调用 **Draw** 函数将图片列表中的指定的位图显示出来。

3. BMP 动画

为了讲解位图动画的编程，需创建一个基于对话框的 MFC 应用程序 Duke，界面如图 B-4 所示。

图 B-4　Duke 程序的对话框资源

1）加入位图资源

将原来用于 Java 动画的 GIF 文件转化成了 256 色（8 位）的 BMP 文件 T1. BMP ~ T10. BMP，存放在项目的 Duke 子目录中。参见图 B-5。

用 VC + + 的资源编辑器将这些位图文件加到项目中，MFC 会自动将它们的资源 ID 设为 IDB_BITMAPi（i = 1 ~ 10）。为了以后编程方便，必须从 T1. BMP 到 T10. BMP 顺序依次加入（也可全部选中后一次全加入），以保证它们的 ID 是连续的。为了确认，可打开资源头文件 Resource. h 查看，若其中的常量 IDB_BITMAPi 的定义数值不连续，可手工做一些修改，使其连续。例如：

218

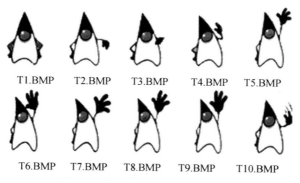

T1.BMP　　T2.BMP　　T3.BMP　　T4.BMP　　T5.BMP

T6.BMP　　T7.BMP　　T8.BMP　　T9.BMP　　T10.BMP

图 B - 5 位图资源图片 Duke ∗ . BMP

```
#define IDB_BITMAP1          131
#define IDB_BITMAP2          132
#define IDB_BITMAP3          133
#define IDB_BITMAP4          134
#define IDB_BITMAP5          135
#define IDB_BITMAP6          136
#define IDB_BITMAP7          137
#define IDB_BITMAP8          138
#define IDB_BITMAP9          139
#define IDB_BITMAP10         140
```

2）编辑对话框

在对话框中加入图片控件，设置其 ID 为 IDC_ANI，修改其"Type"属性为"Bitmap"，在 General 页中 Type 域的下拉式列表框中选中，再在其"Image"域的下拉式列表框中选中 IDB_BITMAP1 位图资源，将第 1 张 Duke 图片放进图片控件中，作为动画的初始图片。

为了控制动画的播放，需要添加一个"启动/停止动画"按钮，可设置其 ID 为 IDC_ANI_STARTSTOP。

为了控制动画的播放速度，需要添加一个表示每秒的帧数的编辑控件（ID 可设为 IDC_N），来接收用户的输入。

将原来的确定（OK）按钮的显示文本改为关闭（保持其原来 ID 不变，为 ID_OK），删除原来的取消（Cancel）按钮。

3）添加类变量

在对话框类的定义中添加如下类变量：

```
int m_nCurFrame; //用于记录当前所要显示的位图序号,初始化为 0
boolm_bStarted; //用于判断动画是否已经开始播放,初始化为 false
```

```
CImageList m_mlImgList;  //用于装入和显示位图系列
```

4）初始化

在对话框类的 OnInitDialog 函数中，创建位图对象并装入位图资源，然后添加到图片列表中：

```
BOOL CDukeDlg::OnInitDialog() {
    CDialog::OnInitDialog();
    m_nCurFrame = 0;
    BITMAP bs;
    CBitmap bmp;
    bmp.LoadBitmap(IDB_BITMAP1);
    bmp.GetBitmap(&bs);
    imgList.Create(bs.bmWidth, bs.bmHeight, ILC_COLOR8, 10, 0);
    imgList.Add(&bmp, RGB(0, 0, 0));
    for (int i = 1; i < 10; i + +) {
        bmp.DeleteObject();
        bmp.LoadBitmap(IDB_BITMAP1 + i);
        imgList.Add(&bmp, RGB(0, 0, 0));
    }
    bmp.DeleteObject();
}
```

5）启动和停止动画（设置/删除计时器）

在对话框类中，为按钮 IDC_ANI_STARTSTOP 添加消息响应函数：

```
void CDukeDlg::OnAniStartstop() {
    if (m_bStarted) {
        KillTimer(1);
        m_bStarted = false;
    }
    else {
        m_bStarted = true;
        m_nCurFrame = 0;
        m_nTimesPerSecond = GetDlgItemInt(IDC_N);
        if (m_nTimesPerSecond < = 0) m_nTimesPerSecond = 1;
        else if (m_nTimesPerSecond > 100) m_nTimesPerSecond = 100;
        SetDlgItemInt(IDC_N, m_nTimesPerSecond);
        SetTimer(1, (UINT)(1000.0 /m_nTimesPerSecond + 0.5), NULL);
    }
}
```

在设置了计时器后,系统会按指定的时间间隔发送 WM_TIMER 消息给应用程序,应用程序可在消息响应函数 OnTimer 中依次显示位图。

6）绘制动画(响应计时器消息)

为对话框类添加 WM_TIMER 消息的响应函数：

```
void CDukeDlg::OnTimer(UINT nIDEvent) {
        CDC * pDC = GetDlgItem(IDC_ANI) - >GetDC();
        mlImgList.Draw(pDC, m_nCurFrame, CPoint(0,0), ILD_NORMAL);
        m_nCurFrame + + ; m_nCurFrame % = 10;
        CDialog::OnTimer(nIDEvent);
}
```

B.5 OpenGL 编程

OpenGL(Open Graphics Library)是一个跨编程语言、跨平台的编程接口与底层图形库,是图形硬件与软件接口的国际标准,可用来开发交互式二维/三维图形和动画应用程序,它源于 SGI 公司的 GL(Graphics Library 图形库),适用于几乎所有计算机平台,包括 Windows、MacOS、Unix 和 Linux 等操作系统。

1992 年成立的开放图形库体系结构评审委员会(OpenGL Architecture Review Board, OpenGL ARB)负责管理 OpenGL 标准的发展(参见 http://www.opengl.org),该委员会的主要成员有 3DLabs、Apple、ATI、Dell、IBM、Intel、NVIDIA、SGI 与 Sun 等公司。

下面主要介绍使用 Visual C + + 的 MFC,在 Windows 平台上进行简单地 OpenGL 编程的基本原理与方法。

VC + + 从 2.0 起支持 OpenGL 编程,Windows 从 WinNT/Win 97 起将 OpenGL 作为标准设备加以支持。虽然 1997 年推出的 VC + + 6.0 支持的是当时最新的 OpenGL 1.1 版,但是后来推出的 VC.NET 和 VC 2005 仍然只支持 OpenGL 1.1 版,主要原因是微软公司只想推销自己后来推出的专用三维图形动画接口 Direct3D。为了在 VC 中使用更新的 OpenGL 版本,可以从 OpenGL 的官方网站上下载最新版本的 OpenGL 库与头文件。

1. 工作过程与操作分类

利用 OpenGL 编程的主要工作步骤有：

(1) 构造几何要素(点、线、多边形、图像、位图),创建对象的数学描述;

(2) 在三维空间中放置对象,选择观察点;

(3) 计算对象的颜色,直接计算或由光照与纹理间接给出;

（4）光栅化,即将对象的数学描述与颜色信息转换成屏幕像素。

OpenGL 的操作可分为 3 种:

（1）几何操作。包括两类:一是针对每个顶点的操作、模型取景、矩形变换、纹理坐标变换;二是几何要素装配,随着几何要素的类型而不同,有明暗处理、平面剪裁、剔除检验,根据点图案、线宽、点尺寸等生成像素段,并给其赋上颜色和深度值。

（2）像素操作。包括 3 类:一是将主机读入的像素经放大、偏置与映射处理后写入纹理内存,可在纹理映射中使用或光栅化成像素段;二是对从帧缓存读入的像素数据,执行像素传输操作(如放大、偏置、映射、调整)后,以适当的格式压缩并返回给主存;三是像素拷贝操作与传输操作。

（3）像素段操作。包括纹理化产生纹素、雾效果计算、反走样处理、剪裁处理、α 检验、模板检验、深度缓冲区检验、抖动处理、逻辑操作、混合操作、颜色屏蔽、指数屏蔽等。

2. 相关库

表 B－2 列出了 OpenGL 及 Windows 平台的相关库。

表 B－2 OpenGL 的相关库

类型		库文件	头文件	库函数名前缀	功能
标准	核心库	opengl32. lib	gl/gl. h	gl	提供最基本的绘图函数
	工具库	glu32. lib	gl/glu. h	glu	设置观察角度和投影矩阵、处理纹理图像、进行坐标变换、镶嵌多边形、绘制曲面、出错处理
扩展	Windows	opengl32. lib	wingdi. h	wgl	将 OpenGL 与 Windows 的窗口系统联系起来,管理绘图描述表、显示列表、执行函数和字体位图,支持窗口的像素格式与双缓冲机制
	辅助库	glaux. lib	gl/glaux. h	aux	管理窗口、处理输入事件、载入颜色映射、绘制三维物体、指定空闲/重绘函数

下面是 Windows 平台辅助库中的若干三维物体绘制函数:

```
void auxWireSphere(GLdouble);
void auxSolidSphere(GLdouble);
void auxWireCube(GLdouble);
void auxSolidCube(GLdouble);
void auxWireBox(GLdouble, GLdouble, GLdouble);
void auxSolidBox(GLdouble, GLdouble, GLdouble);
```

```
void auxWireTorus(GLdouble, GLdouble);
void auxSolidTorus(GLdouble, GLdouble);
void auxWireCylinder(GLdouble, GLdouble);
void auxSolidCylinder(GLdouble, GLdouble);
void auxWireIcosahedron(GLdouble);
void auxSolidIcosahedron(GLdouble);
void auxWireOctahedron(GLdouble);
void auxSolidOctahedron(GLdouble);
void auxWireTetrahedron(GLdouble);
void auxSolidTetrahedron(GLdouble);
void auxWireDodecahedron(GLdouble);
void auxSolidDodecahedron(GLdouble);
void auxWireCone(GLdouble, GLdouble);
void auxSolidCone(GLdouble, GLdouble);
void auxWireTeapot(GLdouble);
void auxSolidTeapot(GLdouble);
```

在程序中使用 gl、glu 或 aux 开头的 OpenGL 库函数时,必须包含对应的头文件:

```
#include <gl/gl.h>
#include <gl/glu.h>
#include <gl/glaux.h>
```

并在项目设置中添加对应的库文件:

（1）VC + + 6.0:选 Project/Settings 菜单,在弹出的 Project Settings 对话框中选 Link 页,在中间的 Object/Library Modulas 域中添加 opengl32. lib、glu32. lib 与 glaux. lib;

（2）VC. NET 和 VC 2005:在项目区中任何页中选中顶部的项目名,选"项目\属性"菜单项或按 Alt + F7 组合键,弹出"[项目名]属性页"对话框,在其左边的"配置"目录栏中,选中"配置属性\链接器\输入"项,在左上角"配置"栏的下拉式列表中,选择"所有配置"项,在右边顶行的"附加依赖项"栏中键入"opengl32. lib glu32. lib glaux. lib",按"确定"钮关闭该对话框。

3. 数据类型

为了实现与计算机平台无关,OpenGL 定义了各种基本数据类型,参见表 B – 3。为了使 OpenGL 程序具有可移植性,在程序中应该尽量使用这些数据类型。

表 B-3　OpenGL 自定义的基本数据类型

后缀	OpenGL	C++	Windows
b	GLbyte	char	CHAR
ub	GLubyte	unsigned char	BYTE
	GLboolean	bool	BOOL
s	GLshort	short	SHORT
us	GLushort	unsigned short	WORD
i	GLint	long	LONG
ui	GLuint	unsigned long	DWORD
	GLsizei	long	LONG
f	GLfloat	float	FLOAT
	GLclampf	float	∈[0,1]
d	GLdouble	double	—
	GLclampd	double	∈[0,1]
	GLenum	unsigned long	DWORD
	GLbitfield	unsigned long	DWORD
	GLvoid	void	VOID
	HGLRC	—	HGDIOBJ
v	向量 vector	数组 array	

4. 渲染范围

OpenGL 通过函数 glBegin 和 glEnd：

```
void glBegin (GLenum mode);
void glEnd (void);
```

把一组操作括起来,以此来管理图形。其中 glBegin 函数的输入参数 mode (图元类型)的取值可以为:GL_POINTS(点)、GL_LINES(线)、GL_LINE_STRIP (线带)、GL_LINE_LOOP(线环)、GL_TRIANGLES(三角形)、GL_TRIANGLE_ STRIP(三角形带)、GL_TRIANGLE_FAN(三角形扇)、GL_QUADS(四边形)、GL_ QUAD_STRIP(四边形带)、GL_POLYGON(多边形)。

例如画一个二维的正方形的程序代码为:

```
void DrawGLSquare() { //X-Y 平面中的正方形
    glBegin(GL_LINES); //逆时针画边线框,图元为直线
    //画左边线
    glVertex3f(-1.0f,1.0f,0.0f); //似 MoveTo
```

```
    glVertex3f( -1.0f, -1.0f, 0.0f);  //似LineTo
    //画下边线
    glVertex3f( -1.0f, -1.0f, 0.0f);
    glVertex3f(1.0f, -1.0f, 0.0f);
    //画右边线
    glVertex3f(1.0f, -1.0f, 0.0f);
    glVertex3f(1.0f, 1.0f, 0.0f);
    //画上边线
    glVertex3f(1.0f, 1.0f, 0.0f);
    glVertex3f( -1.0f, 1.0f, 0.0f);
  glEnd();
}
```

5. 矩阵栈

在 OpenGL 中使用矩阵来对渲染三维场景所需要的数据进行计算。为简化操作,OpenGL 提供一个矩阵栈,每次用栈顶的矩阵对给定的物体或场景进行渲染。利用 glPushMatrix 和 glPopMatrix 函数实现矩阵的压栈和出栈,利用 glScalef 和 glRotatef 等函数对栈顶的矩阵进行缩放和旋转。例如:

```
glLoadIdentity();  //设置当前矩阵为单位矩阵(无缩放和旋转)
glColor3f(1.0f, 0.0f, 0.0f);  //设置绘图颜色为红色
DrawGLSquare();  //画正方形
glPushMatrix();
    glScalef(2.0f, 0.5f, 0.0f);  //x方向尺寸放大一倍,y方向尺寸缩小一倍
    glColor3f(0.0f, 1.0f, 0.0f);  //设置绘图颜色为绿色
    DrawGLSquare();  //画扁矩形
glPopMatrix();
glPushMatrix();
    //glScalef(0.5f, 2.0f, 0.0f);  //还原x和y方向的尺寸
    glRotatef(45.0f, 0.0f, 0.0f, 1.0f);  //沿z轴旋转45°
    glColor3f(0.0f, 0.0f, 1.0f);  //设置绘图颜色为蓝色
    DrawGLSquare();  //画菱形
    glScalef(0.5f, 0.5f, 0.0f);  //x方向与y方向的尺寸都缩小一半
    glColor3f(1.0f, 1.0f, 0.0f);  //设置绘图颜色为黄色
    DrawGLSquare();//画小菱形
glPopMatrix();
```

6. 渲染环境

Windows 应用程序使用设备环境(Device Context,DC)来进行图形输出。Windows GDI 管理 DC,并提供所需的各种设置与绘图函数。为了跨平台和通

用,OpenGL 没有使用标准的 Windows DC,而是使用一种渲染环境(Rendering Context,RC)来绘图。在 Windows 平台中,RC 的绘图并不能直接输出到显示与打印设备上,所以最终还需要通过 DC 来实现。

与 DC 相似,RC 也用来保存给定窗口中渲染一个场景所需的各种绘图信息。一个 RC 可同时供多个线程使用,但是在同一时刻,一个线程只能有一个 RC。与 DC 不同的是,由于一个线程只能有一个 RC,所以 OpenGL 并不需要句柄或指向 RC 的指针。RC 是隐含在绘图命令中调用的,所有的 OpenGL 绘图命令都由当前 RC 来透明地接收和处理。

为了使 OpenGL 能在 Windows 中工作,必须有一种将 RC 与 DC 联系起来的机制,这就是 Windows 扩展库中的若干函数,包括:

```
HGLRC wglCreateContext(HDC); //生成 RC
BOOL wglDeleteContext(HGLRC); //删除 RC
BOOL wglMakeCurrent(HDC, HGLRC); //激活 RC
```

因为 OpenGL 与 Windows 在像素格式方面不一致,所以在初始化时必须有一个协商过程,协商的结果产生了 RC。这一协商过程需要几个 GDI 函数来处理,并利用了如下像素格式描述符结构:

```
typedef struct tagPIXELFORMATDESCRIPTOR { //pfd
    WORD   nSize; //结构大小
    WORD   nVersion; //版本
    DWORD dwFlags; //标志
    BYTE   iPixelType; //像素类型 = PFD_TYPE_RGBA
//或 PFD_TYPE_COLORINDEX
    BYTE   cColorBits; //颜色位数
    BYTE   cRedBits; //红色位数
    BYTE   cRedShift; //红色偏移
    BYTE   cGreenBits; //绿色位数
    BYTE   cGreenShift; //绿色偏移
    BYTE   cBlueBits; //蓝色位数
    BYTE   cBlueShift; //蓝色偏移
    BYTE   cAlphaBits; //α 值位数
    BYTE   cAlphaShift; //α 值偏移
    BYTE   cAccumBits; //光栅缓存位数
    BYTE   cAccumRedBits; //光栅缓存红色位数
    BYTE   cAccumGreenBits; //光栅缓存绿色位数
    BYTE   cAccumBlueBits; //光栅缓存蓝色位数
    BYTE   cAccumAlphaBits; //光栅缓存 α 值位数
```

```
    BYTE    cDepthBits;//深度缓存位数
    BYTE    cStencilBits;//图案缓存位数
    BYTE    cAuxBuffers;//辅助缓存位数
    BYTE    iLayerType;//层类型(现已不使用)
    BYTE    bReserved;//保留(设定覆盖和铺垫的位面数)
    DWORD dwLayerMask;//层掩模(现已不使用)
    DWORD dwVisibleMask;//可视掩模(透明的颜色)
    DWORD dwDamageMask;//损伤掩模(现已不使用)
} PIXELFORMATDESCRIPTOR;
```

其中标志 **dwFlags** 的可取值有:

```
PFD_DRAW_TO_WINDOW
PFD_DRAW_TO_BITMAP
PFD_SUPPORT_GDI
PFD_SUPPORT_OPENGL
PFD_DOUBLEBUFFER
PFD_SWAP_LAYER_BUFFERS
```

7. 例子

为了说明如何用 VC＋＋开发 OpenGL 程序,给出了下面的编程实例,其输出图形如图 B-6 和图 B-7 所示。具体过程如下:

（1）建立一个 SDI 的 MFC 项目 GL;

图 B-6　茶壶网格

（2）在项目设置中添加对应的库文件 opengl32. lib、glu32. lib、glaux. lib;

（3）在视图类 CGLView 中包含 OpenGL 的头文件:

```
#include <gl/gl.h>
#include <gl/glu.h>
#include <gl/glaux.h>
```

（4）在视图类 CGLView 中定义类变量:

```
HGLRC m_hRC;
```

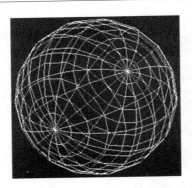

图 B−7　球面网格

```
HDC m_hDC;
```

（5）在视图类 CGLView 的 PreCreateWindow 函数中修改窗口的创建结构，剪掉子窗口与兄弟窗口：

```
BOOL CGLView::PreCreateWindow(CREATESTRUCT& cs) {
    cs.style |= WS_CLIPSIBLINGS |WS_CLIPCHILDREN;
    return CView::PreCreateWindow(cs);}
```

（6）在视图类 CGLView 中添加 WM_CREATE 的消息响应函数 OnCreate，在该函数中初始化 OpenGL：

```
int CGLView::OnCreate(LPCREATESTRUCT lpCreateStruct) {
    if (CView::OnCreate(lpCreateStruct) == -1) return -1;
    //TODO: Add your specialized creation code here
    PIXELFORMATDESCRIPTOR pfd = {
    sizeof(PIXELFORMATDESCRIPTOR),
    1,
    PFD_DRAW_TO_WINDOW |PFD_SUPPORT_OPENGL |
        PFD_DOUBLEBUFFER,
    PFD_TYPE_RGBA,
    24,
    0,0,0,0,0,0,
    0,0,
    0,0,0,0,0,
    32,
    0,0,
    0,
    0,
    0,0,0
```

```
};
m_hDC = GetDC() - >GetSafeHdc();
int nPixelFormat = ChoosePixelFormat(m_hDC, &pfd);
SetPixelFormat(m_hDC, nPixelFormat, &pfd);
m_hRC = wglCreateContext(m_hDC);
wglMakeCurrent(m_hDC, m_hRC);
glClearColor(0.0f, 0.0f, 0.0f, 0.0f); //设置背景为黑色
return 0;
}
```

（7）为了避免内存泄露，在应用程序退出时，必须删除所创建的 RC，为视图类添加 WM_DESTROY 的消息响应函数 OnDestroy：

```
void CGLView::OnDestroy() {
    CView::OnDestroy();
    wglMakeCurrent(NULL, NULL); //选出 RC
    wglDeleteContext(m_hRC); //删除 RC
}
```

（8）为了使 RC 适应用户对窗口大小的调整，添加 WM_SIZE 的消息响应函数 OnSize。在此函数中重置映射和模型矩阵、重建观察窗口和视锥：

```
void CGLView::OnSize(UINT nType, int cx, int cy) {
    CView::OnSize(nType, cx, cy);
    glViewport(0, 0, cx, cy); //设置视口范围(有变形)
    //glViewport(0, 0, min(cx, cy), min(cx, cy)); //设置视口范围的最小值
    glMatrixMode(GL_PROJECTION); //设置投影矩阵
    glLoadIdentity(); //装入单位矩阵
    gluPerspective(30, 1, -3, 3); //设置透视投影矩阵
            //的纵横比为1、z 方向的近远剪切平面的距离分别为 1 和 3)
    glMatrixMode(GL_MODELVIEW); //设置模型视图矩阵
    glLoadIdentity(); //装入单位矩阵
}
```

（9）在 OnDraw 函数中绘制 OpenGL 图形：

```
void CGLView::OnDraw(CDC * pDC) {
    CGLDoc * pDoc = GetDocument();
    ASSERT_VALID(pDoc);
    //TODO: add draw code for native data here
    //清除屏幕和深度缓存
    glClear(GL_COLOR_BUFFER_BIT | GL_DEPTH_BUFFER_BIT);
    gluLookAt(0, 0, 10, 0, 0, 0, 0, 1, 0); //设置观察点位置
```

```
DrawRects();  //画矩形
gluLookAt(5,5,10,0,0,0,0,1,0);  //设置观察点位置
glColor3f(1.0f,1.0f,0.0f);  //设置绘图颜色
auxWireTeapot(1.8);  //画茶壶网格
auxWireSphere(2.0);  //画球面网格
SwapBuffers(m_hDC);  //切换缓冲区
}
```

附　图

附图 A　黑白附图

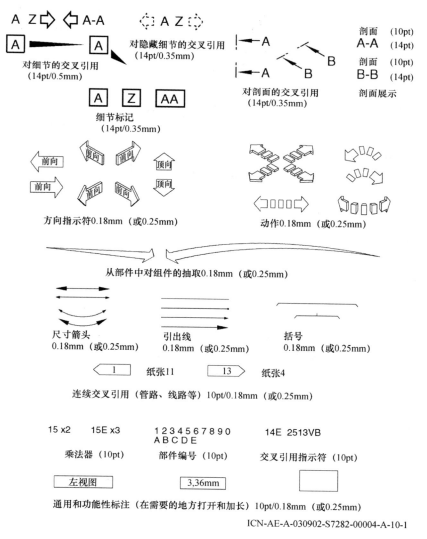

ICN-AE-A-030902-S7282-00004-A-10-1

附图 A－1　通用标志符号—插图使用

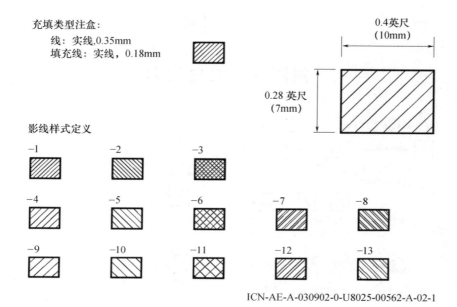

ICN-AE-A-030902-0-U8025-00562-A-02-1

附图 A - 2　填充标准

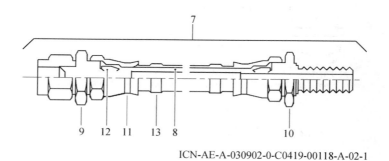

ICN-AE-A-030902-0-C0419-00118-A-02-1

附图 A - 3　插图示例—非爆破平面视图

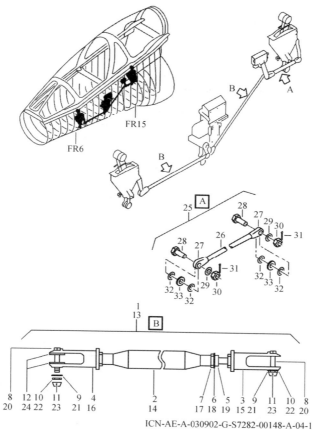

ICN-AE-A-030902-G-S7282-00148-A-04-1

附图 A-4　插图示例—同样内容的项目列表

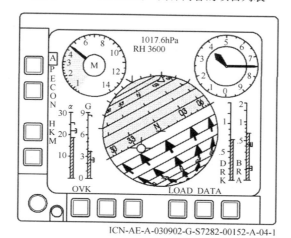

ICN-AE-A-030902-G-S7282-00152-A-04-1

附图 A-5　插图示例—CRT 屏幕

233

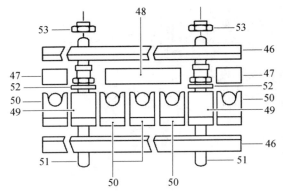

ICN-AE-A-030902-0-C0419-00116-A-02-1

附图 A-6　插图示例—带夹具的平面示意图

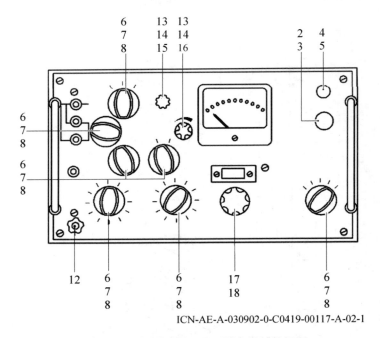

ICN-AE-A-030902-0-C0419-00117-A-02-1

附图 A-7　插图示例—地面设备的结构视图

234

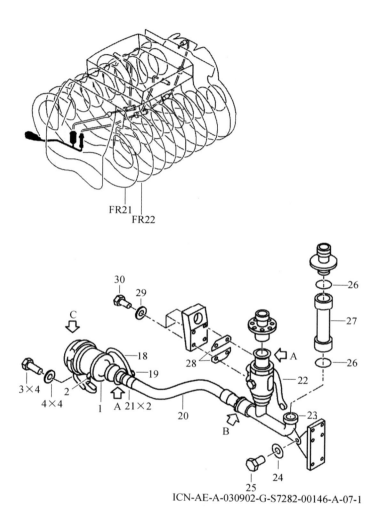

ICN-AE-A-030902-G-S7282-00146-A-07-1

附图 A－8　插图示例—多页显示的 IPD 导航(1/2)

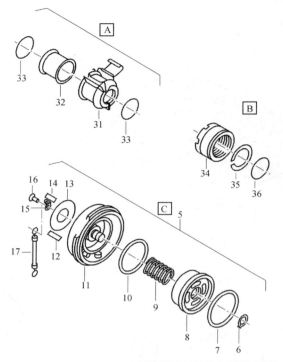

ICN-AE-A-030902-G-S7282-00147-A-06-1

附图 A - 8　插图示例—多页显示 IPD 导航(2/2)

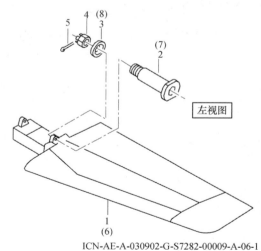

ICN-AE-A-030902-G-S7282-00009-A-06-1

附图 A - 9　插图示例—镜像项目和无定位细节

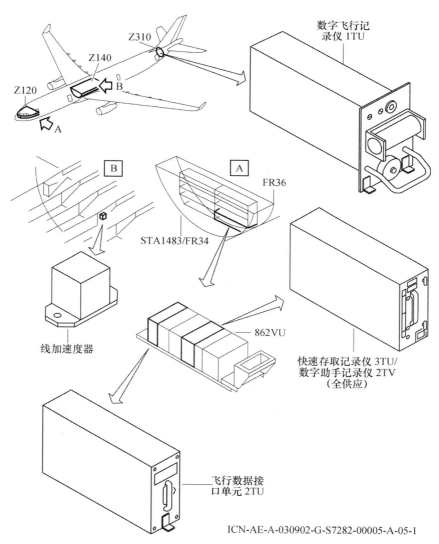

ICN-AE-A-030902-G-S7282-00005-A-05-1

附图 A - 10　黑白插图示例—典型导航的视图使用

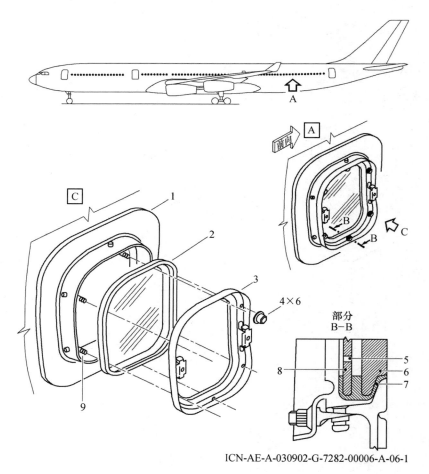

ICN-AE-A-030902-G-7282-00006-A-06-1

附图 A–11　插图示例—典型导航的视图使用

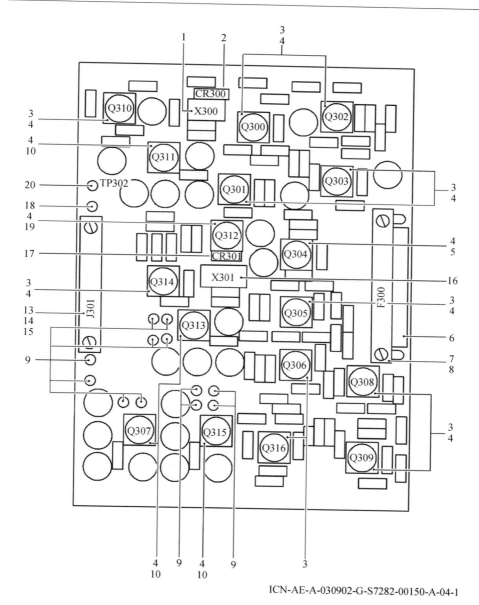

ICN-AE-A-030902-G-S7282-00150-A-04-1

附图 A - 12　插图示例—复杂电路板的部件标识（1/2）

239

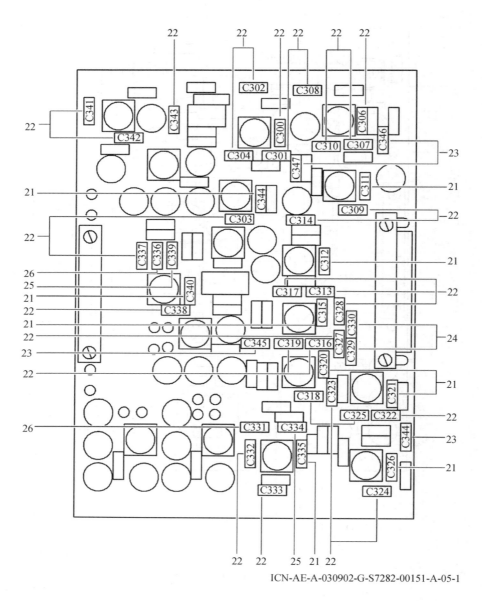

ICN-AE-A-030902-G-S7282-00151-A-05-1

附图 A – 12　插图示例 —复杂电路板的部件标识(2/2)

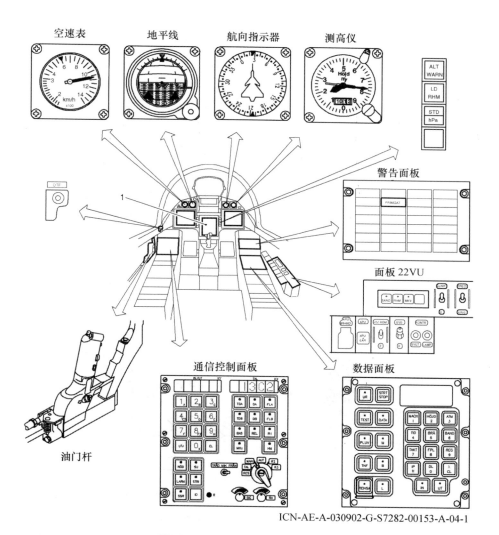

ICN-AE-A-030902-G-S7282-00153-A-04-1

附图 A – 13　插图示例—座舱展示

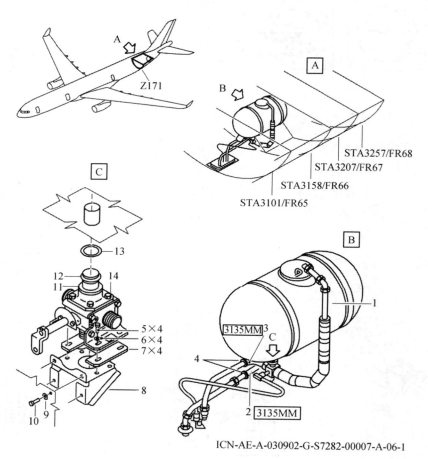

STA3257/FR68

STA3207/FR67

STA3158/FR66

STA3101/FR65

ICN-AE-A-030902-G-S7282-00007-A-06-1

附图 A-14 插图示例—框架导航

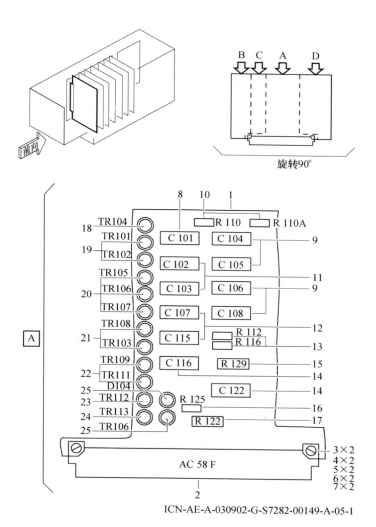

ICN-AE-A-030902-G-S7282-00149-A-05-1

附图 A – 15　插图示例—简单电路板部件标识

243

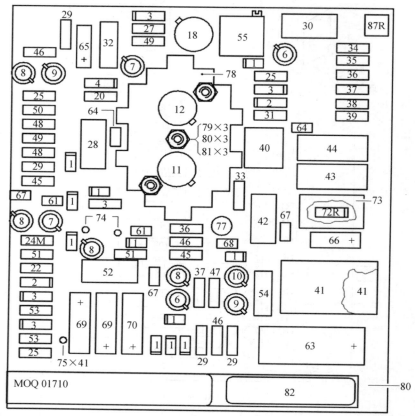

ICN-AE-A-030902-G-S7282-00008-A-05-1

附图 A–16　插图示例—使用直接方法的复杂电路板部件标识

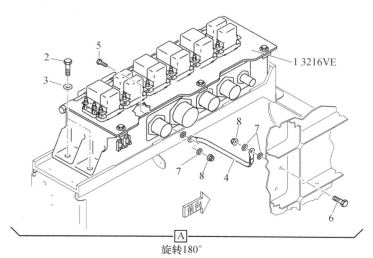

1 3216VE

旋转180°

ICN-AE-A-030902-0-C0419-00115-A-02-1

附图 A – 17 零件数据插图示例—引用标识符和项目编号

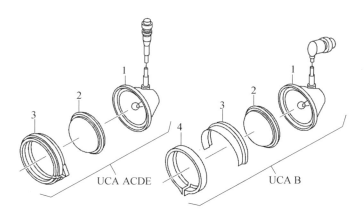

UCA ACDE

UCA B

ICN-A-030902-G-S7282-00010-A-06-1

附图 A – 18 插图实例—不同构造

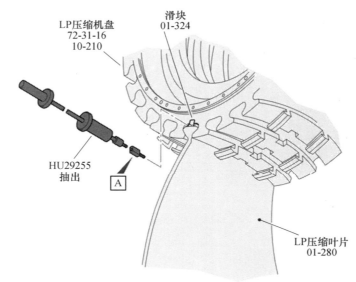

注意：AⅡ IPC 图像/项目的编码是
72-31-11，除非鉴定为不同

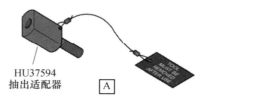

ICN-AE-A-030902-0-U8025-00566-B-02-1

附图 A-19　彩色插图示例—灰度图像中琥珀色和红色的使用

附图 B　彩色附图

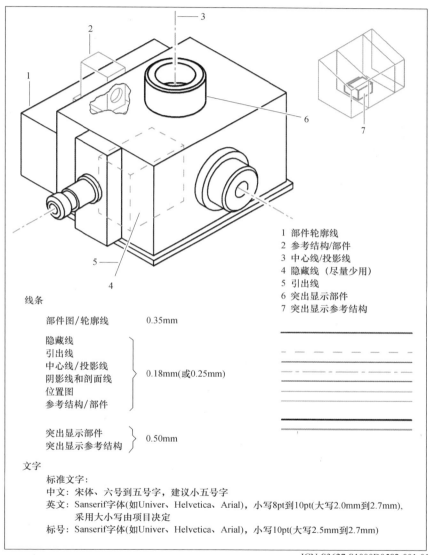

1 部件轮廓线
2 参考结构/部件
3 中心线/投影线
4 隐藏线（尽量少用）
5 引出线
6 突出显示部件
7 突出显示参考结构

线条

部件图/轮廓线　　　　0.35mm

隐藏线
引出线
中心线/投影线
阴影线和剖面线　　　 0.18mm(或0.25mm)
位置图
参考结构/部件

突出显示部件
突出显示参考结构　　 0.50mm

文字

标准文字：
中文：宋体、六号到五号字，建议小五号字
英文：Sanserif字体(如Univer、Helvetica、Arial)，小写8pt到10pt(大写2.0mm到2.7mm)，
　　　采用大小写由项目决定
标号：Sanserif字体(如Univer、Helvetica、Arial)，小写10pt(大写2.5mm到2.7mm)

ICN-S3627-S1000D0582-001-01

附图 B-1　彩色插图—通用规则—三倍线宽

247

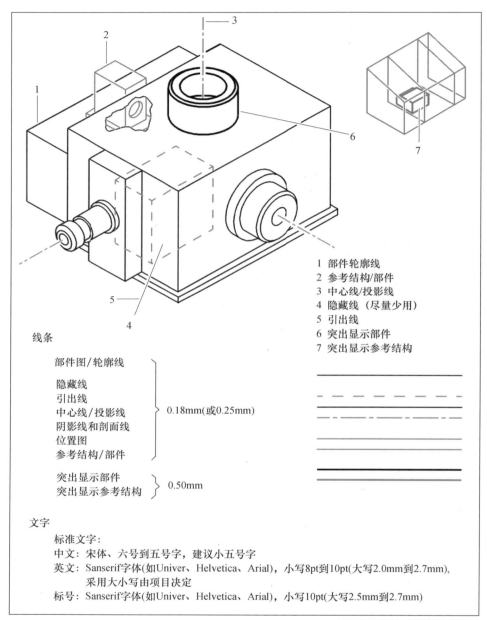

1 部件轮廓线
2 参考结构/部件
3 中心线/投影线
4 隐藏线（尽量少用）
5 引出线
6 突出显示部件
7 突出显示参考结构

线条

部件图/轮廓线

隐藏线
引出线
中心线/投影线   0.18mm(或0.25mm)
阴影线和剖面线
位置图
参考结构/部件

突出显示部件
突出显示参考结构   0.50mm

文字

标准文字：
中文：宋体、六号到五号字，建议小五号字
英文：Sanserif字体(如Univer、Helvetica、Arial)，小写8pt到10pt(大写2.0mm到2.7mm)，
　　　采用大小写由项目决定
标号：Sanserif字体(如Univer、Helvetica、Arial)，小写10pt(大写2.5mm到2.7mm)

ICN-S3627-S1000D0583-001-01

附图 B－2　彩色插图—通用规则—二倍线宽

248

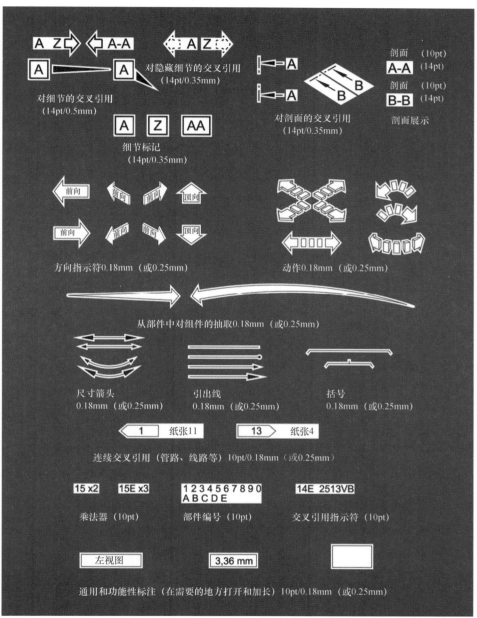

ICN-AE-A-030902- S7282-00004-B-10-1

附图 B－3　通用标志符(带光晕)—照片使用

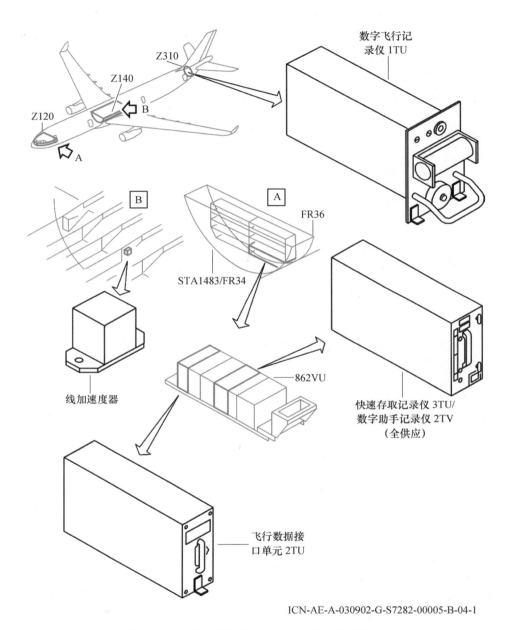

数字飞行记录仪 1TU

B

A

FR36

STA1483/FR34

线加速度器

862VU

快速存取记录仪 3TU/
数字助手记录仪 2TV
（全供应）

飞行数据接
口单元 2TU

Z310

Z140

Z120

B

A

ICN-AE-A-030902-G-S7282-00005-B-04-1

附图 B－4　彩色插图示例—典型导航的视图使用

标准红色
RGB=255 0 0 网页安全色
CMYK=C,0 M,100 Y,100 K,0
Pantone=Red 032
or BS381C Number 537

标准黄色
RGB=255 255 0 网页安全色
CMYK=C,0 M,0 Y,100 K,0
Pantone=Yellow
or BS381C Number 309

标准青色
RGB=0 255 255 网页安全色
CMYK=C,31 M,0 Y,6 K,0
Pantone=304

标准蓝色
RGB=0 0 255 网页安全色
CMYK=C,100 M,43 Y,0 K,0
Pantone=300
or BS381C Number 108

标准绿色
RGB=0 255 0 网页安全色
CMYK=C,43 M,0 Y,79 K,0
Pantone=375
or BS381C Number 262

标准洋红色
RGB=255 0 255 网页安全色
CMYK=C,18 M,83 Y,0 K,0
Pantone=238

标准橙色
RGB=255 102 0 网页安全色
CMYK=C,0 M,60 Y,94 K,0
Pantone=1585
or BS381C Number 557

标准琥珀色
RGB=255 153 0 网页安全色
CMYK=C,0 M,38 Y,94 K,0
Pantone=1385
or BS381C Number 568

标准浅灰色
RGB=204 204 204 网页安全色
CMYK=C,23 M,17 Y,17 K,0
Pantone=420
or BS381C Number 627

标准淡黄色
RGB=255 255 204 网页安全色
CMYK=C,0 M,0 Y,20 K,0
Pantone=600

标准淡蓝色
RGB=204 255 255 网页安全色
CMYK=C,23 M,0 Y,10 K,0
Pantone=566

ICN-AE-A-030902-0-U8025-00563-A-04-1

附图 B－5　标准调色板

定位照片示例（85mm×61mm）

模块A 模块B

STA 502 STA 534

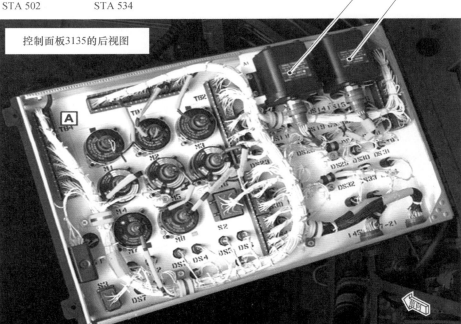

注意：装备面板需以合适的角度呈现给观察者

ICN-AE-A-030902-0-U8025-00548-A-03-1

附图 B－6 彩色插图示例—使用定位视图的摄影图像

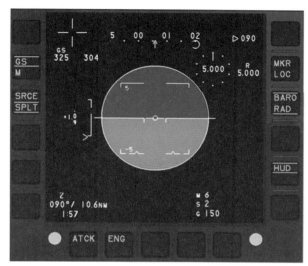

ICN-AE-A-030902-D-C0419-00193-A-02-1

附图 B-7　彩色插图示例—阴极射线管（CRT）屏幕生成的图像

驾驶舱温度选择或670HK　　　　座舱温度选择或671HK

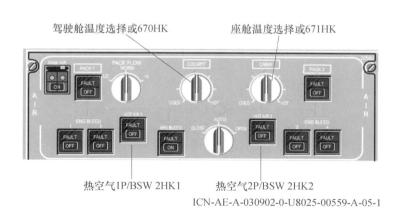

热空气1P/BSW 2HK1　　　热空气2P/BSW 2HK2

ICN-AE-A-030902-0-U8025-00559-A-05-1

附图 B-8　彩色插图示例—计算机生成的逼真图像

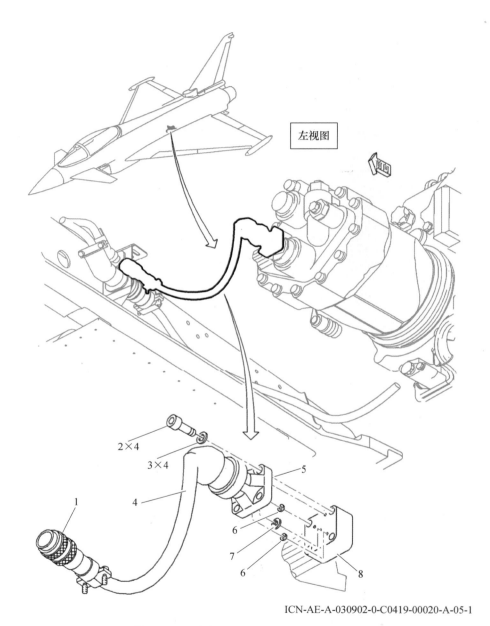

左视图

2×4

3×4

1

4

5

6

7

6

8

ICN-AE-A-030902-0-C0419-00020-A-05-1

附图 B-9 彩色插图示例—两倍线宽的使用

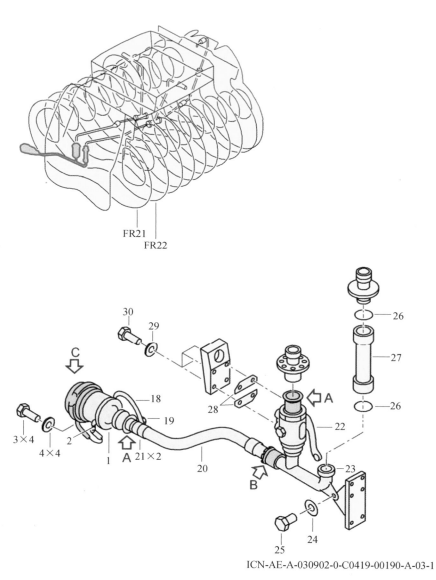

ICN-AE-A-030902-0-C0419-00190-A-03-1

附图 B－10　彩色插图示例—IPD 导航的色彩应用的多页图(1/2)

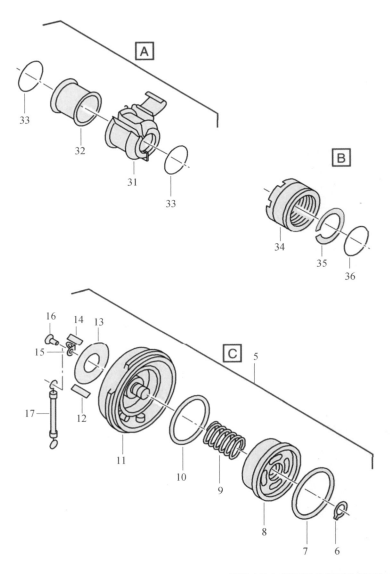

ICN-AE-A-030902-0-C0419-00191-A-02-1

附图 B – 10　彩色插图示例—IPD 导航的色彩应用的多页图(2/2)

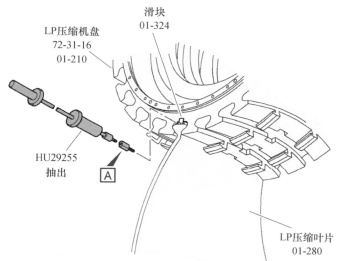

滑块
01-324

LP压缩机盘
72-31-16
01-210

HU29255
抽出

A

LP压缩叶片
01-280

注意：AII IPC 图像/项目编号为
72-31-11，除非不同的标识

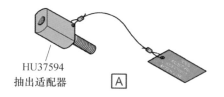

HU37594
抽出适配器　　　A

ICN-AE-A-030902-0-U8025-00566-A-02-1

附图 B－11　彩色插图示例—琥珀色和红色的使用

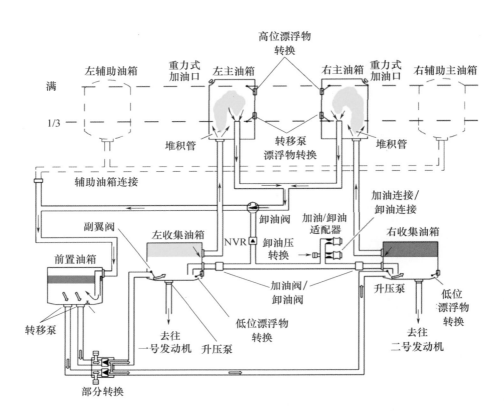

ICN-AE-A-030902-0-U8025-00561-A-04-1

附图 B－12　彩色插图示例—原理图的色彩应用

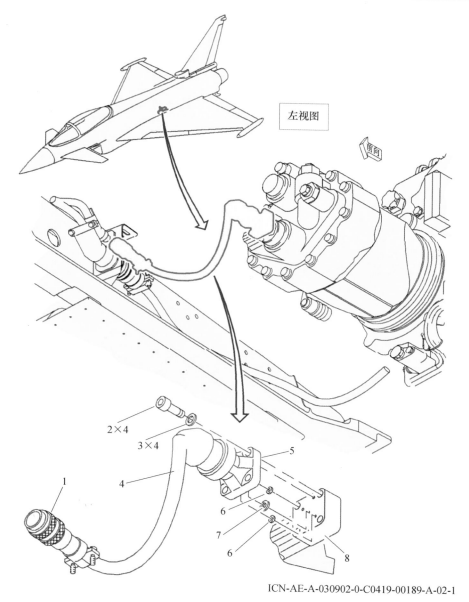

左视图

ICN-AE-A-030902-0-C0419-00189-A-02-1

附图 B – 13　彩色插图示例—主定位视图中突出显示的部分和区域

参 考 文 献

[1] 徐宗昌. 装备 IETM 研制工程总论[M]. 北京:国防工业出版社,2012.

[2] 刘冰. 现代网络与多媒体技术基础[M]. 北京:机械工业出版社,2003.

[3] 钟玉琢,李树青. 多媒体计算机技术[M]. 北京:清华大学出版社,2009.

[4] 游泽清,王志军,等. 多媒体技术及应用[M]. 北京:高等教育出版社,2003.

[5] DoD. MIL – DTL – 87268C. Interactive Electronic Technical Manuals, General Content, Style, Format, and User Interaction Requirements[S]. 2007. 01.

[6] DoD. MIL – DTL – 87269C. Data Base, Revisable – Interactive Electronic Technical Manuals, for the support of[S]. 2007. 01.

[7] DoD. MIL – HDBK – 511. DOD handbook for interoperability of interactive electronic technical manuals (IETMs)[S]. 2000. 05.

[8] ASD/AIA/ATA. International Specification for Technical Publication utilizing a Common Source Data Base 4. 1[S]. 2012. 07. 31.

[9] 中国国家标准化管理委员会. GB/ 24463. 2 – 2009 交互式电子技术手册 第 2 部分:用户界面与功能要求,2009.

[10] 总装备部. GJB 6600. 1 – 2008 装备交互式电子技术手册 第 1 部分:总则,2008.

[11] 徐宗昌,雷育生. 装备 IETM 编码体系[M]. 北京:国防工业出版社,2014.

[12] 杨帆,赵立臻. 多媒体技术与信息处理[M]. 北京:中国水利水电出版社,2012.

[13] 百度百科. Unicode,2014. 12.

[14] 百度百科. ISO 10646,2014. 12.

[15] 徐宗昌,周健. 可扩展标记语言(XML)在装备 IETM 中的应用[M]. 北京:国防工业出版社,2014.

[16] 总装备部. GJB 5432—2005 装备技术资料规范与编写要求,2005.

[17] 总装备部. GJB 3968—2000 军用飞机用户技术资料通用要求,2000.

[18] 总装备部. GJB 5360—2005 飞机用户技术资料电子版本编制要求,2005.

[19] 百度百科. 金山 WPS Office,2014. 11.

[20] 百度百科. 永中 office,2014. 12.

[21] 百度百科. Microsoft Office,2015. 02.

[22] 余雪丽,陈俊杰,等. 多媒体技术与应用[M]. 北京:科学出版社,2011.

[23] 韩立华. 多媒体技术应用基础[M]. 北京:清华大学出版社,2012.

[24] 孟克雄,王靖云,吕莎莎. 多媒体技术与应用[M]. 北京:清华大学出版社,2013.

[25] 刘合兵. 多媒体技术及应用[M]. 北京:清华大学出版社,2011.

[26] 赵淑芬. 多媒体技术教程[M]. 北京:清华大学出版社,2012.

[27] 叶含笑,李振华. 多媒体技术及应用[M]. 北京:清华大学出版社,2012.

[28] 殷场鸿,崔玲玲. 多媒体技术应用教程[M]. 北京:北京大学出版社,2012.

［29］朱兴动,等. 武器装备交互式电子技术手册——IETM［M］. 北京:国防工业出版社,2009.

［30］刘合兵. 多媒体技术及应用［M］.北京:清华大学出版社,2011.

［31］殷常鸿. 多媒体技术应用教程［M］. 北京:北京大学出版社, 2012.

［32］申蔚. 虚拟现实技术［M］. 北京:清华大学出版社, 2009.

［33］庄春华. 虚拟现实技术及其应用［M］. 北京:电子工业出版社, 2010.

［34］张明. 多媒体技术及其应用(第2版)［M］. 北京:北京大学出版社, 2013.

［35］钟玉琢. 多媒体计算机与虚拟现实技术［M］. 北京:清华大学出版社, 2009.

［36］洪炳熔. 虚拟现实及其应用［M］. 北京:国防工业出版社, 2005.

［37］刘建新. 虚拟现实技术在军事教育训练中的应用［M］. 吉林:吉林人民出版社, 2006.

［38］胡剑波. 军事装备维修保障技术概论［M］. 北京:解放军出版社, 2010.

［39］叶含笑. 多媒体技术及应用［M］. 北京:清华大学出版社, 2012.